高等职业教育"新资源、新智造"系列精品规划教材

# 新编电路与电工技术项目教程
## ——教、学、做一体化

顾 阳 主 编

苏家健 康 亮 副主编

U0226230

电子工业出版社

**Publishing House of Electronics Industry**

北京·BEIJING

## 内 容 简 介

本书根据高等职业教育技术应用型人才培养的特点，参考目前多数高职院校电子电气类专业的教学计划，以培养技术应用型人才为目标编写。主要内容包括电路的基本概念和基本定律、电路的基本分析方法和定理、一阶动态电路分析、正弦交流电路的基本概念和基本定律、三相交流电路、磁路与变压器、功率电动机、控制电机及继电器—接触器控制电路。

本书在编写过程中贯彻理论知识适度、够用的原则，精选内容，抓住各项目和任务之间的有机联系，循序渐进，由浅入深，力求做到概念明确、原理清晰。

本书不仅可以作为高职院校电气类、机电类、计算机类专业的电路与电工基础课程的教材，也可以作为电工的培训教材或工程技术人员的自学用书。

**图书在版编目（CIP）数据**

新编电路与电工技术项目教程：教、学、做一体化/顾阳主编. —北京：电子工业出版社，2020.8
ISBN 978-7-121-35581-3

Ⅰ. ①新… Ⅱ. ①顾… Ⅲ. ①电路－高等职业教育－教材②电工技术－高等职业教育－教材 Ⅳ. ①TM

中国版本图书馆 CIP 数据核字（2018）第 265049 号

责任编辑：王昭松

印　　刷：三河市君旺印务有限公司
装　　订：三河市君旺印务有限公司
出版发行：电子工业出版社
　　　　　北京市海淀区万寿路 173 信箱　邮编　100036
开　　本：787×1 092　1/16　印张：16.5　字数：422.4 千字
版　　次：2020 年 8 月第 1 版
印　　次：2022 年 9 月第 4 次印刷
定　　价：46.00 元

凡所购买电子工业出版社图书有缺损问题，请向购买书店调换。若书店售缺，请与本社发行部联系，联系及邮购电话：(010) 88254888，88258888。

质量投诉请发邮件至 zlts@phei.com.cn，盗版侵权举报请发邮件至 dbqq@phei.com.cn。

本书咨询联系方式：(010) 88254015，wangzs@phei.com.cn，QQ：83169290。

# 前　　言

　　高等职业教育是我国高等教育的重要组成部分，为贯彻落实国家对高等职业教育发展的要求，践行以就业为导向的职业教育办学方针，推进高职院校课程改革和教材改革，本书编者特编写《新编电路与电工技术项目教程——教、学、做一体化》一书。

　　高职教育的人才培养目标要求学生掌握适度的理论知识。学生只有掌握"必需、够用"的理论知识，才能在工作中不断巩固和加深专业知识，提高独立工作的能力和创新能力。

　　电路与电工基础是高职院校电类专业的基础课，通过该课程的学习，可以使学生掌握电路与电工技术必要的基本理论知识与基本技能，为后续课程的学习及电工操作技能的培养打下基础。

　　本书根据高等职业教育技术应用型人才培养的特点，参考目前多数高职院校电子电气类专业的教学计划，结合编者多年教学和实践经验编写而成。在编写的过程中贯彻理论知识适度、够用的原则，精选内容，抓住各项目和任务之间的有机联系，循序渐进，由浅入深，力求做到概念明确、原理清晰。

　　本书的特点包括以下几点。

　　（1）根据高职学生的特点、学科知识的逻辑顺序，建立科学合理的教材结构。

　　（2）每个重要知识点均配有例题、随堂练习及习题。

　　（3）配备丰富的教学资源，易教易学。

　　全书共九个项目，其中项目一、项目二以直流电路为对象，介绍了电路的基本概念、基本连接方法及基本分析方法；项目三介绍了直流电路中一阶动态电路的时域分析方法；项目四介绍了单相正弦交流电路、谐振电路；项目五介绍了三相交流电路的分析方法；项目六简单介绍了磁路与变压器的工作原理；项目七介绍了功率电动机的工作原理及其使用；项目八介绍了控制电机的工作原理及其使用；项目九介绍了低压电器及电气控制系统的基本电路。

本书由上海第二工业大学顾阳副教授担任主编，上海震旦职业学院苏家健教授和上海第二工业大学康亮副教授担任副主编。其中，顾阳编写项目一、项目二、项目六；苏家健编写项目五；康亮编写项目三、项目七和项目八；上海第二工业大学杭娟老师编写项目四和项目九。全书由顾阳统稿。

本书不仅可以作为高职院校电气类、机电类、计算机类专业的电路与电工基础课程的教材，也可以作为电工的培训教材或工程技术人员的自学用书。

由于编者水平有限，书中难免存在不足之处，希望广大读者批评指正，编者将不胜感激。

编 者

2020 年 5 日

# 目　　录

# 项目一　电路的基本概念和基本定律

## 任务一　分析灯泡发光机理

**【学习目标】**

（1）了解电路的概念；
（2）掌握电流、电压、功率等电路变量的参考方向及其意义；
（3）掌握常用电路元件的伏安特性。

**【任务导入】**

如图 1-1 所示电路是由一节电池、一个小灯泡、一个开关和若干导线组成的手电筒电路。当将开关闭合时，灯泡发光。灯泡的亮度与哪些物理量有关？各物理量该如何表达？本任务将进行介绍。

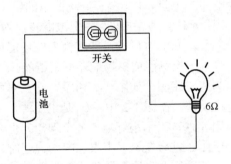

图 1-1　手电筒电路

**【知识链接】**

### 一、电路组成和电路功能

将所需要的电气元件或设备，按一定方式连接起来以备电流流通的集合称为电路。

实际电路是为达到某种预期的目的而设计、安装、运行的，具有电能传输、信号测量、控制、计算等功能。在收音机、电视机、录像机、音响设备、计算机、手机中可以看到各种各样的电路。有些电路非常简单，但有些电路却十分复杂，如电力系统中电的产生、输送和分配是通过发电机、变压器、输电线等电气设备共同完成的，这就形成了一个庞大而复杂的电路系统，又如集成电路芯片其大小与指甲相当，但内部却有成千上万个晶体管，它们相互连接成为一个电路系统。

在实际电路中，不论电路的结构是简单还是复杂，都可分为电源、负载和中间环节三大部分。图 1-1 所示电路就是一个最简单的手电筒电路，其中电路左边的电池是电源，它是提供电能或电信号的装置；电路右边的小灯泡是负载，它是用电设备，即消耗电能的装置；电路其他的部分称为中间环节，它是连接电源和负载的部分，具有输送、分配、控制电路通断的功能。中间环节的结构根据实际需要既有简单的，也有复杂的，如手电筒电路的中间环节由一个开关和若干导线组成，而收音机的中间环节由调谐、调频、中频放大、检波、低频放大、功率放大等几部分组成。

电路根据其作用可分为两大类：一是实现电能的传输和转换，如电力网实现电能的传输，日光灯、白炽灯把电能转换成光能，电动机把电能转换成机械能，而发电机则把机械能转换成电能等；二是实现信号的传递和处理，如电视机首先将其接收到的有线电视信号进行选择，得到所需的频率信号，然后再经过多级放大等处理，最后使图像、声音分别从不同的输出设备输出。

实际电路在分析元件的接法、功能与作用时是很有用的，但由于实际电路的几何形态差异很大，且实际电路元件的电磁性质较为复杂，使得人们直接对实际电路进行定量分析和计算非常困难。

为了便于对电路进行分析和计算，在一定的假设条件下，用足以反映实际元件电磁性质的假想理想电路元件或理想电路元件的组合，模拟实际电路中的器件，再把各理想元件的端子用"理想导线"连接起来，这样的电路称为电路模型。由于这种电路模型表征了这些设备在电路中所表现出的主要电气特性，所以由电路模型构成的电路原理图能够代表实际电路图，而从电路原理图中得到的分析结论也适用于实际电路，这样实际电路的分析就得到了简化。

常用的理想元件有消耗电能的电阻元件、储存磁场能量的电感元件、储存电场能量的电容元件及提供电能的电源等。电阻元件只消耗电能，并把电能转换为热能、光能、化学能等能量。电容元件和电感元件是储能元件，它们可以把电能转换为电场能或磁场能储存起来，在条件满足时再把电场能或磁场能还原成电能。

将图 1-1 用理想元件绘制成电路图，如图 1-2 所示，它是对手电筒实际电路进行抽象后的电路模型。在图 1-2 中，$U_S$ 是电压源，表示电池；S 表示开关；$R_L$ 是电阻元件，表示小灯泡。各个理想元件之间用理想导线（零电阻）进行连接。以后在本书中未加特别说明时，所说的元件均指理想电路元件，所说的电路均指抽象的电路模型。

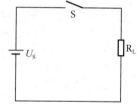

图 1-2　手电筒电路模型

## 二、电路中的基本物理量

在进行电路分析时常用的物理量有电流、电压、电位和功率等，下面对这些物理量进行介绍。

### 1. 电流

带电粒子的定向移动形成电流。导体中的自由电子、电解液和电离的气体中的自由离子、半导体中的电子和空穴，都属于带电粒子，或称载流子。

习惯上将正电荷移动的方向规定为电流方向，但在实际中，有时电流并不是由正电荷移动而形成的。例如，在金属导体中，实际上是带负电的电子在定向移动，从而形成了电流，这时规定负电荷定向移动的反方向为电流方向，它等效于正电荷的移动（不影响问题的解决）。在电解液中，正、负离子均存在，此时，电流等效于正、负离子单独存在时形成电流的和。

通常，将单位时间内通过导体横截面的电荷量定义为电流强度,并用它来衡量电流的大小，用 $i$ 表示，即

$$i = \frac{\mathrm{d}q}{\mathrm{d}t} \tag{1-1}$$

式中，$\mathrm{d}q$ 代表在 $\mathrm{d}t$ 时间内通过导体横截面的电荷量。

在直流电路中，单位时间通过导体横截面的电荷量是恒定不变的，用大写字母 $I$ 表示，即

$$I = \frac{Q}{t} \tag{1-2}$$

本书约定，凡是直流电压（$U$）与直流电流（$I$）均用大写字母表示。在国际单位制中，电荷量的单位为库仑（C），时间单位为秒（s），电流单位为安培（A），简称安。常用的单位还有毫安（mA）、微安（μA），其中，$1\mathrm{mA}=1\times10^{-3}\mathrm{A}$，$1\mu\mathrm{A}=1\times10^{-6}\mathrm{A}$。

由于有些实际电路十分复杂，在分析电路时，电路中某一段电流的实际方向很难判定，甚至电流的实际方向都在不断改变，因此，在电路中很难标明电流的实际方向。为了方便分析和计算，通常如图 1-3 所示任意选定一个方向作为电流 $i$ 的参考方向，即假定该方向为电流的正方向，然后根据选定的参考方向列出分析计算电路的方程，最后根据计算结果判断电流的实际方向与大小。若计算结果为正值（$i>0$），则说明电流参考方向与实际方向一致；若计算结果为负值（$i<0$），则说明电流参考方向与实际方向相反。

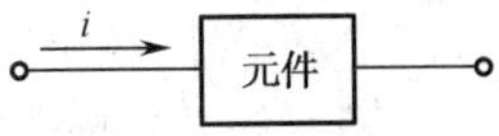

图 1-3　电流的参考方向

如图 1-4 所示，实线箭头标注的方向为电流的参考方向。其中，图 1-4（a）中的元件 1 流过电流 $I_1 = 2\mathrm{A}$，表示电流的实际大小为 2A，实际方向与参考方向相同，即电流的实际方向也向右；图 1-4（b）中的元件 2 流过电流 $I_2 = -3\mathrm{A}$，表示电流的实际大小为 3A，实际方向与参考方向相反，即电流的实际方向向左；图 1-4（c）中的元件 3 未标注电流的参考方向，所以电流 $I_3$ 的意义就不够明确。

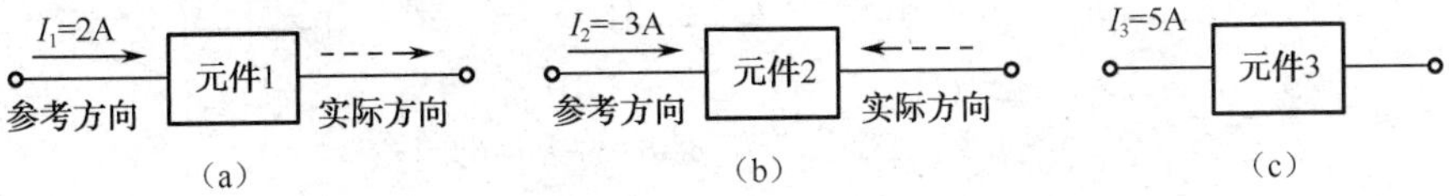

| $I_1=2\mathrm{A}$ 参考方向 元件1 实际方向 | $I_2=-3\mathrm{A}$ 参考方向 元件2 实际方向 | $I_3=5\mathrm{A}$ 元件3 |
| :---: | :---: | :---: |
| （a） | （b） | （c） |

图 1-4　电流参考方向与实际方向的关系

在电路中，如没有特别说明，则用实线箭头表示的电流方向均为电流参考方向。在用文字叙述时，可用电流符号 $i$ 加双下标表示，如图 1-5 所示，图中 $i_{\mathrm{AB}}$ 表示电流参考方向由 A 流向 B，$i_{\mathrm{BA}}$ 表示电流参考方向由 B 流向 A，并有 $i_{\mathrm{AB}} = -i_{\mathrm{BA}}$。当电路中确实需要标注电流实际方向时，可用如图 1-4 中所示的虚线表示。

图 1-5　参考方向表示

### 2. 电压与电动势

电压也称电势差或电位差，它是衡量单位电荷在静电场中由于电势不同所产生的能量差的物理量。此概念与水位高低所造成的"水压"相似，水在管中之所以能流动，是因为在高水位和低水位之间存在一种压力，使水从高处流向低处。电也是如此，电流之所以能够在导线中流动，也是因为在通电导线中存在高电位和低电位之间的差别，这种差别就是电压，如图 1-6 所示。

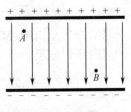

图 1-6　电压

电压大小等于电场力把单位正电荷从 $A$ 点移到 $B$ 点所做的功，即

$$u = \frac{\mathrm{d}w}{\mathrm{d}q} \qquad\qquad (1\text{-}3)$$

电压的正方向规定为从高电位指向低电位。电压的单位为伏特（V），常用的单位还有千伏（kV）、毫伏（mV）、微伏（μV），其中，$1kV=1\times10^3V$，$1mV=1\times10^{-3}V$，$1μV=1\times10^{-6}V$。

与电流一样，由于有些实际电路十分复杂，电路中电压的实际方向也无法确定，在分析电路时，引进电压参考方向的概念。如图 1-7 所示，通常用"+""-"号选定一个方向作为电压的参考方向，其中，标注"+"号的一端电位比标注"-"号的一端电位高，电压方向由高电位指向低电位，此为假定的电压参考方向，然后根据选定的电压参考方向列出分析计算的电路方程，最后根据计算结果判断电压的实际方向与大小。若计算结果为正值（$u>0$），则说明电压参考方向与实际方向一致，即标注"+"号的端子电位比标注"-"号的端子电位高；若计算结果为负值（$u<0$），则说明电压参考方向与实际方向相反，实际是标注"-"号的端子电位比标注"+"号的端子电位高。

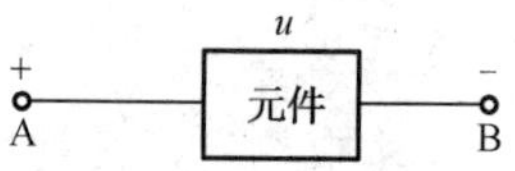

图 1-7　电压的参考方向

例如，根据标注的电压参考方向，图 1-8（a）中的元件 1 两端电压 $U_1=6V$，表示元件 1 两端电压大小为 6V，实际电位左边比右边高，即实际电压方向为向右，参考方向与实际方向相同。图 1-8（b）中的元件 2 两端电压 $U_2=-8V$，表示元件 2 两端电压大小为 8V，实际电位右边比左边高，即实际电压方向为向左，参考方向与实际方向相反。图 1-8（c）中的元件 3 两端电压 $U_3=10V$，表示元件 3 两端电压大小为 10V，实际电位右边比左边高，即实际电压方向为向左，参考方向与实际方向相同。

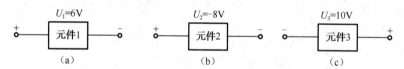

图 1-8　电压参考方向与实际方向的关系

常用的电压表示方法有 3 种，除了用"+""-"号表示，还可用箭头表示，在用文字叙述时也可用电压符号 $u$ 加双下标表示。如图 1-9 所示，$u_{AB}$ 表示电压参考方向由 A 指向 B，$u_{BA}$ 表示电压参考方向由 B 指向 A，且有 $u_{AB}=-u_{BA}$。如没有特别说明，在电路中电压、电流方向均为参考方向。

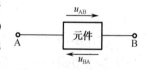

图 1-9　参考方向表示

在如图 1-10 所示电路中，正电荷在电场力的作用下不断地从电源正极经过电路流向电源负极，形成电流，如果没有外作用力，电源正极正电荷的减少会使正极电位逐渐降低，而负极则因正电荷的增多使电位逐渐升高，由此导致两极之间的电位差减小，最后为零，电荷不再移动。为了维持电流，需要借助电源力（如电池的化学力）使移到负极的正电荷经电源内部移到正极。电动势的定义为电源内部电源力将单位正电荷从电源负极移到正极所做的功。所以，电动势的方向是由电源的低电位端指向高电位端，对于同一电源，电动势的方向与电源外部电压的方向正好相反。

### 3. 电压与电流的关联方向

一个元件的电流参考方向与电压参考方向可以单独任意指定。当指定元件的电流参考方向是从电压参考方向正极性的一端流向负极性的一端（如图 1-11（a）所示），即电流参考方向与电压参考方向一致时，称为关联参考方向；当指定元件的电流参考方向是从电压参考方向负极性的一端流向正极性的一端（如图1-11（b）所示），即电流参考方向与电压参考方向不一致时，称为非关联参考方向。为使计算简单，建议对电阻、电感、电容元件尽量选用关联参考方向。

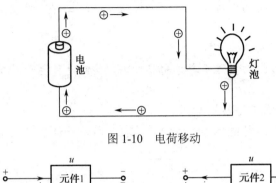

图 1-10　电荷移动

（a）关联参考方向　　　　　　　　　　（b）非关联参考方向

图 1-11　关联参考方向与非关联参考方向

### 4．能量与功率

如图 1-12 所示，在电场力的作用下，当电阻内部正电荷从实际电压的"+"极移到电压的"−"极时，电阻吸收能量；反之，当电源内部正电荷克服电场力作用，从实际电压的"−"极移到电压的"+"极时，为电路提供电能，电源向外释放能量。

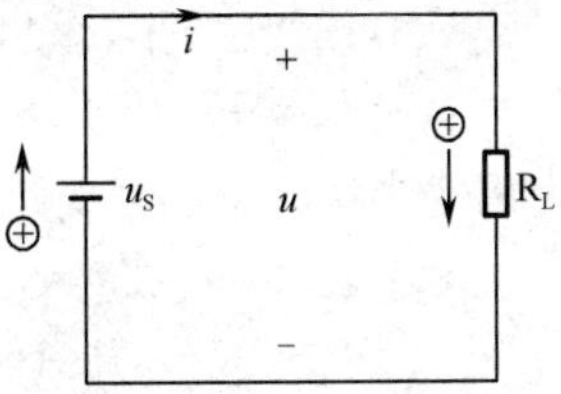

在国际单位制中，能量的单位为焦耳（J），简称焦。

在日常生活中，电能的单位用"度"表示，1 度电为 1kW 的用电器工作 1h 所消耗的电能，即

图 1-12　电能转移

$$1 \text{ 度} = 1\text{kW} \cdot \text{h} = 3.6 \times 10^6 \text{ J}$$

在电气工程中，电功率是用来衡量消耗电能快慢的物理量，简称功率，定义为单位时间内元件吸收或发出的电能，用 $p$ 表示。设在极短时间 $dt$ 内元件吸收（或释放）的电能为 $dw$，则

$$p = \frac{dw}{dt} \tag{1-4}$$

在国际单位制中，功率的单位为瓦特（W），简称瓦。常用的单位还有千瓦（kW）、毫瓦（mW），其中，$1\text{kW} = 1 \times 10^3 \text{W}$，$1\text{mW} = 1 \times 10^{-3}\text{W}$。

由于电压 $u = \frac{dw}{dq}$，电流 $i = \frac{dq}{dt}$，所以功率可进一步推导为

$$p = \frac{dw}{dt} = \frac{dw}{dq} \cdot \frac{dq}{dt} = ui \tag{1-5}$$

可见，功率与电压和电流密切相关。由于在电路中电压、电流都有参考方向，故求功率时应当注意：若电压和电流的参考方向为关联参考方向，则用公式 $p = ui$ 计算时，当 $p > 0$ 时，元件吸收功率，是负载；当 $p < 0$ 时，元件发出功率，起电源作用。若电压和电流的参考方向为非关联参考方向，则用公式 $p = ui$ 计算时，当 $p > 0$ 时，元件实际上释放功率，起电源作用；当 $p < 0$ 时，元件实际上吸收功率，是负载。

[**例 1-1**] 求图 1-13 中各元件吸收或释放的功率，并判断元件是电源还是负载。

**解：** 图 1-13（a）中，有

$$P_1 = U_1 I_1 = 6 \times 2 = 12\,(\mathrm{W}) > 0$$

由于元件 1 两端电压参考方向与电流参考方向相关联，所以元件 1 吸收功率，是负载。

图 1-13（b）中，有

$$P_2 = U_2 I_2 = 8 \times 3 = 24\,(\mathrm{W}) > 0$$

由于元件 2 两端电压参考方向与电流参考方向非关联，所以元件 2 释放功率，是电源。

图 1-13（c）中，有

$$P_3 = U_3 I_3 = (-10) \times 3 = -30\,(\mathrm{W}) < 0$$

由于元件 3 两端电压参考方向与电流参考方向非关联，所以元件 3 吸收功率，是负载。

图 1-13　例 1-1 题图

为方便起见，在计算功率时也可在电压和电流的参考方向为关联参考方向时，用公式 $p = ui$，而在电压和电流的参考方向为非关联参考方向时，用公式 $p = -ui$。按此原则选取公式后，若计算结果 $p > 0$，则元件吸收功率；若 $p < 0$，则元件释放功率。

图 1-13（b）中，元件 2 两端电压参考方向与电流参考方向非关联，有

$$P_2 = -U_2 I_2 = -8 \times 3 = -24\,(\mathrm{W}) < 0$$

故元件 2 释放功率，是电源。

图 1-13（c）中，元件 3 两端电压参考方向与电流参考方向非关联，有

$$P_3 = -U_3 I_3 = -(-10) \times 3 = 30\,(\mathrm{W}) > 0$$

故元件 3 吸收功率，是负载。

可见，两种判断方法结果相同。

[**例 1-2**] 求图 1-14 所示电路中各元件吸收或释放的功率，并计算电路吸收总功率。

**解：** 在图 1-14 所示电路中，电路电流 $I$ 为

$$I = \frac{U_S}{R_L} = \frac{10}{5} = 2\,(\mathrm{A})$$

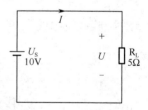

图 1-14　例 1-2 题图

电源两端电压参考方向与电流参考方向非关联，则电源吸收功率为

$$P_S = -U_S I = -10 \times 2 = -20\,(\mathrm{W}) < 0$$

故 $R_L$ 吸收负功率，即释放 20W 功率，是电源。

电阻两端电压参考方向与电流参考方向相关联，则电阻吸收功率为

$$P_L = UI = 10 \times 2 = 20\,(\mathrm{W}) > 0$$

故 $R_L$ 吸收 20W 功率，是负载。

电路吸收总功率为

$$P = P_S + P_L = (-20) + 20 = 0\,(\mathrm{W})$$

可见，电路中功率是平衡的，即电路中电源发出的功率一定等于电路中负载所消耗的功率，电路总吸收功率为零。

**随堂练习**

1. 如图 1-15 所示，已知元件 A 的电压、电流分别为 $U_A = -7V$，$I_A = 6A$，则元件 A 吸收的功率为_____W；元件 B 的电压、电流分别为 $U_B = 3V$，$I_B = -4A$，则元件 B 吸收的功率为_____W。

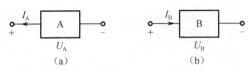

图 1-15　随堂练习 1

2. 如图 1-16 所示，已知元件 A 的电压 $U_A = -5V$，提供功率 10W，则 $I_A =$_____A；元件 B 的电流 $I_B = 2A$，吸收功率 10W，则 $U_B =$_____V。

图 1-16　随堂练习 2

3. 电路如图 1-17 所示，电阻 $R_1$ 吸收功率 $P_1 =$_____W，电阻 $R_2$ 吸收功率 $P_2 =$_____W。

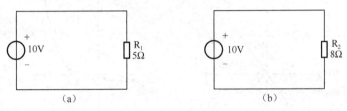

图 1-17　随堂练习 3

## 三、电路元件

### 1. 电阻元件

#### 1）电阻的伏安关系及其消耗功率

在电路理论中，电阻元件是耗能元件的理想化模型，它是一个二端元件。电阻器、灯泡、电炉等在一定条件下都可以用二端线性电阻元件作为其模型。在关联参考方向下，电阻元件的电压与电流的关系（简称 VCR）为

$$u = Ri \qquad (1-6)$$

此电压与电流的关系称为欧姆定律。线性电阻元件的电路图形符号如图 1-18 所示。式（1-6）中 $R$ 是一个正实常数，称为元件的电阻值。电阻值的大小表征了其对电流阻碍作用的大小，电阻值越大，则其对电流的阻碍作用就越大。当电压单位用伏特（V），电流单位用安培（A）表示时，电阻的单位为欧姆（Ω），简称欧。

在非关联参考方向下，线性电阻元件的电压与电流的关系为

$$u = -Ri \qquad (1-7)$$

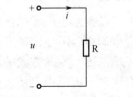

图 1-18　线性电阻元件的电路图形符号

即引入电压、电流的参考方向后，欧姆定律可表示为

$$u = \pm Ri \tag{1-8}$$

另外，欧姆定律也可写成

$$i = \pm \frac{1}{R}u = \pm Gu \tag{1-9}$$

式中，$G = \dfrac{1}{R}$，称为电阻元件的电导。电导的单位是西门子（S），简称西。$R$ 和 $G$ 都是电阻元件的参数。

应用上述欧姆定律时，若电压参考方向与电流参考方向一致，则取"+"号；反之，取"−"号。

以电压为横坐标，电流为纵坐标，画出一个直角坐标系，该坐标系平面称为 $u-i$ 平面。在 $u-i$ 平面上，用一条曲线表示元件电压与电流的关系，该曲线称为元件的伏安特性曲线。

如果电阻元件的电压与电流的关系如图 1-19（a）所示，是一条通过原点的直线，则该电阻元件称为线性电阻元件，直线的斜率与元件的阻值有关。如果电阻元件的电压与电流的关系如图 1-19（b）所示，是一条曲线，则该电阻元件称为非线性电阻元件。线性电阻元件的阻值是个常数，与元件两端电压和流过的电流无关，只与元件本身的材料、尺寸有关。今后若未加说明，本书中所有电阻元件均指线性电阻元件。

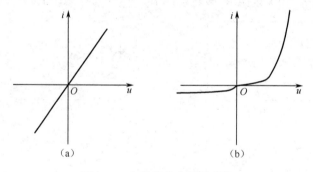

图 1-19　电阻的伏安特性曲线

**2）电阻的功率**

在电阻两端加上电压后，电阻内将流过电流，此时电阻元件消耗的功率为

$$p = \pm ui = Ri^2 = \frac{u^2}{R} \geq 0 \tag{1-10}$$

因为 $R$ 是正实常数，故功率 $p$ 恒为非负值。由此可见，线性电阻元件是一种无源元件，只会消耗电能，不可能产生能量。

电阻与所有电气设备一样，有其工作额定值。所谓额定值，是指设计者与制造厂商为了保证产品在给定的工作条件（包括环境、温度等因素）下正常运行而规定的容许值。各种产品额定值的内容因使用情况不同而各异。主要额定值一般包括电压、电流、功率、频率、绝缘等级、环境温度、冷却方式等。此外，还有质量、体积（外形尺寸）、绝缘电阻、耐电压强度等。只有在额定值范围内使用电气设备，才能保证电气设备能够安全可靠地运行。如果电气设备经常超负荷运行，就会导致电流超过额定值而引起过热，从而缩短电气设备的使用寿命；当电压超过额定值时，绝缘材料会被击穿。所以，在正常工作条件下，不允许电压或电流大于额定值。同样，当负载电压或电流远远小于额定值时，设备能力得不到充分利用，这在实际工程上也是

不允许的。由此可知，只有负载电压、电流等参数与额定值相近，才能使设备的运行既经济合理又安全高效。

[**例 1-3**] 某 $100\Omega$ 电阻，额定功率为 $\frac{1}{4}$W，求可以加到该电阻上而不引起电阻过热的最大电压与最大电流分别为多少。

**解：**根据功率公式 $P=RI^2=\dfrac{U^2}{R}$，得

$$U=\sqrt{PR}=\sqrt{\frac{1}{4}\times100}=5(\text{V})$$

$$I=\sqrt{\frac{P}{R}}=\sqrt{\frac{\frac{1}{4}}{100}}=0.05(\text{A})$$

即当电阻上的电压不超过 5V，电流不超过 0.05A 时，电阻能正常工作。

[**例 1-4**] 有一个 40W 的电阻性负载，接到 220V 的电源上，求通过负载的电流和该负载的电阻。

**解：**根据功率公式 $P=UI$，得

$$I=\frac{P}{U}=\frac{40}{220}\approx0.182(\text{A})$$

根据功率公式 $P=\dfrac{U^2}{R}$，得

$$R=\frac{U^2}{P}=\frac{220^2}{40}=1210(\Omega)$$

3）电阻的识别

电阻也称电阻器。根据电阻的制作材料不同，电阻可分为碳膜电阻、合成膜电阻、金属膜电阻、氧化膜电阻、线绕电阻等。

根据电阻特征不同，电阻可分为普通电阻、超高频电阻、高温电阻、精密电阻、可调电阻等。

阻值是电阻的主要参数之一，不同类型的电阻其阻值范围不同，不同精度的电阻其阻值系列也不同。常用的电阻器标注方法有文字符号直标法和色标法两种。

（1）文字符号直标法。用阿拉伯数字和文字符号有规律的组合来表示标称阻值、额定功率、允许误差等级等。符号前面的数字表示整数阻值，后面的数字依次表示第一位小数阻值和第二位小数阻值。例如，$120\Omega$表示电阻阻值为 120 欧姆；1K2 表示 1.2 千欧姆（k$\Omega$），用 K 代表小数点；R47 表示 0.47 欧姆，用 R 代表小数点。

示例：

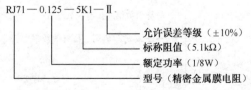

型号的第一个字母 R 表示电阻；在第二个字母中，T 表示碳膜，J 表示金属膜，X 表示线绕。上述型号电阻表示的是精密金属膜电阻，额定功率为 1/8W，标称阻值为 5.1k$\Omega$，允许误差为±10%。

（2）色标法。将电阻器的类别及主要技术参数的数值用颜色（色环或色点）标注在它的外表面上。色标法可分为三环、四环、五环 3 种标法。

在五色环电阻器的色环中，前 3 环表示三位标称阻值有效数字，第 4 环表示倍率，第 5 环表示允许误差。五色环标法如图 1-20 所示，五色环电阻器各色环颜色的含义参见表 1-1。例如，某电阻器的色环为绿棕黑黄棕，则其阻值为 $510\Omega\times10^4=5.10\text{M}\Omega$，允许误差为 $\pm1\%$。

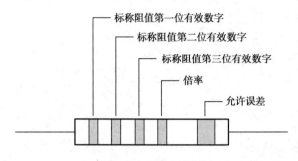

图 1-20　五色环标法

表 1-1　五色环电阻器各色环颜色的含义

| 颜　色 | 第一位有效数字 | 第二位有效数字 | 第三位有效数字 | 倍　率 | 允 许 误 差 |
|---|---|---|---|---|---|
| 棕 | 1 | 1 | 1 | $10^1$ | $\pm1\%$ |
| 红 | 2 | 2 | 2 | $10^2$ | $\pm2\%$ |
| 橙 | 3 | 3 | 3 | $10^3$ | |
| 黄 | 4 | 4 | 4 | $10^4$ | |
| 绿 | 5 | 5 | 5 | $10^5$ | $\pm0.5\%$ |
| 蓝 | 6 | 6 | 6 | $10^6$ | $\pm0.25$ |
| 紫 | 7 | 7 | 7 | $10^7$ | $\pm0.1\%$ |
| 灰 | 8 | 8 | 8 | $10^8$ | |
| 白 | 9 | 9 | 9 | $10^9$ | |
| 黑 | 0 | 0 | 0 | $10^0$ | |
| 金 | | | | $10^{-1}$ | |
| 银 | | | | $10^{-2}$ | |

在四色环电阻器的色环中，前两环表示两位标称阻值有效数字，第 3 环表示倍率，第 4 环表示允许误差。四色环标法如图 1-21 所示，四色环电阻器各色环颜色的含义参见表 1-2。例如，某电阻器的色环为棕绿橙金，则其阻值为 $15\Omega\times10^3=15\text{k}\Omega$，允许误差为 $\pm5\%$。

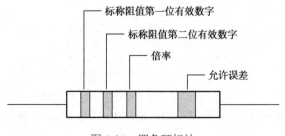

图 1-21　四色环标法

表 1-2 四色环电阻器各色环颜色的含义

| 颜 色 | 第一位有效数字 | 第二位有效数字 | 倍 率 | 允 许 误 差 |
|---|---|---|---|---|
| 棕 | 1 | 1 | $10^1$ | |
| 红 | 2 | 2 | $10^2$ | |
| 橙 | 3 | 3 | $10^3$ | |
| 黄 | 4 | 4 | $10^4$ | |
| 绿 | 5 | 5 | $10^5$ | |
| 蓝 | 6 | 6 | $10^6$ | |
| 紫 | 7 | 7 | $10^7$ | |
| 灰 | 8 | 8 | $10^8$ | |
| 白 | 9 | 9 | $10^9$ | $-20\% \sim +50\%$ |
| 黑 | 0 | 0 | $10^0$ | |
| 金 | | | $10^{-1}$ | $\pm 5\%$ |
| 银 | | | $10^{-2}$ | $\pm 10\%$ |
| 无色 | | | | $\pm 20\%$ |

在三色环电阻器的色环中，前 2 环表示两位标称阻值有效数字，第 3 环表示倍率，允许误差均为±20%。例如，某电阻器的色环为棕黑红，则其阻值为 $10\Omega \times 10^2 = 1.0\text{k}\Omega$，允许误差为±20%。

一般说来，四色环和五色环电阻器表示允许误差的色环距其他色环的距离较远。但有些色环电阻器由于厂家生产不规范，无法用上面的方法判断，这时只能借助万用表来判断。

## 2．电容元件

### 1）电容结构

电容器是储存电荷的容器，是电工、电子技术中的一种重要元件。将两个导电体中间用绝缘材料隔开，就形成了一个电容器。如图 1-22 所示是由两块中间绝缘导电板构成的平板电容器。

电容器中间的绝缘材料称为介质，常用的介质有空气、云母片、涤纶薄膜、陶瓷等；两块导电板称为极板。当电容器两个极板上加上直流电压后，极板上就会有电荷储存，其储存电荷能力的大小称为电容量，用字母 $C$ 表示。电容量的大小取决于电容器本身的形状、极板的尺寸、极板间的距离和介质类型。

平板电容器的电容量计算公式为

$$C = \varepsilon \frac{S}{d} \qquad (1-11)$$

式中，$\varepsilon$ ——绝缘材料的介电常数（不同种类的绝缘材料其介电常数是不同的）；

$S$ ——极板的有效面积；

$d$ ——两极板间的距离。

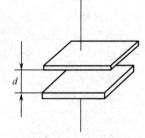

图 1-22 平板电容器

在电容器两端加上交流电压 $u$ 时，两极板上就会储存等量电荷 $q$，电荷与电容量、电压的关系为

$$q=Cu \tag{1-12}$$

实验证明，对某一确定电容量的电容器来说，任意极板所带电荷量与两极板间电压的比值是一个常数。这一比值可以表示电容器加上单位电压时储存电荷的多少，也就是电容器的电容量。电容量 $C$ 的单位为法拉（F），常用单位还有微法（μF）、纳法（nF）、皮法（pF），它们之间的关系为 $1\mu F=10^{-6}F$，$1nF=10^{-9}F$，$1pF=10^{-12}F$。

2）电容的伏安关系及其储存能量

电容元件作为储能元件能够储存电场能量，其电路模型如图 1-23 所示。从式（1-12）可以看出，电容器的电荷量是随电容器两端电压的变化而变化的，由于电荷的变化，电容器中就产生了电流，则

$$i_c = \frac{dq}{dt} \tag{1-13}$$

图 1-23 电容元件的电路模型

$i_c$ 是电容器由于电荷的变化而产生的电流，将式（1-12）代入式（1-13），得

$$i_c = C\frac{du}{dt} \tag{1-14}$$

式（1-14）表示线性电容元件的电流与端电压对时间的变化率成正比。

当 $\frac{du}{dt}=0$ 时，$i_c=0$，说明当电容元件的两端电压恒定不变时，通过电容元件的电流为零，电容元件处于开路状态，故电容元件对直流电路来说相当于开路。

电容所储存的电场能为

$$W_C = \frac{1}{2}Cu^2 \tag{1-15}$$

3）电容的种类和识别

按介质不同，电容器可分为纸介电容器、瓷介电容器、涤纶薄膜电容器等。按电容量的可变性，电容器又可分为固定电容器、可变电容器、半可变电容器。不同种类电容器的电路图形符号如图 1-24 所示，其中图 1-24（a）所示为固定电容器，图 1-24（b）所示为可变电容器，图 1-24（c）所示为半可变电容器。

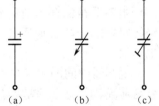

电容器最主要的指标有 3 项，分别是标称容量、允许误差和额定工作电压。这 3 项指标一般都标注在电容器的外壳上，可作为正确使用电容器的依据。成品电容器上所标注的电容量称为标称容量，而标称容量往往有误差，但是只要该误差在国家标准规定的允许范围内，这个误差就是允许误差。电容器的额定工作电

图 1-24 不同种类电容器的电路图形符号

压习惯上被称为"耐压"，它是电容器在电路中能够长期可靠工作而介质性能不变的最大直流电压。

常用的电容器标注方法有直标法和文字符号法两种。

（1）直标法。将标称容量、允许误差、额定工作电压这 3 项最主要的指标直接标注在电容器的外壳上。如某一电容器上标注有 $0.22\mu F\pm10\%$，25V 字样，则说明该电容器的电容量为 $0.22\mu F$，允许误差为 $\pm10\%$，额定工作电压为 25V。

（2）文字符号法。将电容量的整数部分写在电容量单位的前面，将电量的小数部分写在电容量单位的后面。如某电容器的电容量为 6800pF，则可写成 6n8；容量为 2.2pF，则可写成 2p2；电容量为 $0.01\mu F$，则可写成 10n 等。

3. 电感元件

1) 电感的伏安关系及其储存能量

电感器由一个线圈组成，通常将导线绕在一个铁芯上制成一个电感线圈，如图1-25所示。从图中可以看出，线圈的匝数 $N$ 与穿过线圈的磁通 $\Phi$ 之积为 $N\Phi$，称为磁链。

电感元件作为储能元件能够储存磁场能量，其电路模型如图1-26所示。

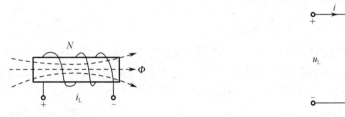

图1-25　电感线圈　　　　　　　图1-26　电感元件的电路模型

当电感元件为线性电感元件时，电感元件的特性方程为

$$N\Phi = Li \qquad (1\text{-}16)$$

式中，$L$ 为电感元件的电感系数（简称电感），是一个与电感器本身有关，与电感器的磁通、电流无关的常数，又称为自感，其单位为亨利（H），有时也用毫亨（mH）、微亨（μH）表示，它们之间的关系是 $1mH = 10^{-3}H$，$1μH = 10^{-6}H$。磁通 $\Phi$ 的单位是韦伯（Wb）。

当通过电感元件的电流发生变化时，电感元件中的磁通也发生变化，根据电磁感应定律，在线圈两端将产生感应电压，设电压与电流的参考方向关联，则在电感线圈两端产生的感应电压为

$$u_L = L\frac{di}{dt} \qquad (1\text{-}17)$$

式（1-17）表示线性电感元件的电压 $u_L$ 与电流 $i$ 对时间 $t$ 的变化率 $\frac{di}{dt}$ 成正比。

在一定的时间内，电流变化越快，感应电压越大；电流变化越慢，感应电压越小。若电流变化为零（直流电流），则感应电压为零，电感元件相当于短路，故电感元件在直流电路中相当于短路。

当流过电感元件的电流为 $i$ 时，它所储存的能量为

$$W_L = \frac{1}{2}Li^2 \qquad (1\text{-}18)$$

从式（1-18）中可以看出，电感元件在某一时刻的储能仅与当时的电流值有关。

2) 电感识别

常用的电感器标注方法有直标法、数码标示法和色环标示法3种。

（1）直标法。将电感量用数字和单位直接标在外壳上，数字代表标称电感量，单位为μH或mH。用字母A，B，C，D，E等标注电感元件最大工作电流，用Ⅰ、Ⅱ、Ⅲ表示允许误差。例如，4R7表示4.7μH；外壳上标有3.9mH，A，Ⅱ等字样，则表示电感量为3.9mH，误差为Ⅱ级（±10%），最大工作电流为A挡（50mA）。

（2）数码标示法。通常采用3位数字和1位字母表示，前2位表示有效数字，第3位表示有效数字乘以10的幂次，最后1位英文字母表示误差范围。单位为μH。

（3）色环标示法。色环电感通常用四色标示，其标注方法与色环电阻基本一致，前两环表示有效数字，第 3 环表示倍率，第 4 环表示误差范围。单位为μH。从外观上看，色环电感比色环电阻更粗一些。

电感器绕组的通断、绝缘等可用万用表的电阻挡进行检测。检测时，将万用表置于 R×1 挡或 R×10 挡，用两表笔接触电感器的两端，表针应指示导通，否则说明断路。该方法适用于粗略、快速地测量电感器是否被烧坏。

4．电压源

电源分电压源和电流源两种。实际电源有电池、发电机、信号源等，理想电压源和理想电流源是从实际电源抽象得到的电路模型，它们都是具有两个引出端的二端有源元件。

一个二端电路元件，若其端电压在任何情况下都能保持为恒定值或给定的时间函数 $u_s(t)$，而流过它的电流的大小和方向都取决于外电路，则此二端电路元件称为理想电压源，其电路图形符号如图 1-27 所示，图中 $u_s$ 表示电压源所产生的电压数值，"+""-"表示电压源的极性，即"+"端的电位高于"-"端的电位。

当 $u_s(t)$ 为恒定值时，这种电压源称为恒定电压源或直流电压源，用图 1-27（b）所示的两种图形符号表示，电压值则用大写字母 $U_s$ 或 $E$ 表示。

理想直流电压源的伏安特性(也称外特性)曲线是一条不通过原点且与电流轴平行的直线，如图 1-28 所示。由理想电压源的特点可知，其两端的电压与其输出电流无关。

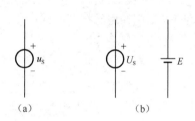
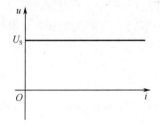

图 1-27　电压源电路图形符号　　　　　图 1-28　理想电压源的伏安特性

[例 1-5]　在图 1-29 所示电路中，电源为理想电压源，其两端电压为3V，当在其两端分别接入一个 1Ω 电阻与一个 10Ω 电阻时，求电压源流过的电流及电压源输出功率。

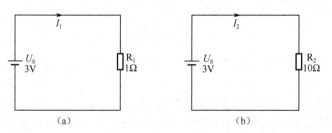

图 1-29　例 1-5 题图

解：在图 1-29（a）所示电路中，有

$$I_1 = \frac{U_s}{R_1} = \frac{3}{1} = 3(A)$$

$$P_1 = U_s I_1 = 3 \times 3 = 9(W)$$

可知，在图 1-29（a）所示电路中，电压源流过的电流是 3A，输出功率是 9W。

在图 1-29（b）所示电路中，有

$$I_2 = \frac{U_S}{R_2} = \frac{3}{10} = 0.3（A）$$

$$P_2 = U_S I_2 = 3 \times 0.3 = 0.9（W）$$

可知，在图 1-29（b）所示电路中，电压源流过的电流是 0.3A，输出功率是 0.9W。

由例 1-5 可以看出，理想直流电压源向外提供的电流与功率会随接入负载的变化而变化，但电压源两端的电压固定不变。

假如取 1～2 节电池装入用电设备，连续使用一段时间后再取出，就会发现电池的温度与使用前相比有所升高，这是由于电池在工作时把一部分电能转换成热能，即电池内部有电能的消耗。把电池内部电能的消耗用一个电阻来等效，则实际电压源可以用一个理想电压源 $U_S$ 和内阻 $R_S$ 相串联的电路模型来表示，如图 1-30 所示。电池是一个实际的直流电压源，当接上负载有电流流过时，内阻就会有能量损耗，电流越大，损耗也越大，端电压就越低。由于电池内阻的分压作用，电池不再具有端电压为恒定值的特点，其输出电压的大小为

$$U = U_S - IR_S \tag{1-19}$$

由式（1-19）可知，在接通负载后，实际电压源的端电压 $U$ 低于理想电压源的电压 $U_S$，实际电压源的伏安特性曲线如图 1-31 所示。可见，实际电压源的内阻越小，其特性越接近于理想电压源。工程中常用的稳压电源及大型电网在工作时的输出电压基本不随外电路变化，都可近似地视为理想电压源。

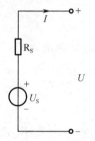
图 1-30　实际电压源电路模型

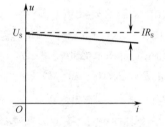
图 1-31　实际电压源的伏安特性曲线

根据电压源内电流方向的不同，电压源除了可以对外电路提供能量，还可以从外电路吸收能量。

### 5. 电流源

一个二端电路元件，若其通过的电流在任何情况下都能保持为恒定值或给定的时间函数 $i_S(t)$，而其两端电压的大小和方向都取决于外电路，则此二端电路元件称为理想电流源，其电路图形符号如图 1-32 所示，图中 $i_S$ 表示电流源所产生的电流数值，箭头表示 $i_S$ 的方向。当 $i_S(t)$ 为恒定值时，这种电流源称为恒定电流源或直流电流源，通常用大写字母表示。

理想直流电流源的伏安特性（外特性）曲线是一条不通过原点且与电压轴平行的直线，如图 1-33 所示。由理想电流源的特点可知，其输出电流与其两端的电压无关。

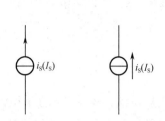 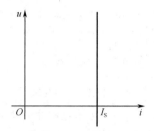

图 1-32　电流源电路图形符号　　　　　图 1-33　理想电流源的伏安特性曲线

[**例 1-6**]　在图 1-34 所示电路中，电源为理想电流源，其流过电流为 2A，当在其两端分别接入一个 1Ω 电阻与一个 10Ω 电阻时，求电流源两端电压及电流源输出功率。

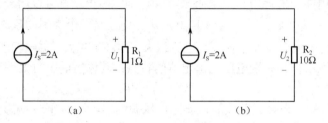

图 1-34　例 1-6 题图

**解：** 在图 1-34（a）所示电路中，有

$$U_1 = I_S R_1 = 2 \times 1 = 2\,(\text{V})$$

$$P_1 = U_1 I_S = 2 \times 2 = 4\,(\text{W})$$

可知，在图 1-34（a）所示电路中，电流源两端电压是 2V，输出功率是 4W。

在图 1-34（b）所示电路中，有

$$U_2 = I_S R_2 = 2 \times 10 = 20\,(\text{V})$$

$$P_2 = U_2 I_S = 20 \times 2 = 40\,(\text{W})$$

可知，在图 1-34（b）所示电路中，电流源两端电压是 20V，输出功率是 40W。

由例 1-6 可以看出，理想直流电流源向外提供的电压与功率随接入负载的变化而变化，但电流源流过的电流固定不变。

实际上，当直流电流源接入负载时，其输出电流会随接入负载的变化而变化。这是因为电流源内部总存在一定的内阻，实际电流源可以用一个理想电流源 $I_S$ 和内阻 $R_S$ 并联的电路模型来表示，如图 1-35 所示。当直流电流源接上负载时，负载两端产生电压，内阻就会有电流流过，造成能量损耗，负载两端电压越高，内阻流过电流也越大，输出电流就越小。由于内阻的分流作用，此时的电流源不再具有电流恒定的特点，其输出电流的大小为

$$I = I_S - \frac{U}{R_S} \tag{1-20}$$

由式（1-20）可知，在接通负载后，实际电流源输出的端电流 $I$ 低于理想电流源的电流 $I_S$，实际电流源的伏安特性曲线如图 1-36 所示。可见，实际电流源的内阻越大，其特性越接近于理想电流源。

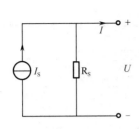

图 1-35 实际电流源电路模型

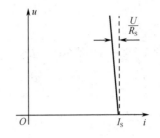

图 1-36 实际电流源的伏安特性

### 6. 受控电源

与受控电源相对，我们把前面介绍的电压源与电流源称为独立电源或独立源，而受控电源又称非独立电源。受控电压源的电压或受控电流源的电流与独立电压源的电压或独立电流源的电流有所不同，后者是独立量，前者则受电路中某部分电压或电流的控制。独立电源为电路提供电能，电路中的电压和电流是由独立电源的"激励"作用而产生的。受控电源则不同，它用来反映电路中某处的电压或电流对另一处的电压或电流的控制作用，或表示一处的电路变量与另一处电路变量之间的一种耦合关系。

受控电源简称受控源，它有两对端钮：一对为输入端，另一对为输出端。输入端加控制电压或电流，输出端则输出受控电压或受控电流。受控电压源或受控电流源根据控制量是电压还是电流可分为电压控制电压源（Voltage Controlled Voltage Source，VCVS）、电流控制电压源（Current Controlled Voltage Source，CCVS）、电压控制电流源（Voltage Controlled Current Source，VCCS）和电流控制电流源（Current Controlled Current Source，CCCS）。为了与独立电源相区别，用菱形符号表示受控源，其图形符号如图 1-37 所示。

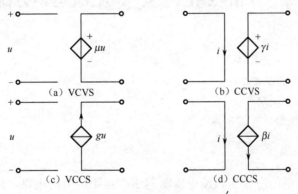

(a) VCVS    (b) CCVS

(c) VCCS    (d) CCCS

图 1-37 受控源图形符号

图 1-37 中，$\mu$ 称为电压放大系数，$\gamma$ 称为转移电阻，$g$ 称为转移电导，$\beta$ 称为电流放大系数。其中 $\mu$ 和 $\beta$ 没有单位，$\gamma$ 和 $g$ 分别具有电阻和电导的量纲。当这些系数为常数时，被控制量和控制量成正比，这种受控源为线性受控源。

例如，电子线路中常用的运算放大器的电路模型如图 1-38 所示，其输出电压 $u_o$ 是输入电压 $u_d$ 的 $A$ 倍，即输出电压受输入电压 $u_d$ 的控制。该电路就是电压控制电压源电路，实际反映了输入电压与输出电压之间的控制关系。

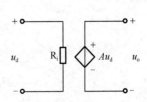

图 1-38 运算放大器的电路模型

**随堂练习**

1. 在图 1-39 所示电路中，$I_1 =$ _____，$I_2 =$ _____。

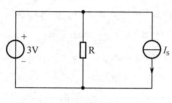

图 1-39　随堂练习 1

2. 电路如图 1-40 所示，若电流源吸收功率为 6W，电压源输出功率为 18W，则电阻所吸收的功率为 _____W，$R =$ _____Ω。

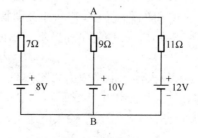

图 1-40　随堂练习 2

## 【任务解决】

在图 1-1 所示电路中，当开关闭合时，电池向外提供电能，起电源的作用。当灯泡灯丝的电阻一定时，电源电压越高，灯泡流过的电流越大，灯泡消耗的功率越大，其亮度也越高。

# 任务二　分析电路中电压、电流基本分配规律

## 【学习目标】

（1）了解电路的工作状态；
（2）掌握基尔霍夫定律；
（3）了解电位的概念。

## 【任务导入】

如图 1-41 所示电路是由 3 个直流电压源和 3 个电阻组成的电路，3 个电源单独作用时，在该电源所在支路产生的电流实际方向一定是向上的，当 3 个电源都作用时，各支路产生的电流大小、方向又是怎样的呢？

A

7Ω　　9Ω　　11Ω

8V　　10V　　12V

B

图 1-41　多电源工作电路

## 【知识链接】

## 一、电路的工作状态

在分析电路时需要了解电路的工作状态。电路有 3 种工作状态：短路、开路（空载）、负载。以下分别介绍这 3 种状态。

### 1. 开路状态

开路状态也称断路状态，是由于电路中某一处断开而使电阻为无穷大，电流无法正常通过，导致电路中电流为零。

若是电压源开路，则是如图 1-42（a）所示的状态，图中 A、B 两端断开，此时端线中电流 $I$ 等于 0，断开处两端之间的电压为电源电压 $U_S$，电源开路时不向外输送电能，电源的这种状态也称空载。

若是电流源开路，则是如图 1-42（b）所示的状态，图中 A、B 两端断开，此时由于端线中电流 $I$ 等于零，电流 $I_S$ 全部从电流源内阻 $R_S$ 流过，而电流源的内阻一般都很大，因而电流源开路可能产生非常高的电压，该开路电压将破坏绝缘，造成触电等事故，所以电流源禁止开路。

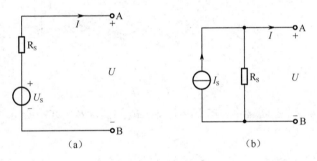

图 1-42 电源开路

有时，我们把电路中的任意断开点也称为开路。例如，在生活中，使电灯开关处于断开状态时，开关即为开路状态，此时电路中电流为零，电灯熄灭。

电路开路处的电流为零是开路状态的主要特点。

### 2. 短路状态

短路就是两节点之间的低阻性短接。

如果是电压源被短路，如图 1-43（a）所示，A、B 两端电压为零，电路中的电流（短路电流）$I \approx U_S / R_S$。由于电压源的内阻都很小，因而短路电流可达到非常大的数值，该短路电流使电压源温度迅速上升，从而烧毁电压源，并造成火灾等事故，所以电压源禁止短路。防止电压源短路的最常见的方法是在电路中安装熔丝。当电流增大到一定数值时，熔丝被熔断，从而切断电路。

若是电流源短路，则是如图 1-43（b）所示的状态，图中 A、B 两端短接，此时 A、B 两端电压 $U$ 等于零。电流源短路时不向外输送电能。

有时，我们把电路中的任意两点短接也称为短路。短接是有意的短路，是排查故障或解决故障的一种方法。

电路短路处的电压为零是短路状态的主要特点。

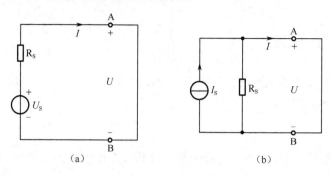

（a）　　　　　　　　　　　（b）

图 1-43　电源短路

### 3. 负载状态

负载状态也称通路状态，即电路中加入负载构成闭合回路，负载中有电流流过。在这种状态下，电源端电压与负载电流的关系可以用伏安特性确定。

如图 1-44 所示，电压源接入负载，此时电路中电流的大小不仅取决于电源电压与内阻，还取决于负载的大小，输出电流为

$$I = \frac{U_S}{R_S + R_L}$$

电源向外输出的电压为

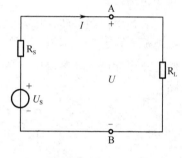

图 1-44　负载状态

$$U = U_S - IR_S$$

[**例 1-7**]　图 1-44 所示电路中，若 $U_S$=15V，$R_S$=1Ω，$R_L$=9Ω，试求电路输出电流与负载电压。

**解**：电路输出电流为

$$I = \frac{U_S}{R_S + R_L} = \frac{15}{1+9} = 1.5（A）$$

负载电压为

$$U = U_S - IR_S = 15 - 1.5 \times 1 = 13.5（V）$$

或　　　$$U = IR_L = 1.5 \times 9 = 13.5（V）$$

## 二、基尔霍夫定律

基尔霍夫定律（Kirchhoff's Laws）是电路中电压和电流所遵循的基本规律，是分析和计算较复杂电路的基础。它既可以用于直流电路的分析，也可以用于交流电路及非线性电路的分析。基尔霍夫定律仅与电路的连接方式有关，而与构成该电路的元器件具有什么样的性质无关。基尔霍夫定律包括电流定律和电压定律。

### 1. 电路名词

在介绍基尔霍夫定律前，先以图 1-45 所示电路为例介绍基尔霍夫定律相关名词。

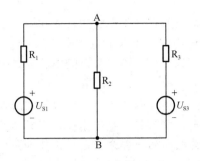

图 1-45　普通电路

1）支路

按狭义定义，把通过同一电流的电流路径称为支路。如图 1-45 所示，该电路共有 3 条支路，其中支路 $A-R_1-U_{S1}-B$ 和 $A-R_3-U_{S3}-B$ 中既有电阻又有电源，称为有源支路；支路 $A-R_2-B$ 中只有电阻而无电源，称为无源支路。

2）节点

按狭义定义，3 条和 3 条以上支路的连接点称为节点。如图 1-45 所示电路有两个节点 A 和 B。

3）回路

电路中任意闭合的路径称为回路。在如图 1-45 所示电路中，共有 3 条回路，即回路 $A-R_1-U_{S1}-B-R_2-A$ 、回路 $A-R_3-U_{S3}-B-R_2-A$ 与回路 $A-R_1-U_{S1}-B-U_{S3}-R_3-A$ 。

4）网孔

内部不包含任何支路的回路称为网孔。在如图 1-45 所示电路中，共有两个网孔，即 $A-R_1-U_{S1}-B-R_2-A$ 与 $A-R_3-U_{S3}-B-R_2-A$ 。网孔一定是回路，但回路不一定是网孔。在图 1-45 所示电路中，$A-R_1-U_{S1}-B-U_{S3}-R_3-A$ 是回路，但不是网孔。网孔是相对的，对同一电路而言，画法不同，对应的网孔会有变化。

2．基尔霍夫电流定律

基尔霍夫电流定律（Kirchhoff's Current Law）又称基尔霍夫第一定律，简记为 KCL，是确定电路中任意节点处各支路电流之间关系的定律，因此又称为节点电流定律，它的内容为：在任意瞬时，对于任意节点来说，从该节点流出的电流之和恒等于流向该节点的电流之和，即

$$\sum i_{出} = \sum i_{入} \tag{1-21}$$

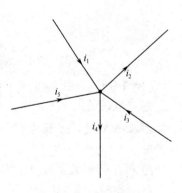

图 1-46　基尔霍夫电流定律

如图 1-46 所示为从某电路中分离出来的局部电路，其中电流 $i_1$、$i_3$、$i_5$ 流入，电流 $i_2$、$i_4$ 流出，根据基尔霍夫电流定律，电路中各支路电流的关系为

$$i_1 + i_3 + i_5 = i_2 + i_4 \tag{1-22}$$

对式（1-22）进行移项，可得

$$i_1 - i_2 + i_3 - i_4 + i_5 = 0 \tag{1-23}$$

由此，基尔霍夫电流定律还可以表述为

$$\sum i = 0 \tag{1-24}$$

即任意时刻在电路的任意节点上，所有支路电流的代数和恒等于零。

为统一起见，列方程之前可约定：流入节点的电流为"+"，流出节点的电流为"–"。当然，也可以约定流入节点的电流为"–"，流出节点的电流为"+"，此时列出的方程变为

$$-i_1 + i_2 - i_3 + i_4 - i_5 = 0 \qquad\qquad (1\text{-}25)$$

比较式（1-23）与式（1-25），可知两式等价，所以约定流入节点的电流为"+"还是流出节点的电流为"+"，均无关紧要，关键是一旦约定后，必须按约定列方程。

**［例 1-8］** 如图 1-47 所示为电路的一部分，已知条件如图所示，求电流 $I_x$。

**解：** 先对节点 A 列出基尔霍夫电流方程，约定流入节点的电流为"+"，流出节点的电流为"–"，6Ω 电阻流过电流为 $I_{AB}$，如图 1-48 所示，则

$$I_1 - I_2 + I_3 - I_{AB} = 0$$
$$7 - (-4) + (-5) - I_{AB} = 0$$
$$I_{AB} = 6 \,(\text{A})$$

再对节点 B 列 KCL 方程，则

$$I_{AB} + I_5 - I_x = 0$$
$$6 + 3 - I_x = 0$$
$$I_x = 9 \,(\text{A})$$

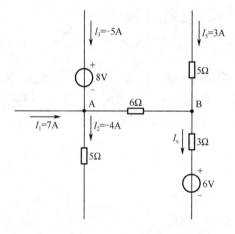

图 1-47　例 1-8 题图

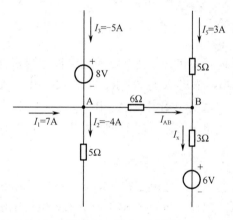

图 1-48　例 1-8 解题图

**［例 1-9］** 如图 1-49 所示电路中电流参考方向如图所示，试列出各节点的电流方程。

**解：** 假设流入节点的电流为"+"，流出节点的电流为"–"，则

节点 A 的电流方程为

$$i_1 - i_2 - i_3 = 0$$

节点 B 的电流方程为

$$i_3 - i_4 - i_5 = 0$$

节点 C 的电流方程为

$$-i_1 + i_2 + i_4 + i_5 = 0$$

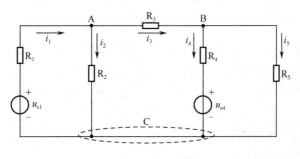

图 1-49　例 1-9 题图

在上述 3 个节点方程中，若将节点 A 的方程和节点 B 的方程相加后乘以 "-1"，就可以得到节点 C 的方程，所以，在图 1-49 所示电路的 3 个节点（A、B、C）中，有两个是独立节点（任选两个），剩下的是非独立节点，即非独立节点的电流平衡方程是其他两个独立节点电流方程的线性组合。由此可知，如果在电路中有 $n$ 个节点，则其中有（$n-1$）个节点是独立节点。

KCL 不仅适用于电路中的任意节点，而且适用于电路任意部分的闭合面，即任意时刻对电路的任意闭合面来说，与其连接的所有支路电流的代数和恒等于零。所谓闭合面，是用假想的一条闭合曲线把一个网络包围起来形成的一个面。

例如，在如图 1-50 所示电路中，A、B、C 3 个节点的电流方程分别是

$$i_1 - i_4 - i_6 = 0 \qquad (1\text{-}26)$$
$$i_2 + i_4 - i_5 = 0 \qquad (1\text{-}27)$$
$$i_3 + i_5 + i_6 = 0 \qquad (1\text{-}28)$$

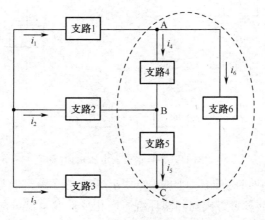

图 1-50　闭合面的 KCL 方程

把式（1-26）～式（1-28）相加，得

$$i_1 + i_2 + i_3 = 0 \qquad (1\text{-}29)$$

即流入该闭合面的支路电流代数和等于零。

说明：

（1）KCL 是电流的连续性在集总参数电路上的体现，其物理背景是电荷守恒定律。

（2）KCL 是对支路电流施加的约束，与支路上接的是什么元件无关，与电路是线性的还是非线性的无关。

（3）KCL 方程按电流参考方向列写。

### 3．基尔霍夫电压定律

基尔霍夫电压定律（Kirchhoff's Voltage Law）又称基尔霍夫第二定律，简记为 KVL。基尔霍夫电压定律是确定电路中任意回路内各元件电压之间关系的定律，因此又称为回路电压定律。它的内容为：在任意瞬间，沿电路中的任意回路绕行一周，各元件电压的代数和恒等于零，即

$$\sum u = 0 \tag{1-30}$$

列基尔霍夫电压方程时按以下步骤进行。

（1）标定各元件电压参考方向。

（2）选定回路绕行方向，顺时针或逆时针都可以（习惯上用顺时针）。

（3）若电压参考方向与回路环绕方向一致，则电压取正，否则电压取负。

（4）把回路所有元件的电压加在一起等于零。

如图 1-51 所示电路为从某电路中分离出来的局部电路，各元件电压参考方向如图所示，回路环绕方向取顺时针方向。由于电压 $u_1$、$u_2$、$u_5$ 的参考方向与回路环绕方向一致，所以取正，而电压 $u_3$、$u_4$、$u_6$ 的参考方向与回路环绕方向相反，所以取负。根据基尔霍夫电压定律，电路中各元件的电压关系为

$$u_1 + u_2 - u_3 - u_4 + u_5 - u_6 = 0 \tag{1-31}$$

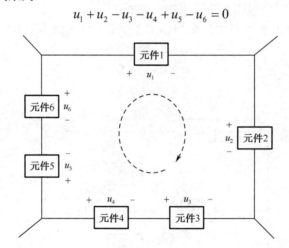

图 1-51　基尔霍夫电压定律

若回路环绕方向取逆时针方向，则电压 $u_3$、$u_4$、$u_6$ 的参考方向与回路环绕方向一致，取正，而电压 $u_1$、$u_2$、$u_5$ 的参考方向与回路环绕方向相反，取负，可得

$$-u_1 - u_2 + u_3 + u_4 - u_5 + u_6 = 0 \tag{1-32}$$

比较式（1-31）、式（1-32）可知，式（1-31）乘以-1 即得式（1-32），所以回路环绕方向的取向不影响基尔霍夫电压方程。

对式（1-31）进行移项，可得

$$u_3 + u_4 + u_6 = u_1 + u_2 + u_5 \tag{1-33}$$

由此，基尔霍夫电压定律还可以表述为

$$\sum u_升 = \sum u_降 \tag{1-34}$$

即任意时刻对电路的任意回路来说，所有元件电压升的代数和恒等于元件电压降的代数和。

[**例 1-10**] 如图 1-52 所示电路中电压参考方向如图所示，$U_{S1}=15\text{V}$，$U_{S3}=5\text{V}$，$R_1=1\Omega$，$R_2=2\Omega$，$R_3=3\Omega$，$R_4=4\Omega$，试列出回路基尔霍夫电压方程，并计算回路电流与 A、B 两点之间的电压 $U_{AB}$。

**解：** 如图 1-53 所示，先选定各元件两端电压参考方向，选定原则：电压源电压参考方向尽量与其实际方向一致，电阻两端电压参考方向尽量与电流参考方向一致；再选择电路环绕方向，在此选择顺时针方向；最后列出基尔霍夫电压方程。

$$U_1+U_2+U_3+U_{S3}+U_4-U_{S1}=0 \tag{1-35}$$

由于电阻电压参考方向与电路中电流参考方向一致，故使用欧姆定律时取正号，即 $U=+RI$，所以可得

$$R_1I+R_2I+R_3I+U_{S3}+R_4I-U_{S1}=0$$

移项得

$$R_1I+R_2I+R_3I+R_4I=U_{S1}-U_{S3} \tag{1-36}$$

$$I=\frac{U_{S1}-U_{S3}}{R_1+R_2+R_3+R_4} \tag{1-37}$$

$$=\frac{15-5}{1+2+3+4}=\frac{10}{10}=1（\text{A}）$$

式（1-37）称为单回路电流公式。

注意式（1-35）～式（1-37）中电源 $U_{S1}$ 与 $U_{S3}$ 前的正、负号。式（1-36）和式（1-37）中电源 $U_{S1}$ 与 $U_{S3}$ 前的正、负号与式（1-35）相反，这是因为 $U_{S1}$ 与 $U_{S3}$ 移到了等号右边，与基尔霍夫电压定律（"若电压参考方向与回路环绕方向一致，则电压取正，否则电压取负"）是不矛盾的。

A、B 两点之间的电压为

$$U_{AB}=U_2+U_3+U_{S3}=R_2I+R_3I+U_{S3}=2\times1+3\times1+5=10（\text{V}）$$

或

$$U_{AB}=-U_1+U_{S1}-U_4=-R_1I+U_{S1}-R_4I$$

$$=-1\times1+15-4\times1=10（\text{V}）$$

以上用不同的路径求得相同的 $U_{AB}$，体现了能量守恒定律。

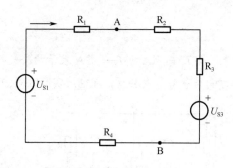

图 1-52 例 1-10 题图

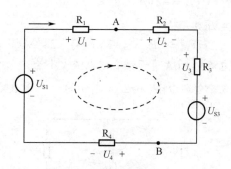

图 1-53 例 1-10 解题图

[**例 1-11**] 如图 1-54 所示电路中电流参考方向如图所示，试列出各回路的电压方程。

**解：** 假设各回路的环绕方向皆为顺时针方向，则

回路 I 的电压方程为

$$-u_{S1}-R_1i_1+R_2i_2+u_{S2}=0$$

回路Ⅱ的电压方程为

$$-u_{S2} - R_2 i_2 + R_3 i_3 + u_{S3} = 0$$

回路Ⅲ的电压方程为

$$-u_{S1} - R_1 i_1 + R_3 i_3 + u_{S3} = 0$$

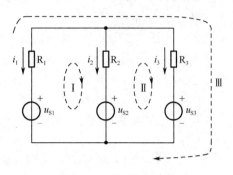

在上述 3 个回路方程中，若将回路Ⅰ的方程和回路Ⅱ的方程相加，就可以得到回路Ⅲ的方程。所以，在如图 1-54 所示电路的 3 个回路中，有两个是独立回路（任选两个），剩下的是非独立回路，即非独立回路的电压方程是其他独立回路电压方程的线性组合。如果在电路中有 $n$ 个节点、$b$ 条支路，则回路的独立方程数等于 $b-(n-1)$。独立 KVL 方程的个数即网孔数。

图 1-54　例 1-11 题图

[**例 1-12**] 如图 1-55 所示电路中，$U_{S1} = 70\text{V}$，$U_{S3} = 6\text{V}$，$R_1 = 7\Omega$，$R_2 = 7\Omega$，$R_3 = 11\Omega$，求电路各支路电流及 $U_{AB}$。

**解**：假设电路各支路的电流参考方向及回路环绕方向如图 1-56 所示，分别对节点和回路列方程，整理得

$$\begin{cases} I_1 + I_2 + I_3 = 0 \\ -U_{S1} + R_1 I_1 - R_2 I_2 = 0 \\ R_2 I_2 - R_3 I_3 + U_{S3} = 0 \end{cases}$$

代入数据

$$\begin{cases} I_1 + I_2 + I_3 = 0 \\ -70 + 7 \times I_1 - 7 \times I_2 = 0 \\ 7 \times I_2 - 11 \times I_3 + 6 = 0 \end{cases}$$

计算得

$$\begin{cases} I_1 = 6\,(\text{A}) \\ I_2 = -4\,(\text{A}) \\ I_3 = -2\,(\text{A}) \end{cases}$$

电压为

$$U_{AB} = -R_2 I_2 = -7 \times (-4) = 28\,(\text{V})$$

电流 $I_1 = 6\text{A}$ 表示该支路电流大小为 6A，方向向上，而 $I_2 = -4\text{A}$、$I_3 = -2\text{A}$ 表示两条支路的电流大小分别为 4A 和 2A，前面的 "–" 号表示其实际方向与参考方向相反，即电流实际方向向下。

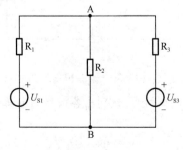

图 1-55　例 1-12 题图

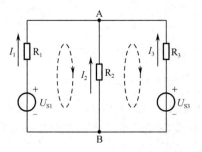

图 1-56　例 1-12 解题图

[**例 1-13**]　如图 1-57 所示电路中，$U_S = 20V$，$U_1 = 6V$，$U_2 = 9V$，求 A、B 两点之间的电压 $U_{AB}$。

**解：** 假想一个回路，如图 1-58 所示，对假想回路列 KVL 方程为

$$-U_S - U_2 - U_1 + U_{AB} = 0$$

移项得

$$U_{AB} = U_1 + U_2 + U_S$$

代入数据

$$U_{AB} = 6 + 9 + 20 = 35（V）$$

由此可见，KVL 也适用于电路中任意假想的回路。

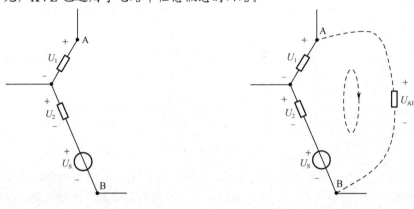

图 1-57　例 1-13 题图　　　　　图 1-58　例 1-13 解题图

说明：

（1）KVL 是电场中电位的单值性在集总参数电路上的体现，其物理背景是能量守恒定律。

（2）KVL 是对回路电压施加的约束，与回路各支路上接的是什么元件无关，与电路是线性的还是非线性的无关。

（3）KVL 方程按电压参考方向列写。

基尔霍夫定律是关于电路中电流、电压之间约束关系的定律，适用于任何集总电路。各种分析电路的方法都依据它去建立所需的方程，所以基尔霍夫定律是电路的基本定律。

## 三、电位

在电路的分析计算中，特别是在电子电路中，经常用到"电位"。

在电路中任选一点为参考点，则电路中某一点 a 到参考点的电压就称为 a 点的电位，用 $V_a$ 表示。由于参考点的电位为零，所以参考点也称为零电位点，用接地符号"⊥"表示。参考点是任意选择的，而电路中各点的电位都是针对参考点而言的，所以参考点一经选定，电路中的各点电位也就确定了。电位的单位也是伏（特）（V）。

[**例 1-14**]　分别以 C 点与 B 点为参考点，求图 1-59 中 A、B、C 3 点的电位。

**解：**（1）以 C 点为参考点，则 C 点的电位为零，即

$$V_C = 0$$

A 点的电位为

$$V_A = U_{AC} = 6V$$

B 点的电位为

$$V_B = U_{BC} = 2V$$

（2）以 B 点为参考点，则 B 点的电位为零，即

$$V_B = 0$$

A 点的电位为

$$V_A = U_{AB} = 6 - 2 = 4（V）$$

C 点的电位为

$$V_C = U_{CB} = -2V$$

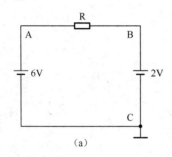 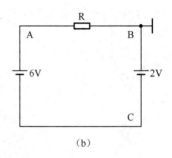

图 1-59　例 1-14 题图

由例 1-14 可知，当选择的参考点改变时，电路中各点电位的值也改变，所以讨论电位时一定要注意参考点的位置，不指定参考点而讨论电位是没有意义的。需要注意，电路中各点电位将随参考点的变化而变化，但任意两点间的电压与参考点无关。

[例 1-15] 在如图 1-60 所示电路中，（1）当开关 S 闭合后，开关两端的电压、电阻两端的电压各为多少？$V_A$、$V_B$、$V_C$ 各为多少？（2）当开关 S 断开后，上述各项又为多少？

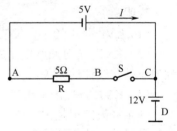

图 1-60　例 1-15 题图

解：（1）当开关 S 闭合后，电路中有电流流过，由于开关的电阻为零，所以开关两端电压为

$$U_{BC} = 0$$

根据基尔霍夫电压定律，可得电阻两端的电压为

$$U_{AB} = -5V$$

由于 C 点和 A 点到 D 点的电压分别为

$$U_{CD} = 12V$$

$$U_{AD} = -5 + 12 = 7（V）$$

所以 C 点和 A 点的电位分别为

$$V_C = U_{CD} = 12V$$

$$V_A = U_{AD} = 7V$$

此时，电路内 B 点经闭合的开关 S 接至 C，所以 B 点电位与 C 点电位相同，即

$$V_B = V_C = 12V$$

（2）当开关 S 断开后，电路内无电流流过，根据欧姆定律，电阻的压降为零，即

$$U_{AB} = IR = 0 \times 5 = 0$$

根据基尔霍夫电压定律，开关两端电压为

$$U_{BC} = U_{BA} + U_{AC} = 0 + (-5) = -5(V)$$

A 点电位为

$$V_A = U_{AD} = U_{AC} + U_{CD} = -5 + 12 = 7(V)$$

B 点电位为

$$V_B = U_{BD} = U_{BA} + U_{AC} + U_{CD}$$
$$= 0 - 5 + 12$$
$$= 7(V)$$

C 点的电位为

$$V_C = U_{CD} = 12V$$

在电子电路中，一般选择很多元件的汇集处作为参考点，如把电源、信号输入和信号输出的公共端接在一起作为参考点。因此，电子电路有一种习惯画法，即电源不再用电源符号表示，而改为标出其电位的极性及数值。如图 1-61（a）所示电路是一般电路的画法。由于图 1-61（a）所示电路中参考点被选定后，A 点电位一定是 5V，B 点电位一定是 -6V，所以在电子电路中常用图 1-61（b）所示的习惯画法，两个电路图意义相同。在工程技术中则选择大地、机壳作为参考点，若把电气设备的外壳"接地"，那么外壳的电位就为零。

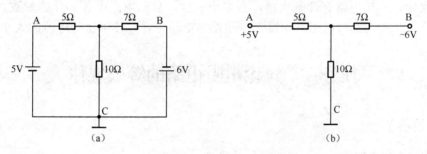

图 1-61　电位简化画法

**随堂练习**

1. 如图 1-62 所示为电路的一部分，求 $I_x$=_____A。
2. 电路如图 1-63 所示，其中 $I_1$=_____A，$I_2$=_____A。
3. 如图 1-64 所示电路，电压 $U_1$=_____V，$U_2$=_____V，$U_{BC}$=_____V。

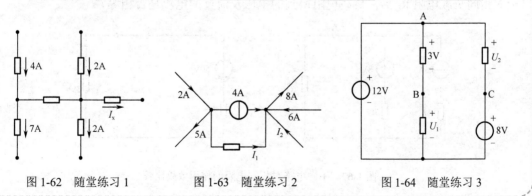

图 1-62　随堂练习 1　　　图 1-63　随堂练习 2　　　图 1-64　随堂练习 3

4．如图 1-65 所示电路，已知 A、D 两点开路，则 $U_{AC} =$ _____V，$U_{AD} =$ _____V。

5．如图 1-66 所示电路，电路中各段电压分别为 $U_{AD} =$ _____V，$U_{CD} =$ _____V，

　　$U_{AC} =$ _____V。

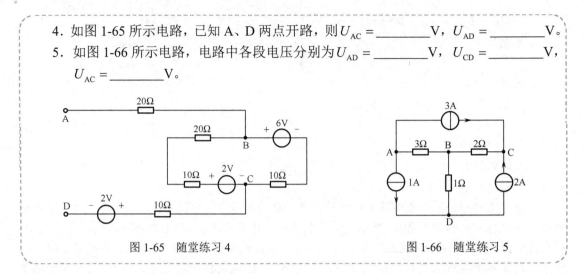

图 1-65　随堂练习 4　　　　　　　　图 1-66　随堂练习 5

## 【任务解决】

在电路中，不论电路有几条支路，含多少元件，只要电路中各元件的参数、特性及其连接方式确定，那么都可以用基尔霍夫定律得出电路中各元件电压与电流的大小与方向。

# 任务三　讨论电阻电路的等效规律

## 【学习目标】

（1）掌握电阻串联、并联、混联的等效变换；

（2）了解电阻的星形和三角形等效变换；

（3）掌握电压源、电流源的等效变换。

## 【任务导入】

如图 1-67（a）和图 1-67（b）所示电路是由多个电阻与电源构成的电路，当分别在其端口接入相同负载电阻 $R_L$ 后，负载电阻得到的电压及流过的电流是否相等？

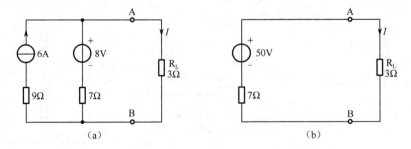

图 1-67　不同电路对相同电阻的作用效果比较

## 【知识链接】

等效法也称等效变换法，是科学研究中常用的思维方法之一，其实质是在效果相同的情况下，将较为复杂的实际问题变换为简单的问题，以便突出主要因素，抓住它的本质特征，找出其中的规律。因此，应用等效法时往往是用简单的因素代替较复杂的因素，使问题得到简化，从而便于求解。

## 一、电阻的串联和并联

电阻的串联和并联是电阻常见的两种连接方式，在进行电路分析时，通常用一个等效电阻来代替串、并联电阻，从而达到简化电路组成、减少计算量的目的。

### 1. 电阻的串联

两个电阻串联的电路如图 1-68 所示，电阻串联电路的特点是：流过串联电阻的电流相等。

根据 KVL，串联电阻电路两端口总电压等于各电阻上电压的代数和，即

$$u = u_1 + u_2 \tag{1-38}$$

应用欧姆定律，有

$$u = R_1 i + R_2 i = (R_1 + R_2)i = Ri \tag{1-39}$$

式中

$$R = R_1 + R_2 \tag{1-40}$$

$R$ 称为两个电阻串联的等效电阻。此时，电路中流过的电流为

$$i = \frac{u}{R} = \frac{u}{R_1 + R_2} \tag{1-41}$$

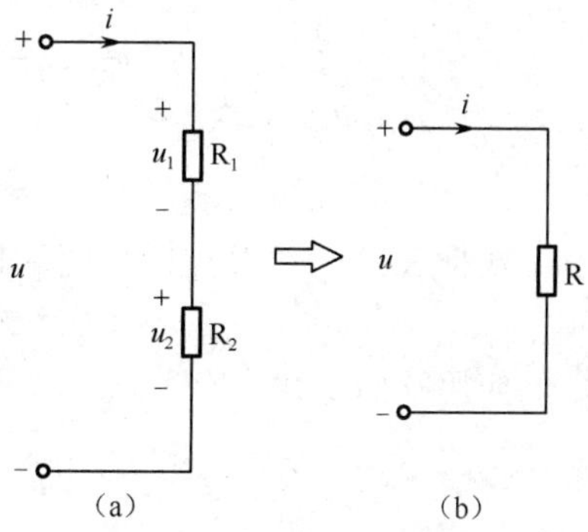

图 1-68  两个电阻串联的等效电路

各电阻两端的电压分别为

$$\begin{cases} u_1 = R_1 i = \dfrac{R_1}{R_1 + R_2} u \\[2mm] u_2 = R_2 i = \dfrac{R_2}{R_1 + R_2} u \end{cases} \tag{1-42}$$

式（1-42）为两个电阻串联的分压公式，该式表明，各串联电阻上分得的电压与它们的电阻值成正比。

若有多个电阻串联，则式（1-40）可扩展为

$$R = R_1 + R_2 + R_3 + R_4 + \cdots = \sum_{k=1}^{n} R_k \tag{1-43}$$

[例 1-16]  在如图 1-69 所示电路中，$U_S = 18V$，求电路中的电流与各元件两端的电压。

**解：**电路的等效电阻为

$$R = R_1 + R_2 = 6 + 3 = 9(\Omega)$$

电流为

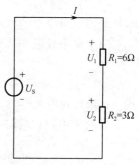

图 1-69  例 1-16 题图

$$I = \frac{U_S}{R} = \frac{U_S}{R_1 + R_2} = \frac{18}{9} = 2\,(\text{A})$$

元件两端电压为

$$U_1 = IR_1 = 2 \times 6 = 12\,(\text{V})$$
$$U_2 = IR_2 = 2 \times 3 = 6\,(\text{V})$$

由例 1-16 可知，在串联电阻电路中，单个电阻的阻值越大，分得的电压越大。

2. 电阻的并联

两个电阻并联的电路如图 1-70 所示，电阻并联电路的特点是：并联电阻两端的电压相等。

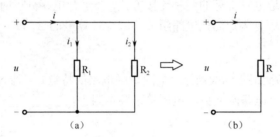

图 1-70 两个电阻并联的等效电路

根据 KCL，并联电阻电路端口总电流等于各个电阻内流过的电流代数和，即

$$i = i_1 + i_2 \tag{1-44}$$

应用欧姆定律，有

$$i = \frac{u}{R_1} + \frac{u}{R_2} = \left(\frac{1}{R_1} + \frac{1}{R_2}\right)u = \frac{1}{R}u \tag{1-45}$$

式中

$$\frac{1}{R} = \frac{1}{R_1} + \frac{1}{R_2} \tag{1-46}$$

$R$ 称为两个电阻并联的等效电阻。若有多个电阻并联，则式（1-46）可扩展为

$$\frac{1}{R} = \frac{1}{R_1} + \frac{1}{R_2} + \frac{1}{R_3} + \frac{1}{R_4} + \cdots = \sum_{k=1}^{n}\frac{1}{R_k} \tag{1-47}$$

式（1-47）经常表示成

$$G = G_1 + G_2 + G_3 + G_4 + \cdots = \sum_{k=1}^{n}G_k \tag{1-48}$$

即并联电阻电路总等效电导等于各并联电导之和。

两个电阻并联的等效电阻也可表示为

$$R = R_1 \,//\, R_2 = \frac{R_1 R_2}{R_1 + R_2} \tag{1-49}$$

式（1-49）为两个电阻并联的常用等效电阻计算公式。

当两个电阻并联时，若电路端口总的电流为 $i$，则端口总电压为

$$u = Ri = \frac{R_1 R_2}{R_1 + R_2}i \tag{1-50}$$

各电阻内流过的电流为

$$\begin{cases} i_1 = \dfrac{u}{R_1} = \dfrac{R_2}{R_1 + R_2} i \\[3mm] i_2 = \dfrac{u}{R_2} = \dfrac{R_1}{R_1 + R_2} i \end{cases} \qquad (1\text{-}51)$$

式（1-51）为两个电阻并联的分流公式，该式表明，各并联电阻上分得的电流与它们的阻值成反比。

[**例 1-17**]　如图 1-71 所示电路，$I_S = 9A$，求电路中电源两端电压及各支路的电流。

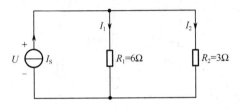

图 1-71　例 1-17 题图

**解：** 电路的等效电阻为

$$\frac{1}{R} = \frac{1}{R_1} + \frac{1}{R_2} = \frac{1}{6} + \frac{1}{3} = \frac{1}{2}$$

$$R = 2\,(\Omega)$$

电源两端电压为

$$U = RI_S = 2 \times 9 = 18\,(V)$$

各电阻分得的电流为

$$I_1 = \frac{U}{R_1} = \frac{18}{6} = 3\,(A)$$

$$I_2 = \frac{U}{R_2} = \frac{18}{3} = 6\,(A)$$

由例 1-17 可知，在并联电阻电路中，单个电阻的阻值越大，分得的电流越小。

**3. 电阻的混联**

既含有电阻串联电路又含有电阻并联电路的电路称为电阻的混联电路，如图 1-72 所示。

混联电路可以用串、并联公式化简，具体方法是：

（1）正确判断电阻的连接关系。串联电路所有电阻流过同一电流，并联电路所有电阻承受同一电压。

（2）将所有无阻导线连接点看作同一节点。

（3）采用逐步化简的方法，按照顺序简化电路，最后计算出等效电阻。

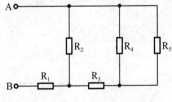

图 1-72　电阻的混联电路

（4）对复杂电路，在不改变电路连接关系的前提下，可根据需要改画电路，以便更清楚地表示各电阻的串、并联关系。

（5）在等电位点之间的电阻支路中必然没有电流通过，所以既可以将它看作开路，也可以将它看作短路。

如图 1-72 所示电路的等效电阻为

$$R_{AB} = (R_4 // R_5 + R_3) // R_2 + R_1$$

**［例 1-18］** 电路如图 1-73 所示，求 A、B 两端的等效电阻 $R_{AB}$。

**解：** 求解 $R_{AB}$ 的电路如图 1-74 所示，所以

$$R_{AB} = 100 // 100 + 20 = 70 (\Omega)$$

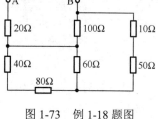

图 1-73　例 1-18 题图

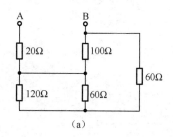

(a)

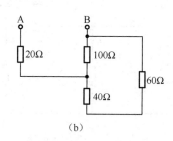

(b)

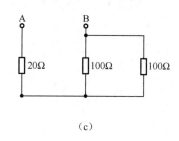

(c)

图 1-74　例 1-18 解题图

**［例 1-19］** 电路如图 1-75 所示。试求：

（1）A、B 两端的等效电阻 $R_{AB}$；

（2）C、D 两端的等效电阻 $R_{CD}$。

**解：**（1）求解 $R_{AB}$ 的电路如图 1-76（a）所示。所以

$$R_{AB} = (5 + 5) // 15 + 6 = 12 (\Omega)$$

（2）求 $R_{CD}$ 时，电阻的连接关系发生了变化，6Ω电阻对于求 $R_{CD}$ 不起作用。求解 $R_{CD}$ 的电路如图 1-76（b）所示。

$$R_{CD} = (5 + 15) // 5 = 4 (\Omega)$$

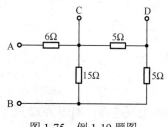

图 1-75　例 1-19 题图

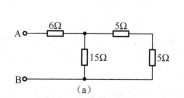

(a)

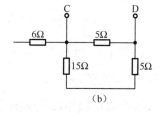

(b)

图 1-76　例 1-19 解题图

**随堂练习**

如图 1-77 所示电路，A、B 两端的等效电阻 $R_{AB} = $＿＿＿＿＿＿，$R_{CD} = $＿＿＿＿＿＿。

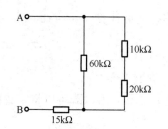
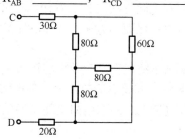

图 1-77　随堂练习

## 二、电阻星形连接和三角形连接的等效变换

有些电阻电路的连接方式既不符合电阻串联的方式，也不符合电阻并联的方式，如图 1-78 所示。为了对此类电路进行分析，引入电阻的星形连接和三角形连接。

如图 1-79 所示电路为典型的电阻星形连接电路，称 Y 形连接或 T 形连接电路，其特点是 3 个电阻 $R_1$、$R_2$ 和 $R_3$ 有一端接在一个公共节点上，另一端则分别接到 3 个端子上。如图 1-80 所示电路为典型的电阻三角形连接电路，也称△形连接或 π 形连接电路，其特点是 3 个电阻 $R_{12}$、$R_{23}$ 和 $R_{31}$ 分别接在 3 个端子中每两个端子之间。

星形连接和三角形连接虽然形式不同，但它们都通过 3 个端子与外部相连。当把其中一种连接改成另一种连接时，

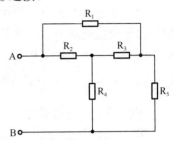

图 1-78 具有 Y-△形连接的电路

若能使端子 1、2、3 之间的特性保持不变，那么这两种连接就互相等效。也就是说，如果图 1-79 与图 1-80 所示电路中的对应端子之间具有相同的电压 $u_{12}$、$u_{23}$ 和 $u_{31}$，使流入对应端子的电流也分别相等，那么这两种连接互相等效。端子的伏安特性关系完全相同就是 Y-△等效变换的条件。

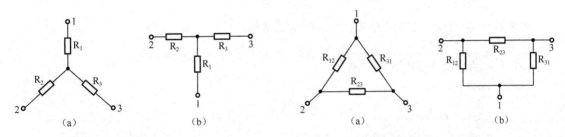

图 1-79 电阻星形连接　　　　　　图 1-80 电阻三角形连接

根据等效条件，可得星形连接的电阻变换成三角形连接的电阻的计算公式为

$$\begin{cases} R_{12} = \dfrac{R_1R_2 + R_2R_3 + R_3R_1}{R_3} \\[2mm] R_{23} = \dfrac{R_1R_2 + R_2R_3 + R_3R_1}{R_1} \\[2mm] R_{31} = \dfrac{R_1R_2 + R_2R_3 + R_3R_1}{R_2} \end{cases} \tag{1-52}$$

三角形连接的电阻变换成星形连接的电阻的计算公式为

$$\begin{cases} R_1 = \dfrac{R_{12}R_{31}}{R_{12} + R_{23} + R_{31}} \\[2mm] R_2 = \dfrac{R_{12}R_{23}}{R_{12} + R_{23} + R_{31}} \\[2mm] R_3 = \dfrac{R_{23}R_{31}}{R_{12} + R_{23} + R_{31}} \end{cases} \tag{1-53}$$

为了便于记忆，以上互换公式可归纳为

$$\triangle 形连接电阻 = \frac{Y形中各电阻两两乘积之和}{对面的Y形电阻} \qquad (1-54)$$

$$Y形连接电阻 = \frac{\triangle 形中相邻两电阻之积}{\triangle 形中各电阻之和} \qquad (1-55)$$

若星形连接电路中 3 个电阻相等，即 $R_1 = R_2 = R_3 = R_Y$，则变换为三角形连接电路时，等效三角形连接电路中 3 个电阻也相等，即 $R_{12} = R_{23} = R_{31} = R_\triangle$，并有 $R_\triangle = 3R_Y$。同样，若三角形连接电路中 3 个电阻相等，即 $R_{12} = R_{23} = R_{31} = R_\triangle$，则变换为星形连接电路时，等效星形连接电路中 3 个电阻也相等，即 $R_1 = R_2 = R_3 = R_Y$，并有 $R_Y = \frac{1}{3}R_\triangle$。

[例 1-20] 电路如图 1-81 所示，求电流 $I$。

解：运用 Y-△ 变换，将电路变换为电阻混联电路，变换方式有几种。可将上面的 3 个 6Ω 电阻或下面的 3 个 6Ω 电阻构成的 △ 形电路变换为等效的 Y 形电路，也可把左侧的 3 个 6Ω 电阻或右侧的 3 个 6Ω 电阻构成的 Y 形电路变换为等效的 △ 形电路。本例采用将上面的 3 个 6Ω 电阻构成的 △ 形电路变换为等效的 Y 形电路的方法，变换时，先确定变换前三角形的 3 个顶点 A、B、C，变换成星形电路后的 3 个电阻也应与这 3 个顶点相连，变换后的电路如图 1-82 所示。

$$R_Y = \frac{1}{3}R_\triangle = \frac{1}{3} \times 6 = 2 (\Omega)$$

对电源而言，电路总电流为电源除以电路总电阻：

$$I_1 = \frac{12}{2 + (2+6) // (2+6)} = \frac{12}{6} = 2 (A)$$

根据分流公式，得

$$I = \frac{1}{2}I_1 = 1 (A)$$

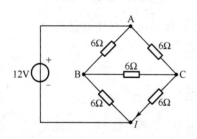

图 1-81　例 1-20 题图

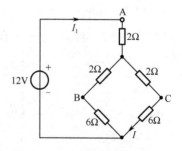

图 1-82　例 1-20 解题图

**随堂练习**

图 1-83 所示电路中 A、B 两端的等效电阻 $R_{AB}$ = _____。

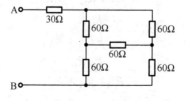

图 1-83　随堂练习

### 三、实际电压源和实际电流源的等效变换

在实际电路中，为了电路分析的需要，往往要将多个电源串联或并联的供电方式转换成单个电源的供电方式，或将电压源模型供电转换成电流源模型供电等。当这种变换是在保持电源转换前后两者的外特性（伏安特性曲线）完全相同的原则下进行时，则称为电源等效变换。

#### 1. 理想电压源串联等效

根据基尔霍夫电压定律，当电路中有几个电压源串联时，可以等效为一个电压源，这时等效电压源的端电压等于各串联电压源端电压的代数和。以图 1-84（a）所示电路为例，其等效电压源为

$$u_S = u_{S1} + u_{S2} - u_{S3} \tag{1-56}$$

若 $u_{S1} = 15\text{V}$，$u_{S2} = 6\text{V}$，$u_{S3} = -8\text{V}$，则其等效电路如图 1-84（b）所示，电压源 $u_S = 15 + 6 - (-8) = 29（\text{V}）$。

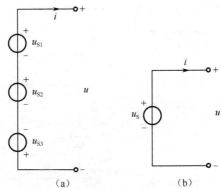

图 1-84 电压源串联等效电路

对电压源并联的要求比较高，当电源电压相同，电源内阻相同，并且电压方向一致时才允许并联，否则会在电路中形成很大的环流，烧毁电源，所以不满足条件的电压源不能并联。若电压源允许并联，并联后的等效电压源仍为原值。

#### 2. 理想电流源并联等效

根据基尔霍夫电流定律，当电路中有几个电流源并联时，可以等效为一个电流源，这时等效电流源的端电流等于各并联电流源端电流的代数和。以图 1-85（a）所示电路为例，其等效电流源为

$$i_S = i_{S1} + i_{S2} - i_{S3} \tag{1-57}$$

若 $i_{S1} = 50\text{mA}$，$i_{S2} = 20\text{mA}$，$i_{S3} = 10\text{mA}$，则其等效电路如图 1-85（b）所示，电流源 $i_S = 50 + 20 - 10 = 60（\text{mA}）$。

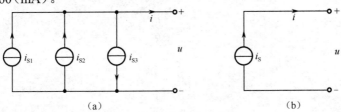

图 1-85 电流源并联等效电路

对电流源串联的要求比较高，一般不允许将电流源串联。

3. 理想电压源与电阻、电流源并联等效

当电压源与电阻、电流源并联时，可等效为电压源，如图 1-86 所示。

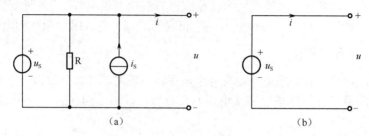

（a）　　　　　　　　　　　（b）

图 1-86　电压源与电阻、电流源并联的等效电路

4. 理想电流源与电阻、电压源串联等效

当电流源与电阻、电压源串联时，可等效为电流源，如图 1-87 所示。

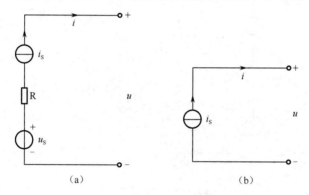

（a）　　　　　　　　　　　（b）

图 1-87　电流源与电阻、电压源串联的等效电路

5. 电压源模型与电流源模型等效变换

对于如图 1-88（a）所示的实际电压源，当外接负载时，在端子处的电压 $u$ 与电流 $i$ 的关系为

$$u = u_\mathrm{S} - Ri \tag{1-58}$$

将式（1-58）变形，可得

$$i = \frac{u_\mathrm{S}}{R} - \frac{u}{R} \tag{1-59}$$

对于如图 1-88（b）所示的实际电流源，当外接负载时，在端子处的电压 $u$ 与电流 $i$ 的关系为

$$i = i_\mathrm{S} - \frac{u}{R'} \tag{1-60}$$

如果令

$$\begin{cases} R' = R \\ i_\mathrm{S} = \dfrac{u_\mathrm{S}}{R} \end{cases} \tag{1-61}$$

则式（1-59）与式（1-60）所示的两个方程将完全相同，即图 1-88（a）与图 1-88（b）所示两个电路的伏安特性完全相同。式（1-61）就是将电压源模型等效为电流源模型必须满足的条件。等效时要注意 $u_S$ 和 $i_S$ 的参考方向，$i_S$ 的参考方向与 $u_S$ 的负极指向正极的方向一致。如将电流源模型等效为电压源模型，则把式（1-61）写成

$$\begin{cases} R = R' \\ u_S = R' \cdot i_S \end{cases} \qquad (1\text{-}62)$$

式（1-62）就是把电流源模型等效为电压源模型必须满足的条件。

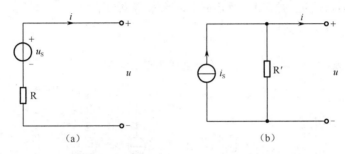

图 1-88　电压源模型与电流源模型等效变换

需要指出的是：（1）电源模型的等效变换只是对外电路等效，对电源模型内部是不等效的；（2）理想电压源与理想电流源不能互相等效变换，即理想电压源不存在与之对应的等效电流源，理想电流源也不存在与之对应的等效电压源。

[例 1-21]　将如图 1-89 所示电路等效为电压源串联电阻的形式。

解：电压源串联电阻的等效电路如图 1-90 所示。等效时电阻不变，为 3Ω；电压源大小为 5A 电流源与 3Ω 电阻相乘，即 15V，等效后的电压源方向是原电流源流出端为正。

图 1-89　例 1-21 题图　　　　图 1-90　例 1-21 解题图

[例 1-22]　用电源等效变换法求如图 1-91 所示电路中流过负载 $R_L$ 的电流 $I$。

解：解题思路如下。

（1）本题是含有电压源和电流源的线性电阻电路，要求应用等效化简的方法求 18Ω 电阻支路的电流。分析时将待求支路固定不动，其余部分按"由远而近"的顺序逐步进行等效化简，最后成为单回路等效电路。

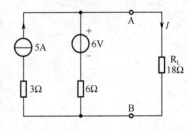

图 1-91　例 1-22 题图

（2）等效化简必须逐步进行，每一步变换应画出等效电路图。

（3）最后，按化简后的单回路等效电路计算待求支路的电流 $I$。

等效化简的步骤如下。

（1）由于 3Ω 电阻与 5A 电流源串联，3Ω 电阻存在与否不影响电流 $I$ 的大小，所以 3Ω 电阻

在等效时可去掉，如图 1-92（a）所示。

（2）将图 1-92（a）所示电路中 6V 电压源与 6Ω电阻串联支路等效变换为电流源与电阻并联等效支路，得出如图 1-92（b）所示等效电路。

（3）将图 1-92（b）所示电路中两并联电流源合并为 6A 电流源，得出如图 1-91（c）所示等效电路。

（4）再将 6A 电流源与 6Ω电阻并联支路等效变换为 36V 电压源与 6Ω电阻串联支路，得出如图 1-92（d）所示等效电路。

（5）由简化后的如图 1-92（d）所示的电路图求得电流 $I$。

$$I = \frac{36}{6+18} = 1.5（\text{A}）$$

必须指出，等效时一定要注意电压源与电流源的方向。

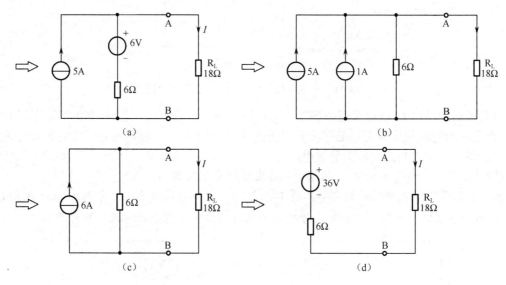

图 1-92　例 1-22 解题图

[**例 1-23**]　试用等效化简电路的方法，求如图 1-93 所示电路中 5Ω电阻元件支路中的电流 $I$ 和电压 $U$。

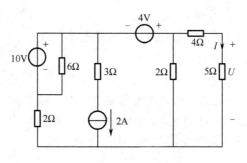

图 1-93　例 1-23 题图

**解：** 由于 6Ω电阻与 10V 电压源串联，6Ω电阻存在与否不影响电流 $I$ 的大小，所以 6Ω电阻在等效时可去掉；同样，3Ω电阻与 2A 电流源串联，3Ω电阻存在与否不影响电流 $I$ 的大小，所以 3Ω电阻在等效时可去掉。电路的等效变换过程如图 1-94（a）～图 1-94（h）所示。

待求支路的电流为

$$I = \frac{5}{5+5} = 0.5\,(\text{A})$$

电压为

$$U = 5I = 5 \times 0.5 = 2.5\,(\text{V})$$

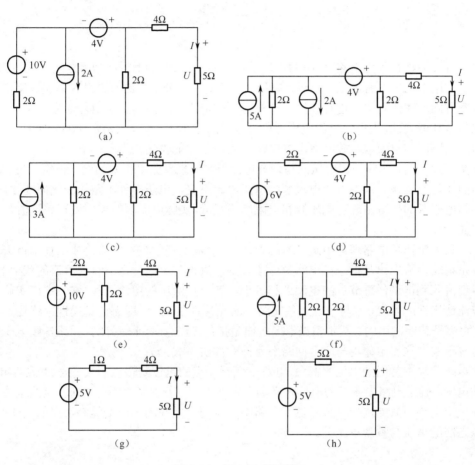

图 1-94　例 1-23 解题图

**随堂练习**

把如图 1-95 所示电路等效成电压源模型。

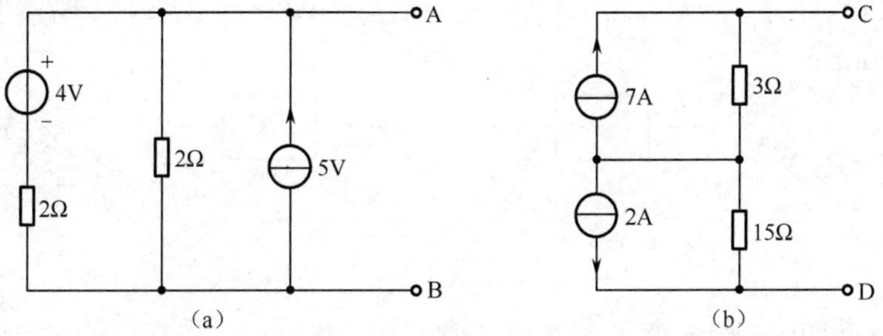

图 1-95　随堂练习

**■【任务解决】**

在电路中，只要两个电路端口的伏安特性相同，则电路就可认为等效。连接到等效电路上的相同电阻将得到相同的电压与电流。

# 小 结

电流流过的路径称为电路。电路的作用是进行能量的传输和转换，以及信号的传递和处理。在电路中常用的物理量有电压、电流、电位、功率等。在分析电路时，只有首先标定电压、电流的参考方向，才能对电路进行计算，计算得到的电压、电流的正、负号才有意义。

电阻是耗能元件，当电阻上的电压与电流取关联参考方向时，欧姆定律的表达式为 $u = Ri$，当电阻上的电压与电流取非关联参考方向时，欧姆定律的表达式为 $u = -Ri$。

理想电源有两种，即理想电压源与理想电流源。理想直流电压源的电压恒定不变，电流随外电路的变化而变化。理想直流电流源的电流恒定不变，电压随外电路的变化而变化。

实际电压源的模型由理想电压源和电阻串联组成，实际电流源的模型由理想电流源和电阻并联组成。

基尔霍夫定律是电路理论中最基本的定律之一，包括基尔霍夫电流定律和基尔霍夫电压定律。基尔霍夫电流定律是指：在电路中任意时刻，流入与流出任意节点的电流的代数和为零，也可以说流入到电路任意节点的电流之和等于从该节点流出的电流之和，这一定律实质上是电路中电流连续性的表现，它与节点上各支路中的元件性质无关，即无论是线性电路还是非线性电路，它都是普遍适用的。基尔霍夫电压定律是指：在任意时刻，沿闭合回路各段电压的代数和总是等于零，这一定律也与闭合回路上元件的性质无关。

在电路计算中常用到电位的概念。电路中任意一点的电位是该点到参考点（也称零电位点）之间的电压。确定电路中各点的电位时必须选定参考点。若参考点不同，则各点的电位值也不同。在一个电路中只能选一个参考点。电路中任意两点之间的电压不随参考点的变化而变化，即两点之间的电压与参考点无关。

# 思考题与习题

1-1 在题 1-1 图中：（1）电压、电流的参考方向是否关联？（2）如果在题 1-1 图（a）中 $U_A = 10V$，$I_A = 7A$；题 1-1 图（b）中 $U_B = 9V$，$I_B = 6A$，则元件是发出功率还是吸收功率？

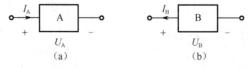

题 1-1 图

1-2 在题 1-2 图中，设元件 A 消耗功率为 10W，求 $U_A$；设元件 B 消耗功率为-10W，求 $I_B$；设元件 C 发出功率为-10W，求 $U_C$。

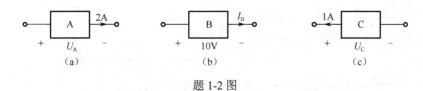

题 1-2 图

1-3 求题 1-3 图中 A、B、C、D 元件的功率。已知：$U_A=30V$，$U_B=-10V$，$U_C=U_D=40V$，$I_1=5A$，$I_2=3A$，$I_3=-2A$。问哪个元件为电源？哪个元件为负载？哪个元件在吸收功率？哪个元件在发出功率？电路是否满足功率平衡条件？

1-4 求题 1-4 图中各未知电流的值。

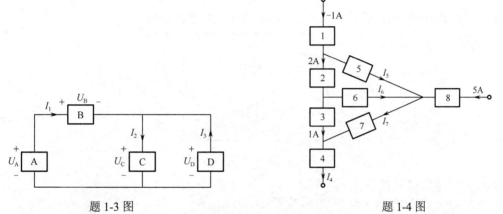

题 1-3 图　　　　　　　　　　　　　　　　题 1-4 图

1-5 如题 1-5 图所示，求电路中的电流 $I$。

1-6 电路如题 1-6 图所示，分别求支路电流 $I_{AB}$ 与支路电压 $U_{AB}$。

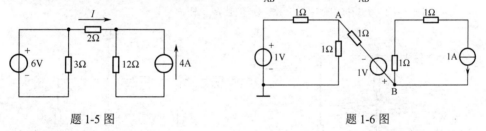

题 1-5 图　　　　　　　　　　　　　　　题 1-6 图

1-7 求题 1-7 图中的电压 $U_{AB}$。

1-8 电路如题 1-8 图所示，求电压 $U$。

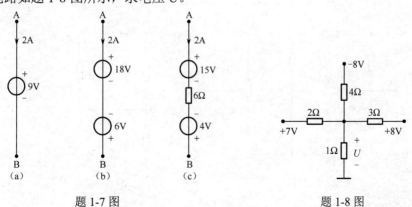

题 1-7 图　　　　　　　　　　　　　　题 1-8 图

1-9 在题 1-9 图中，已知 $I_1=2A$，$I_2=-1A$，求 $U_{AB}$、$U_{BC}$。

1-10 电路如题 1-10 图所示，求 $U_{AB}$。

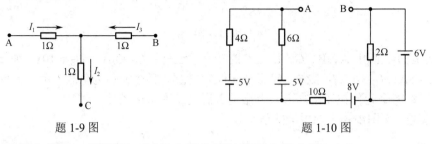

题 1-9 图 　　　　　　　　　　　　题 1-10 图

1-11 电路如题 1-11 图所示，试用支路电流法求各支路电流。

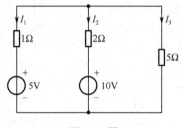

题 1-11 图

1-12 电路如题 1-12 图所示，试求：

（1）题 1-12 图（a）中电路的等效电阻 $R_{AB}$；

（2）题 1-12 图（b）中电路的等效电阻 $R_{AB}$ 和 $R_{CD}$；

（3）题 1-12 图（c）中电路的等效电阻 $R_{AB}$ 和 $R_{BC}$；

（4）题 1-12 图（d）中电路的等效电阻 $R_{AB}$ 和 $R_{AC}$。

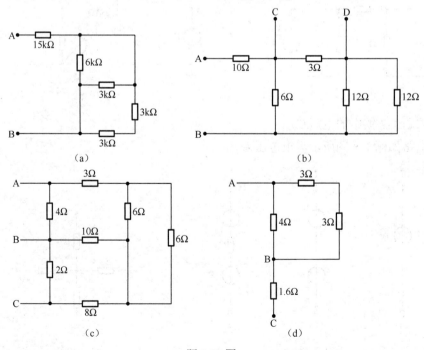

题 1-12 图

1-13　求题 1-13 图中 A、B 两端的等效电阻 $R_{AB}$。

1-14　在题 1-14 图中，若要使 $U=\dfrac{2}{3}$ V，则 $R=$ _____ Ω。

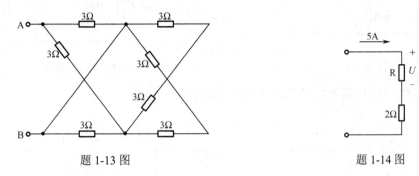

题 1-13 图　　　　　　　　　　　　　题 1-14 图

1-15　求题 1-15 图中的电压 $U$ 和电流 $I$。

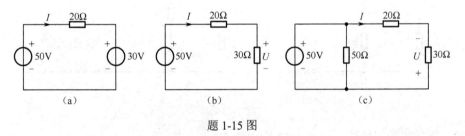

题 1-15 图

1-16　求题 1-16 图中的电压 $U$ 和电流 $I$。

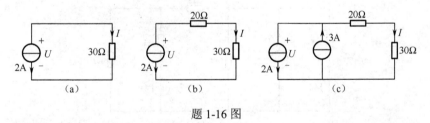

题 1-16 图

1-17　在题 1-17 图中，以 D 点为参考点，求 A、B、C、D 各点的电位 $V_A$、$V_B$、$V_C$、$V_D$，以及电压 $U_{AB}$ 和电流 $I$。

1-18　求题 1-18 图中两个独立电源各自的发出功率。

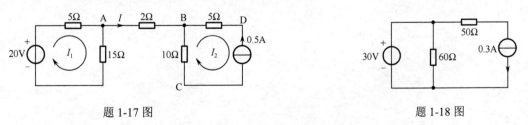

题 1-17 图　　　　　　　　　　　　　题 1-18 图

1-19　求题 1-19 图中元件 N 的吸收功率和电流源的发出功率。

1-20　求题 1-20 图中两个独立电源各自的发出功率及阻值 $R$。

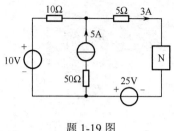

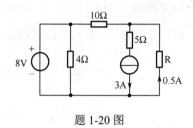

题 1-19 图                              题 1-20 图

1-21 将题 1-21 图所示电路等效成电压源模型。

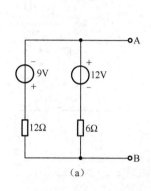

(a)

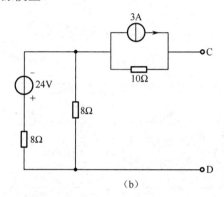

(b)

题 1-21 图

1-22 应用等效变换法，求题 1-22 图中的 $I$。

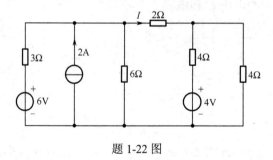

题 1-22 图

# 项目二 电路的基本分析方法和定理

## 任务一 普通电路的分析方法

### ■【学习目标】

（1）掌握支路电流法；
（2）了解网孔分析法；
（3）了解节点分析法（弥尔曼公式）。

### ■【任务导入】

如图 2-1 所示电路的结构比较复杂，支路较多，在用基尔霍夫定律求解时，变量较多，对这类电路是否有更好的分析方法呢？

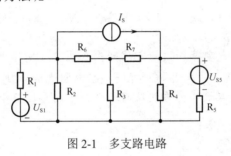

图 2-1 多支路电路

### ■【知识链接】

### 一、支路电流法

支路电流法是一种最基本的分析复杂电路的方法。它通过应用基尔霍夫电流定律和电压定律分别对节点和回路列出所需要的方程组，然后求解出各支路的未知电流，再进一步对电路中的其他参数进行分析和计算。对于电阻电路的分析，应用基尔霍夫定律和欧姆定律即可满足要求。

用支路电流法分析含 $n$ 个节点、$b$ 条支路电路的具体步骤是：①为电路的各支路选定支路电流参考方向；②列写出 $(n-1)$ 个 KCL 方程；③对基本回路（或网孔）列写出 $(b-n+1)$ 个 KVL 方程；④求解出支路电流；⑤根据支路电流，求解出支路电压等其他变量。

例如，在如图 2-2 所示电路中，已知各电压源电压及电阻，求各支路电流。

在如图 2-2 所示电路中共有 2 个节点、4 条支路，

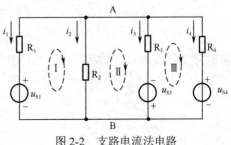

图 2-2 支路电流法电路

设各支路的电流参考方向如图所示，假定电流流出节点为正，流入节点为负，根据 KCL 可以得到如下方程：

$$i_1 + i_2 + i_3 + i_4 = 0 \qquad (2\text{-}1)$$

$$-i_1 - i_2 - i_3 - i_4 = 0 \qquad (2\text{-}2)$$

在这两个方程中只有一个独立方程，因为其中一个方程可以由另一个方程得出。由于该电路有 4 个电流变量，但是只有 1 个独立的电流方程，所以还需提供另外 3 个方程。

假定回路的环绕方向如图 2-2 所示，根据 KVL 可以得到如下方程：

$$\begin{cases} -u_{S1} - R_1 i_1 + R_2 i_2 = 0 \\ -R_2 i_2 + R_3 i_3 - u_{S3} = 0 \\ u_{S3} - R_3 i_3 + R_4 i_4 + u_{S4} = 0 \end{cases} \qquad (2\text{-}3)$$

这 3 个方程都是独立的，方程之间不能相互推导得出。若另取一个回路，如回路 $u_{S1} - R_1 - R_3 - u_{S3} - u_{S1}$，则可以得出如下方程：

$$-u_{S1} - R_1 i_1 + R_3 i_3 - u_{S3} = 0 \qquad (2\text{-}4)$$

而式（2-4）可以由式（2-3）中第 1 个和第 2 个方程相加得到。如果再取别的回路，所得的方程也不是独立的。因此，要使所列的方程独立，在选取回路时，每次所取回路至少含有一条已选回路所没有包含的支路。

取 1 个 KCL 方程式（2-1）或式（2-2）和 3 个 KVL 方程式（2-3），可得到 4 个独立的方程，即可求出支路电流 $i_1$、$i_2$、$i_3$、$i_4$。

[例 2-1] 应用基尔霍夫定律和欧姆定律列出如图 2-3 所示电路的 KCL 方程和 KVL 方程，解出各电阻支路的电流，并求出 $4\Omega$ 电阻和 $6\Omega$ 电阻上的电压。

**解：** 假设电路各支路的电流参考方向及回路环绕方向如图 2-4 所示，分别对节点 A、B、C 和回路 I、II 列方程得

$$\begin{cases} A: I_1 + I_2 = I \\ B: I_1 = I_3 + 1 \\ C: I = I_3 + I_4 \\ I: -10 + 3 \times I_1 + 4 \times I_3 = 0 \\ II: -3 \times I_1 + 6 \times I_2 + 2 \times I_4 - 4 \times I_3 = 0 \end{cases}$$

计算得

$$\begin{cases} I = 3 \text{（A）} \\ I_1 = 2 \text{（A）} \\ I_2 = 1 \text{（A）} \\ I_3 = 1 \text{（A）} \\ I_4 = 2 \text{（A）} \end{cases}$$

由欧姆定律可知，$4\Omega$ 电阻与 $6\Omega$ 电阻两端的电压分别为

$$\begin{cases} U_1 = 4 I_3 = 4 \times 1 = 4 \text{（V）} \\ U_2 = 6 I_2 = 6 \times 1 = 6 \text{（V）} \end{cases}$$

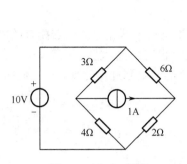

图 2-3 例 2-1 题图

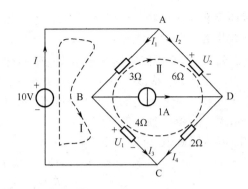

图 2-4 例 2-1 解题图

**随堂练习**

试列出如图 2-5 所示电路的支路电流方程。

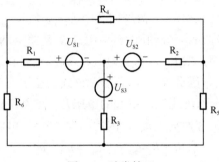

图 2-5 随堂练习

## 二、网孔电流法

用支路电流法分析电路时，在支路较多的情况下，联立方程中的方程个数较多，求解很麻烦，能否减少联立方程中方程的个数呢？

在如图 2-6 所示电路中共有 3 条支路，因此需要 3 个独立的方程来求解相关参数。假设在电路的每个网孔里，有一个假想的网孔电流沿着网孔的边界流动，如图 2-6 中的虚线所示，若以网孔电流作为求解对象，则未知量可减少到 2 个，相应地，方程的个数也会减少到 2 个，而支路电流可以通过网孔电流求得。

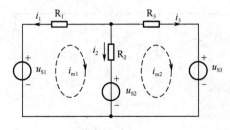

图 2-6 网孔电流法电路

网孔电流法是以网孔电流作为电路的独立变量来分析电路的方法，仅适用于平面电路。下面通过如图 2-6 所示电路介绍该分析方法。

假设图 2-6 所示电路中两网孔电流分别为 $i_{m1}$ 和 $i_{m2}$。若求出网孔电流 $i_{m1}$ 和 $i_{m2}$，则可根据图中标注得出各支路的电流分别为：$i_1 = -i_{m1}$，$i_2 = i_{m1} - i_{m2}$，$i_3 = i_{m2}$。

此外，各网孔电流不能应用基尔霍夫电流定律。因为每一个网孔电流沿着闭合的网孔流动，当它流经某一节点时，从该节点流入，必从该节点流出。也就是说，就基尔霍夫电流定律而言，各网孔电流是相互独立无关的。网孔电流可以作为网络的一组独立电流变量，它们的数目等于网络的网孔数，也等于独立的回路数。

对图 2-6 应用 KVL 可得如下方程：

$$\begin{cases} -u_{S1} + R_1 i_{m1} + R_2(i_{m1} - i_{m2}) + u_{S2} = 0 \\ -u_{S2} - R_2(i_{m1} - i_{m2}) + R_3 i_{m2} + u_{S3} = 0 \end{cases}$$

经过整理可得

$$\begin{cases} R_1 i_{m1} + R_2 i_{m1} - R_2 i_{m2} = u_{S1} - u_{S2} \\ -R_2 i_{m1} + R_2 i_{m2} + R_3 i_{m2} = u_{S2} - u_{S3} \end{cases} \tag{2-5}$$

研究式（2-5）中各方程，从中可以发现一些规律。以式（2-5）中第一个网孔的方程为对象进行研究。$R_1 i_{m1} + R_2 i_{m1}$ 是网孔电流 $i_{m1}$ 流经网孔中各电阻时所引起的电压降。$R_1 + R_2$ 是第一个网孔内所有电阻的总和，称为第一网孔的自电阻。$R_2$ 是第一网孔和第二网孔的公共电阻，称为第一、第二网孔的互电阻。$R_2 i_{m2}$ 是网孔电流 $i_{m2}$ 流过电阻 $R_2$ 产生的电压降，由于网孔电流 $i_{m2}$ 与网孔电流 $i_{m1}$ 方向相反，因此 $R_2 i_{m2}$ 为负值。该式的左边为该网孔中全部电阻的电压降，而该式的右边则为该网孔中全部电压源所引起的电压升。顺着绕行方向，$u_{S1}$ 是电压升，$u_{S2}$ 是电压降，故全部电压源的电压升为 $u_{S1} - u_{S2}$，因此，式（2-5）可以概括为普遍的形式，即

$$\begin{cases} (R_1 + R_2)i_{m1} - R_2 i_{m2} = u_{S1} - u_{S2} \\ -R_2 i_{m1} + (R_2 + R_3)i_{m2} = u_{S2} - u_{S3} \end{cases} \tag{2-6}$$

式（2-6）是以网孔电流为求解量、根据基尔霍夫电压定律列出的方程组的普遍形式。其特点为：左边是网孔总电阻（自电阻）和网孔自身电流之积，加上（或减去）该网孔与相邻网孔公共电阻（互电阻）和相邻网孔电流之积。右边是网孔中所有电压源的电压升之和。在网孔电流方程中，每个方程的自电阻总是正的，而互电阻既可为正也可为负，这取决于流过互电阻的两个网孔电流是否一致，即一致为正，不一致为负。这种形式的方程可以推广到具有多个网孔的电路中。

[**例 2-2**] 在如图 2-7 所示直流电路中，电阻和电压源均为已知，试用网孔电流法求各支路电流。

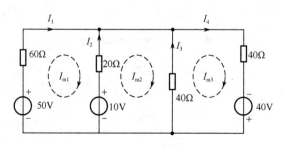

图 2-7　例 2-2 题图

**解：** 该电路为平面电路，共有 3 个网孔。

（1）选取网孔电流 $I_{m1}$、$I_{m2}$、$I_{m3}$，如图 2-7 所示。

（2）列出网孔电流方程:

$$\begin{cases} (60+20)I_{m1} - 20I_{m2} = 50-10 \\ -20I_{m1} + (20+40)I_{m2} - 40I_{m3} = 10 \\ -40I_{m2} + (40+40)I_{m3} = 40 \end{cases}$$

（3）用消去法,解得

$$\begin{cases} I_{m1} \approx 0.79（A） \\ I_{m2} \approx 1.14（A） \\ I_{m3} \approx 1.07（A） \end{cases}$$

（4）根据图中标注,求各支路电流:

$$\begin{cases} I_1 = I_{m1} = 0.79（A） \\ I_2 = I_{m2} - I_{m1} = 0.35（A） \\ I_3 = I_{m3} - I_{m2} = -0.07（A） \\ I_4 = I_{m3} = 1.07（A） \end{cases}$$

（5）校验。

取一个未用过的回路,如由 60Ω、40Ω电阻及 50V 电压源构成的回路,沿顺时针绕行方向列出 KVL 方程,有

$$60I_1 - 40I_3 - 50 = 0$$

把 $I_1$、$I_3$ 的值代入上式,若等式成立,则答案正确。

当电路中有电流源和电阻的并联组合时,可将它等效变换成电压源和电阻的串联组合,然后求解。

[例 2-3] 试用网孔电流法求如图 2-8 所示直流电路中的电压 $U_O$。

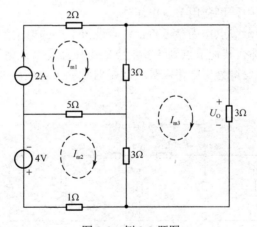

图 2-8　例 2-3 题图

**解**:（1）选取网孔电流 $I_{m1}$、$I_{m2}$、$I_{m3}$,如图 2-8 所示。

（2）列出网孔电流方程。由于 2A 电流源只有一个网孔电流 $I_{m1}$ 流过,所以网孔电流 $I_{m1}$ 即为 2A。

$$\begin{cases} I_{m1} = 2 \\ -5I_{m1} + (5+3+1)I_{m2} - 3I_{m3} = -4 \\ -3I_{m1} - 3I_{m2} + (3+3+3)I_{m3} = 0 \end{cases}$$

整理得

$$\begin{cases} 9I_{m2} - 3I_{m3} = 6 \\ -3I_{m2} + 9I_{m3} = 6 \end{cases}$$

解得 $I_{m2} = I_{m3} = 1$（A）

则　　$U_O = 3I_{m3} = 3$（V）

**注意**：当电路中只有一个网孔电流流经电流源时，该网孔电流大小等于电流源大小。

**随堂练习**

试列出如图 2-9 所示电路的网孔电流方程。

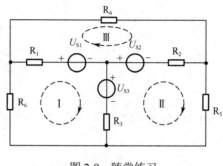

图 2-9　随堂练习

## 三、节点电压法

用网孔电流法分析电路时，在网孔较多的情况下，联立方程中的方程个数较多。在网孔数较多而节点数较少的电路中，可使用节点电压法。

在电路中任意选择一个节点作为参考点，并假设该节点的电位为零，通常用接地符号或 0 表示，如图 2-10 所示，那么其他节点到该参考点的电压就是节点电压，又称节点电位。节点电压法以节点电压为求解变量分析电路，其实质是对独立节点应用 KCL 列出用节点电压表示的有关支路电流方程。

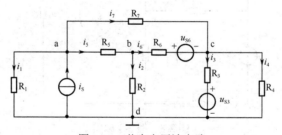

图 2-10　节点电压法电路

下面以图 2-10 所示电路为例介绍节点电压法。

对于如图 2-10 所示电路来说，共有 4 个节点，若选节点 d 作为参考点，则其余 3 个节点到参考点 d 的电压 $u_{na}$、$u_{nb}$、$u_{nc}$ 即为节点电压。在分析电路时，以节点电压为求解量，可以减少联立方程中方程的个数，而各支路的电压、电流可通过节点电压求得。

对节点 a、b、c 应用基尔霍夫电流定律得

$$\begin{cases} i_1 + i_7 + i_5 - i_S = 0 \\ i_2 - i_5 + i_6 = 0 \\ i_3 + i_4 - i_6 - i_7 = 0 \end{cases} \qquad (2\text{-}7)$$

为了使方程中包含求解量 $u_{na}$、$u_{nb}$、$u_{nc}$，可应用欧姆定律得到各电阻上电压与电流的关系：

$$\begin{cases} i_1 = \dfrac{u_{na}}{R_1} \\[2mm] i_2 = \dfrac{u_{nb}}{R_2} \\[2mm] i_3 = \dfrac{u_{nc} - u_{S3}}{R_3} \\[2mm] i_4 = \dfrac{u_{nc}}{R_4} \\[2mm] i_5 = \dfrac{u_{na} - u_{nb}}{R_5} \\[2mm] i_6 = \dfrac{u_{nb} - u_{nc} - u_{S6}}{R_6} \\[2mm] i_7 = \dfrac{u_{na} - u_{nc}}{R_7} \end{cases} \qquad (2\text{-}8)$$

将式（2-8）代入式（2-7）中，整理得

$$\begin{cases} \left(\dfrac{1}{R_1} + \dfrac{1}{R_5} + \dfrac{1}{R_7}\right)u_{na} - \dfrac{1}{R_5}u_{nb} - \dfrac{1}{R_7}u_{nc} = i_S \\[3mm] -\dfrac{1}{R_5}u_{na} + \left(\dfrac{1}{R_2} + \dfrac{1}{R_5} + \dfrac{1}{R_6}\right)u_{nb} - \dfrac{1}{R_6}u_{nc} = \dfrac{u_{S6}}{R_6} \\[3mm] -\dfrac{1}{R_7}u_{na} - \dfrac{1}{R_6}u_{nb} + \left(\dfrac{1}{R_3} + \dfrac{1}{R_4} + \dfrac{1}{R_6} + \dfrac{1}{R_7}\right)u_{nc} = \dfrac{u_{S3}}{R_3} - \dfrac{u_{S6}}{R_6} \end{cases} \qquad (2\text{-}9)$$

这就是以 3 个节点电压为变量的 3 个方程。求解这 3 个方程就可以求出各节点电压。由节点电压可以得出所有的支路电压与支路电流。

与网孔电流法一样，对式（2-9）进行研究，从中可以发现一些规律。下面以式（2-9）中第一个节点电压方程为对象进行研究。该式第一项系数 $\left(\dfrac{1}{R_1} + \dfrac{1}{R_5} + \dfrac{1}{R_7}\right)$ 是直接汇集于节点 a 的所有电导的总和，第二项和第三项前的系数 $\dfrac{1}{R_5}$、$\dfrac{1}{R_7}$ 分别是节点 a 与其他节点之间的公共电导，它们都是负值，其中 $\left(\dfrac{1}{R_1} + \dfrac{1}{R_5} + \dfrac{1}{R_7}\right)$ 称为节点 a 的自电导，$\dfrac{1}{R_5}$、$\dfrac{1}{R_7}$ 分别称为节点 a、b 和节点 a、c 之间的互电导。等式左边代表从节点 a 通过各电导流出的全部电流，等式右边是电流源输送给该节点的全部电流，其中流入节点 a 的电流源为正，流出节点 a 的电流源为负。

式（2-9）是以节点电压为求解量、根据基尔霍夫电流定律列出的方程组的普遍形式。其特点为：左边是节点总电导（自电导）和节点自身节点电压之积，减去该节点与相邻节点公共

电导（互电导）和相邻节点电压之积。右边是电源项，所有电流源流入节点取正，流出节点取负。若支路中含有电压源，则其等效电流源的大小取电压源除以该支路电阻。当电压源正极与节点相连时取正，当电压源负极与节点相连时取负。在节点电压方程中，自电导总为正值，而互电导总为负值，这是由于节点电压一律假定为正的缘故。这种形式的方程可以推广到具有多个节点的电路中。

[**例 2-4**] 电路如图 2-11 所示，$R_1 = R_2 = 2\Omega$，$R_3 = R_4 = 4\Omega$，$I_{S1} = 5A$，$I_{S2} = 2A$，$U_{S4} = 20V$，用节点电压法求各支路流过的电流。

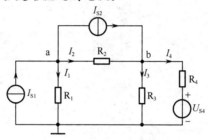

图 2-11 例 2-4 题图

**解**：先取参考点，如图 2-11 所示，则其他两个节点的节点电压分别为 $U_{na}$、$U_{nb}$。列出节点电压方程为

$$\begin{cases} \left(\dfrac{1}{R_1} + \dfrac{1}{R_2}\right)U_{na} - \dfrac{1}{R_2}U_{nb} = I_{S1} - I_{S2} \\ -\dfrac{1}{R_2}U_{na} + \left(\dfrac{1}{R_2} + \dfrac{1}{R_3} + \dfrac{1}{R_4}\right)U_{nb} = I_{S2} + \dfrac{U_{S4}}{R_4} \end{cases}$$

代入已知数据得

$$\begin{cases} \left(\dfrac{1}{2} + \dfrac{1}{2}\right)U_{na} - \dfrac{1}{2}U_{nb} = 5 - 2 \\ -\dfrac{1}{2}U_{na} + \left(\dfrac{1}{2} + \dfrac{1}{4} + \dfrac{1}{4}\right)U_{nb} = 2 + \dfrac{20}{4} \end{cases}$$

整理得

$$\begin{cases} U_{na} - \dfrac{1}{2}U_{nb} = 3 \\ -\dfrac{1}{2}U_{na} + U_{nb} = 7 \end{cases}$$

解方程组得

$$\begin{cases} U_{na} = \dfrac{26}{3} \approx 8.67(\text{V}) \\ U_{nb} = \dfrac{34}{3} \approx 11.33(\text{V}) \end{cases}$$

支路电流 $I_1$、$I_2$、$I_3$、$I_4$ 如图 2-11 所示，有

$$I_1 = \frac{U_{na}}{R_1} = \frac{8.67}{2} \approx 4.33(\text{A})$$

$$I_2 = \frac{U_{na} - U_{nb}}{R_2} = \frac{8.67 - 11.33}{2} = -1.33(\text{A})$$

$$I_3 = \frac{U_{nb}}{R_3} = \frac{11.33}{4} \approx 2.83 \, (\text{A})$$

$$I_4 = \frac{U_{nb} - U_{S4}}{R_4} = \frac{11.33 - 20}{4} \approx -2.17 \, (\text{A})$$

[**例2-5**] 用节点电压法求如图 2-12 所示电路中的电流。

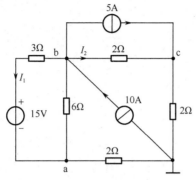

图 2-12　例 2-5 题图

**解：**分别对节点 a、b、c 列节点电压方程：

$$\begin{cases} \left(\dfrac{1}{3} + \dfrac{1}{6} + \dfrac{1}{2}\right)U_{na} - \left(\dfrac{1}{3} + \dfrac{1}{6}\right)U_{nb} = -\dfrac{15}{3} \\[3mm] -\left(\dfrac{1}{3} + \dfrac{1}{6}\right)U_{na} + \left(\dfrac{1}{3} + \dfrac{1}{6} + \dfrac{1}{2}\right)U_{nb} - \dfrac{1}{2}U_{nc} = \dfrac{15}{3} + 10 - 5 \\[3mm] -\dfrac{1}{2}U_{nb} + \left(\dfrac{1}{2} + \dfrac{1}{2}\right)U_{nc} = 5 \end{cases}$$

解方程组得

$$\begin{cases} U_{na} = 5 \, (\text{V}) \\ U_{nb} = 20 \, (\text{V}) \\ U_{nc} = 15 \, (\text{V}) \end{cases}$$

根据电阻两端电压与电流的关系，可得

$$I_1 = \frac{(U_{nb} - U_{na}) - 15}{3} = \frac{(20 - 5) - 15}{3} = 0$$

$$I_2 = \frac{U_{nb} - U_{nc}}{2} = \frac{20 - 15}{2} = 2.5 \, (\text{A})$$

[**例2-6**] 用节点电压法求如图 2-13 所示电路中的电流 $I$ 和电压 $U$。

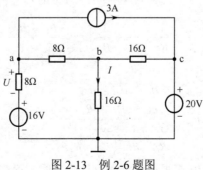

图 2-13　例 2-6 题图

**解：** 分别对节点 a、b、c 列节点电压方程。由于节点 c 到参考点的支路中只有一个 20V 电压源，所以 c 点的节点电压即为 20V，由此可得方程：

$$\begin{cases} \left(\dfrac{1}{8}+\dfrac{1}{8}\right)U_{na}-\dfrac{1}{8}U_{nb}=\dfrac{16}{8}-3 \\[2mm] -\dfrac{1}{8}U_{na}+\left(\dfrac{1}{8}+\dfrac{1}{16}+\dfrac{1}{16}\right)U_{nb}-\dfrac{1}{16}U_{nc}=0 \\[2mm] U_{nc}=20 \end{cases}$$

解方程组得

$$\begin{cases} U_{na}=-2\,(\mathrm{V}) \\ U_{nb}=4\,(\mathrm{V}) \\ U_{nc}=20\,(\mathrm{V}) \end{cases}$$

根据电阻两端电压与电流的关系，可得

$$I=\frac{U_{nb}}{16}=\frac{4}{16}=0.25\,(\mathrm{A})$$

$$U=U_{na}-16=-2-16=-18\,(\mathrm{V})$$

由例 2-6 可知，若电路中含无伴电压源支路，即该支路只含一个电压源，则最简单的处理方法是：参考点取在电压源支路的一端，这样就可求得电压源另一端的节点电压了。

在分析电路时，常遇到只有两个节点而支路数目却很多的电路，并且这些支路还可以增减。如用节点分析法则只用一个方程即能求出各支路两端的电压，进而求出各支路的电流，没有求解方程组的问题。为便于应用，可以推导出一个专门为这类电路计算节点电压（即支路电压）的公式。

设电路如图 2-14 所示，则节点电压 $u_{na}$ 的方程为

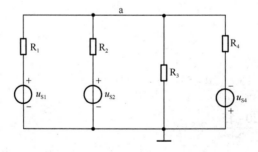

图 2-14　弥尔曼定理电路

$$\left(\frac{1}{R_1}+\frac{1}{R_2}+\frac{1}{R_3}+\frac{1}{R_4}\right)u_{na}=\frac{u_{S1}}{R_1}+\frac{u_{S2}}{R_2}-\frac{u_{S4}}{R_4}$$

即

$$u_{na}=\frac{\dfrac{u_{S1}}{R_1}+\dfrac{u_{S2}}{R_2}-\dfrac{u_{S4}}{R_4}}{\dfrac{1}{R_1}+\dfrac{1}{R_2}+\dfrac{1}{R_3}+\dfrac{1}{R_4}} \tag{2-10}$$

式（2-10）是弥尔曼于 1940 年提出的，所以称为"弥尔曼定理"。其分子为各支路电导与

电压之积的代数和，分母为各电导之和。由于含源支路的电压源 $u_{S4}$ 是负端与节点 a 相连的，故式中 $\dfrac{u_{S4}}{R_4}$ 前为负号。

[ **例 2-7** ] 试用弥尔曼定理求如图 2-15 所示电路的各支路电流。

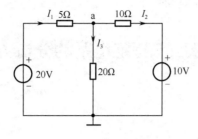

图 2-15 例 2-7 题图

**解：** 该电路只有一个节点电压 $U_{na}$，根据弥尔曼定理，得

$$U_{na} = \dfrac{\dfrac{20}{5} + \dfrac{10}{10}}{\left(\dfrac{1}{5} + \dfrac{1}{20} + \dfrac{1}{10}\right)}$$

进一步求得

$$U_{na} = 5 \times \dfrac{20}{7} \approx 14.3 \,(\text{V})$$

由于 $U_{na}$ 也是电路中各支路的端电压，因此有

$$I_1 = \dfrac{20 - U_{na}}{5} = \dfrac{20 - 14.3}{5} = \dfrac{5.7}{5} = 1.14 \,(\text{A})$$

$$I_2 = \dfrac{U_{na} - 10}{10} = \dfrac{14.3 - 10}{10} = \dfrac{4.3}{10} = 0.43 \,(\text{A})$$

$$I_3 = \dfrac{U_{na}}{20} = \dfrac{14.3}{20} \approx 0.72 \,(\text{A})$$

**随堂练习**

试列出如图 2-16 所示电路的节点电压方程。

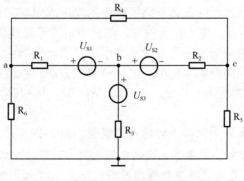

图 2-16 随堂练习

**【任务解决】**

如图 2-1 所示电路，其结构比较复杂，有 8 条支路，假如使用网孔电流法列电路方程，则方程中未知量的个数只有 5 个；假如使用节点电压法列电路方程，则方程中未知量的个数只有 3 个，这样就使电路分析变得相对简单了。

# 任务二　特定电路的分析方法

**【学习目标】**

（1）掌握叠加定理；
（2）掌握戴维南定理。

**【任务导入】**

如图 2-17 所示电路的结构比较复杂，支路较多，而所求的变量又较少，只需求流过 $R_4$ 的电流。对这类电路是否有更好的分析方法呢？本任务将对这一类特定的电路进行讨论。

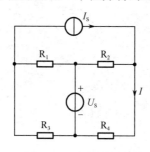

图 2-17　多支路电路

**【知识链接】**

## 一、叠加定理

叠加定理的内容是：在线性电路中，多个独立电源共同作用时，在任意支路中产生的电压或电流等于各独立电源单独作用时在该支路所产生的电压或电流的代数和。如果把独立电源称为激励，由它引起的支路电压、电流称为响应，则叠加定理可简述为：在任意线性网络中，多个激励同时作用时，总的响应等于每个激励单独作用时引起的响应之和。

下面通过例子来说明应用叠加定理分析线性电路的方法、步骤及注意事项。

［例 2-8］　在如图 2-18 所示电路中，$R_1=3\Omega$，$R_2=5\Omega$，$U_s=12V$，$I_s=8A$，试用叠加定理求电流 $I$ 和电压 $U$。

**解：**（1）画出各独立电源单独作用时的电路模型。图 2-19（a）是电压源单独作用时的电路，此时电流源不作用，把电流源置零。所谓电流源置零，即将电流源的两端开路，使电流源处电流为零。图 2-19（b）是电流源单独作用时的电路，此时电压源不作用，把电压源置零。所谓电压源置零，即将电压源的两端短路，使电压源处电压为零。

（2）求出各独立电源单独作用时在电路中产生的电压与电流。

对于图 2-19（a）所示电路，由于电流源支路开路，$R_1$ 与 $R_2$ 为串联电阻，所以

$$I' = \frac{U_s}{R_1 + R_2} = \frac{12}{3 + 5} = 1.5（\text{A}）$$

$$U' = \frac{R_2}{R_1 + R_2} U_s = \frac{5}{3 + 5} \times 12 = 7.5（\text{V}）$$

对于图 2-19（b）所示电路，由于电压源短路后，$R_1$ 与 $R_2$ 为并联电阻，故有

$$I'' = \frac{R_2}{R_1 + R_2} I_s = \frac{5}{3 + 5} \times 8 = 5（\text{A}）$$

$$U'' = (R_1 / / R_2) I_s = \frac{3 \times 5}{3 + 5} \times 8 = 15（\text{V}）$$

（3）由叠加定理求得各独立电源共同作用时电路的电压与电流，即各独立电源单独作用时产生电压或电流的代数和。

$$I = I' - I'' = 1.5 - 5 = -3.5（\text{A}）$$

叠加时，$I'$ 与 $I$ 参考方向一致，取正，而 $I''$ 与 $I$ 参考方向相反，取负。

$$U = U' + U'' = 7.5 + 15 = 22.5（\text{V}）$$

叠加时，$U'$、$U''$ 与 $U$ 的参考方向一致，取正。

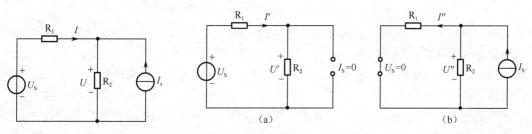

图 2-18　例 2-8 题图　　　　　　图 2-19　例 2-8 解题图

使用叠加定理分析电路时，应注意以下几点。

（1）叠加定理仅适用于计算线性电路。

（2）叠加定理仅适用于计算电流或电压，而不能用来计算功率，因为功率与独立电源之间不是线性关系。

（3）各独立电源单独作用时，其余独立电源均置零（电压源用短路代替，电流源用开路代替）。

（4）电流或电压叠加是代数量叠加，当分量与总量的参考方向一致时，取"+"号；当分量与总量的参考方向相反时，取"−"号。

[例 2-9] 在如图 2-20 所示电路中，已知 $R_1 = 2\Omega$，$R_2 = 3\Omega$，$R_3 = 8\Omega$，$R_4 = 6\Omega$，$U_s = 18\text{V}$，$I_s = 9\text{A}$，求电路中 $R_4$ 的电压 $U$。

**解：**（1）画出各独立电源单独作用时的电路模型。图 2-21（a）是电压源单独作用时的电路，此时电流源不作用，用开路代替；图 2-21（b）是电流源单独作用时的电路，此时电压源不作用，用短路代替。

（2）求出各独立电源单独作用时在电路中产生的电压与电流。

在如图 2-21（a）所示电路中，$R_2$ 和 $R_4$ 组成串联电路，根据分压关系，可得 $R_4$ 分得的电压为

$$U' = \frac{R_4}{R_2 + R_4} U_S = \frac{6}{3+6} \times 18 = 12\,(\text{V})$$

在如图 2-21（b）所示电路中，$R_2$ 和 $R_4$ 组成并联电路，根据分流关系，可得 $R_4$ 分得的电流为

$$I'' = \frac{R_2}{R_2 + R_4} I_S = \frac{3}{3+6} \times 9 = 3\,(\text{A})$$

故

$$U'' = I''R_4 = 3 \times 6 = 18\,(\text{V})$$

由于 $U'$ 与 $U''$ 的电压方向均与 $U$ 一致，故

$$U = U' + U'' = 12 + 18 = 30\,(\text{V})$$

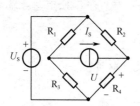 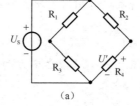 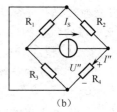

(a)          (b)

图 2-20　例 2-9 题图　　　　　　　图 2-21　例 2-9 解题图

当线性电路中所有独立电压源和独立电流源都增大或缩小 $k$ 倍（$k$ 为实常数）时，电路中产生的电压和电流也将增大或缩小 $k$ 倍，这就是线性电路的齐性定理。齐性定理可以由叠加定理推导得出。当电路中只有一个独立电源时，电路中电压或电流必将与电源成正比。这一特性称为线性电路的齐次性或比例性。

线性电路的齐次性是比较容易验证的。在电压源激励时，其值扩大 $k$ 倍后可等效成 $k$ 个原电压源串联的电路；在电流源激励时，当电流源输出电流扩大 $k$ 倍后可等效成 $k$ 个原电流源并联的电路。应用叠加定理可知，其响应也增大 $k$ 倍，因此线性电路的齐次性结论成立。

[例 2-10]　求如图 2-22 所示梯形电路中各支路电流。

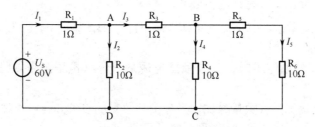

图 2-22　例 2-10 题图

解：设电路在电压源 $U_S'$ 作用下在电阻 $R_5$、$R_6$ 支路产生的电流 $I_5' = 1\text{A}$，则

$$U_{BC}' = (R_5 + R_6)I_5' = 11\,(\text{V})$$

$$I_4' = \frac{U_{BC}'}{R_4} = 1.1\,(\text{A})$$

$$I_3' = I_4' + I_5' = 2.1\,(\text{A})$$

$$U_{AD}' = R_3 I_3' + U_{BC}' = 1 \times 2.1 + 11 = 13.1\,(\text{V})$$

$$I_2' = \frac{U_{AD}'}{R_2} = 1.31（A）$$

$$I_1' = I_2' + I_3' = 1.31 + 2.1 = 3.41（A）$$

$$U_S' = R_1 I_1' + U_{AD}' = 1 \times 3.41 + 13.1 = 16.51（V）$$

由此可知，电路在电源电压为 16.51V 时，在电路中产生值为 $I_1' \sim I_5'$ 的电流。根据齐性定理，现给定 $U_S = 60V$，相当于将以上激励 $U_S'$ 增大 $\frac{60}{16.51} \approx 3.63$ 倍，即 $k = 3.63$，故各支路电流应同时增大 3.63 倍，即

$$I_1 = kI_1' = 3.63 \times 3.41 = 12.38（A）$$

$$I_2 = kI_2' = 3.63 \times 1.31 = 4.76（A）$$

$$I_3 = kI_3' = 3.63 \times 2.1 = 7.62（A）$$

$$I_4 = kI_4' = 3.63 \times 1.1 = 3.99（A）$$

$$I_5 = kI_5' = 3.63 \times 1 = 3.63（A）$$

本例计算从梯形电路中距离电源最远的一端开始，倒退至电源处。这种计算方法称为"倒退法"。采用"倒退法"时，先对某个电压或电流设一个便于计算的值，如本例设 $I_5' = 1A$，最后再按齐性定理予以修正。

**随堂练习**

1．如图 2-23 所示电路，由叠加定理可得电压 $U$ 为＿＿＿＿＿。
2．如图 2-24 所示电路，24V 电压源单独作用时产生的电流 $I$ 的分量应为＿＿＿＿＿＿＿。
3．由叠加定理可求得如图 2-25 所示电路中电压 $U$ 为＿＿＿＿。

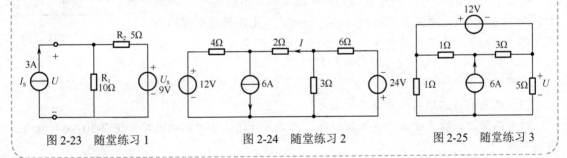

图 2-23　随堂练习 1　　　　图 2-24　随堂练习 2　　　　图 2-25　随堂练习 3

## 二、戴维南定理

### 1．二端网络

如果一个网络只有两个引出端钮与外电路相连，则该网络称为二端网络。二端网络中电流从一个端钮流入，从另一个端钮流出，这样一对端钮形成了网络的一个端口，故二端网络也称一端口网络。

二端网络通常分为两类，即无源二端网络和有源二端网络。含有独立电源的二端网络称为有源二端网络，如图 2-26（a）所示。不含独立电源的二端网络称为无源二端网络，如图 2-26（b）所示。

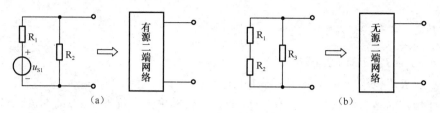

图 2-26   二端网络

### 2. 戴维南定理

任何一个有源二端网络,总可以用一个电压源和一个电阻串联组成的实际电压源来等效替换。其中,电压源 $U_{OC}$ 等于这个有源二端网络的开路电压,电阻 $R_{eq}$ 等于该网络中所有独立电源均置零(电压源短路,电流源开路)后的等效电阻。戴维南定理示意图如图 2-27 所示,开路电压与等效电阻如图 2-28 所示。

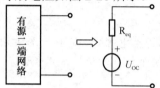

图 2-27   戴维南定理示意图

图 2-28   开路电压与等效电阻

[**例 2-11**]   如图 2-29 所示电路,其中 $R = 20\Omega$ , $U_S = 12V$ , $I_S = 3A$ ,要求把该二端网络等效成戴维南等效电路。

**解**:(1)画出该电路的戴维南等效电路,如图 2-30(a)所示。

(2)求出有源二端网络的开路电压 $U_{OC}$ 。

如图 2-30(b)所示,由于要求的是开路电压,所以端子 A 和端子 B 处的电流是零,电流源流出的电流 $I_S$ 全部流入电压源与电阻的串联支路。根据基尔霍夫电压定律,A、B 两端的开路电压为

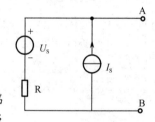

图 2-29   例 2-11 题图

$$U_{OC} = U_S + RI_S = 12 + 20 \times 3 = 72 \text{(V)}$$

**注意**:端子 A 和端子 B 处的电流为零,是求开路电压的前提条件,这一点一定切记。

(3)求出有源二端网络的等效电阻 $R_{eq}$ 。

对电路除源,除源方法为电压源短路、电流源开路,除源后的电路如图 2-30(c)所示。由图可知

$$R_{eq} = R = 20\Omega$$

故图 2-29 所示电路可等效成 72V 电压源与 $20\Omega$ 电阻串联的电路。

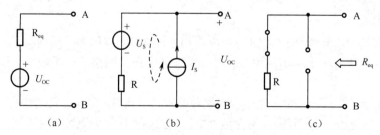

图 2-30   例 2-11 解题图

[**例2-12**] 电路如图 2-31 所示，其中 $R_1 = 6\text{k}\Omega$，$R_2 = 12\text{k}\Omega$，$R_3 = 12\text{k}\Omega$，$U_{S1} = 30\text{V}$，$U_{S2} = 12\text{V}$，求流过电阻 R_3 的电流 I。

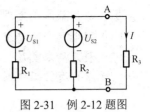

图 2-31　例 2-12 题图

**解：** 应用戴维南定理求解该复杂电路的解题步骤如下。

（1）将电路分为待求支路和有源二端网络两部分，即将图 2-31 从 A、B 处分开。

（2）移走待求支路，形成有源二端网络，如图 2-32（a）所示。

（3）求出有源二端网络的开路电压 $U_{OC}$。

由于端口开路时端钮电流为零，所以电压源作用产生的电流在左侧两条支路内形成环流 $I_1$，该电流大小为

$$I_1 = \frac{U_{S1} - U_{S2}}{R_1 + R_2} = \frac{30 - 12}{6 + 12} = 1(\text{mA})$$

$$U_{OC} = U_{S2} + R_2 I_1 = 12 + 12I_1 = 24(\text{V})$$

（4）求电路除源（电压源短路，电流源开路）后无源二端网络的等效电阻 $R_{eq}$，除源电路如图 2-32（b）所示，电阻 $R_{eq}$ 为 $R_1$ 和 $R_2$ 并联的等效电阻。

$$R_{AB} = 6 // 12 = 4(\text{k}\Omega)$$

$$R_{eq} = R_{AB} = 4\text{k}\Omega$$

（5）画出有源二端网络的等效电路，并接入待求支路，然后根据欧姆定律求出待求支路的电流。电路如图 2-32（c）所示。

$$I = \frac{U_{OC}}{R_{eq} + R_3} = \frac{24}{4 + 12} = 1.5(\text{mA})$$

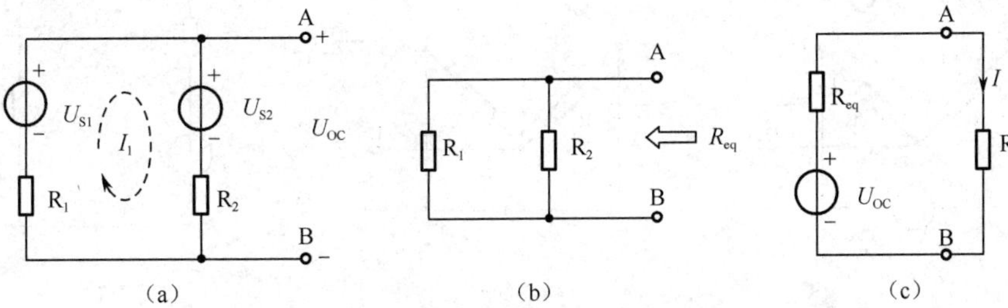

（a）　　　　　　　（b）　　　　　　　（c）

图 2-32　例 2-12 解题图

[**例2-13**] 如图 2-33 所示电路，已知 $R_1 = 6\Omega$，$R_2 = 3\Omega$，$R_3 = 8\Omega$，$R_4 = 8\Omega$，$R_L = 4\Omega$，$U_S = 12\text{V}$，试用戴维南定理求该电路中流经电阻 R_L 的电流 I。

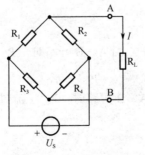

图 2-33　例 2-13 题图

**解**：应用戴维南定理，按例2-12的步骤求解。

（1）将电路分为待求支路和有源二端网络两部分，即将图2-33从A、B处分开。

（2）移走待求支路，形成有源二端网络，如图2-34（a）所示。

（3）求出有源二端网络的开路电压$U_{OC}$。

$$U_{OC} = U_{AB} = U_{AC} + U_{CB} = -\frac{R_1}{R_1 + R_2}U_S + \frac{R_3}{R_3 + R_4}U_S$$

$$= -\frac{6}{6+3} \times 12 + \frac{8}{8+8} \times 12$$

$$= -8 + 6$$

$$= -2(\text{V})$$

（4）求电路除源后无源二端网络的等效电阻$R_{eq}$，除源电路如图2-34（b）所示。

$$R_{eq} = R_1 // R_2 + R_3 // R_4$$

$$= 6 // 3 + 8 // 8$$

$$= 6(\Omega)$$

（5）画出有源二端网络的等效电路，并接入待求支路，然后根据欧姆定律求出待求支路的电流。电路如图2-34（c）所示。

$$I = \frac{U_{OC}}{R_{eq} + R_L} = \frac{-2}{6+4} = -0.2(\text{A})$$

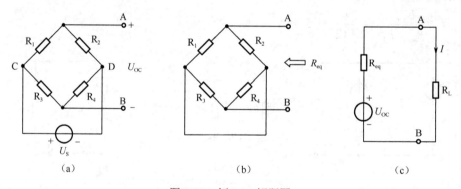

图2-34  例2-13解题图

可以证明，若有源二端网络的开路电压为$u_{OC}$，短路电流为$i_{SC}$，则戴维南电路的等效电阻为

$$R_{eq} = \frac{u_{OC}}{i_{SC}}$$

证明：在如图2-35所示电路中，当A、B开路时，$R_{eq}$上流过的电流为零，所以

$$u'_{OC} = u_{OC}$$

在如图2-36所示电路中，当A、B短路时，$R_{eq}$上流过的电流即为短路电流，所以

$$i'_{SC} = \frac{u_{OC}}{R_{eq}} = i_{SC}$$

由此可得

$$R_{eq} = \frac{u_{OC}}{i_{SC}}$$

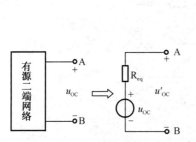

图2-35　有源二端网络开路电压

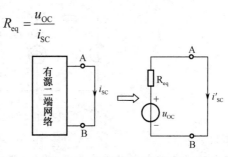

图2-36　有源二端网络短路电流

可用实验的方法得到戴维南等效电路是戴维南定理的优点，具有步骤如下。

（1）用电压表测量有源二端网络的开路电压。

（2）用电流表测量有源二端网络的短路电流。

（3）只要得到开路电压 $u_{OC}$ 和短路电流 $i_{SC}$，即可根据上述公式确定戴维南等效电阻。

（4）由开路电压 $u_{OC}$ 与等效电阻 $R_{eq}$ 确定戴维南等效电路。

**随堂练习**

1．电路如图2-37所示，求其戴维南等效电路。

2．电路如图2-38所示，用戴维南定理求流经8Ω电阻的电流 $I$。

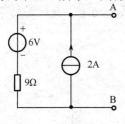

图2-37　随堂练习1

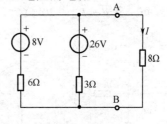

图2-38　随堂练习2

## 三、最大功率传输定理

如图2-39所示，当一个有源二端网络向负载传输功率时，该有源二端网络传递给负载的功率为最大的条件是：负载电阻 $R_L$ 与有源二端网络的戴维南等效电阻 $R_{eq}$ 相等，即

$$R_L = R_{eq} \qquad (2-11)$$

当负载电阻满足式（2-11）时，称为最大功率匹配。此时，负载吸收的最大功率为

$$P_{max} = \frac{U_{OC}^2}{4R_{eq}} \qquad (2-12)$$

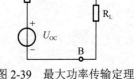

图2-39　最大功率传输定理

[**例2-14**]　求如图2-40所示电路中 $R$ 为何值时能从电路中获得最大功率。

**解**：负载获得最大功率的条件是负载电阻等于电源内阻，因此必须将电路从A、B处断开，移走电阻R后的电路用戴维南等效电路代替。当R等于戴维南等效电阻时，负载获得最大功率。

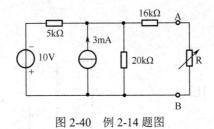

图 2-40  例 2-14 题图

解题步骤如下。

（1）将电路分为待求支路和有源二端网络两部分，即将图 2-40 从 A、B 处分开。

（2）移走待求支路，形成有源二端网络，如图 2-41（a）所示。

（3）用节点电压法求出有源二端网络的开路电压 $U_{OC}$。

$$\left(\frac{1}{5}+\frac{1}{20}\right)U_{OC}=3-\frac{10}{5}$$

$$U_{OC}=4(\text{V})$$

（4）求电路除源后无源二端网络的等效电阻 $R_{eq}$，除源电路如图 2-41（b）所示。

$$R_{eq}=20//5+16$$
$$=20(\text{k}\Omega)$$

（5）画出有源二端网络的等效电路，并接入电阻 R，电路如图 2-41（c）所示。根据最大功率传输定理可知，当 $R=R_{eq}=20\text{k}\Omega$ 时，电阻 R 可获得最大功率。此时的功率为

$$P_{max}=\frac{U_{OC}^2}{4R_{eq}}=0.2(\text{mW})$$

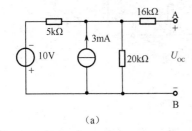 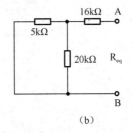 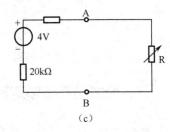

(a)　　　　　　　　　(b)　　　　　　　　　(c)

图 2-41  例 2-14 解题图

[**例 2-15**]  电路如图 2-42 所示，求负载 $R_L$ 获得最大功率时的阻值及最大功率的数值。

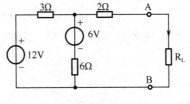

图 2-42  例 2-15 题图

**解：**（1）将负载 $R_L$ 断开后移走，形成有源二端网络，求出有源二端网络的开路电压 $U_{OC}$，电路如图 2-43（a）所示。

列出 KVL 方程为

$$I = \frac{12-6}{3+6} = \frac{2}{3}\,(\text{A})$$

$$U_{\text{OC}} = 6I + 6 = 6 \times \frac{2}{3} + 6 = 10\,(\text{V})$$

（2）求电路除源后无源二端网络的等效电阻 $R_{\text{eq}}$，除源电路如图 2-43（b）所示。

$$R_{\text{eq}} = 2 + \frac{3 \times 6}{3+6} = 4\,(\Omega)$$

（3）画出有源二端网络的等效电路，如图 2-43（c）所示。负载 $R_L$ 获得的最大功率为

$$P_{\text{max}} = \frac{U_{\text{OC}}^2}{4R_{\text{eq}}} = \frac{10^2}{4 \times 4} = 6.25\,(\text{W})$$

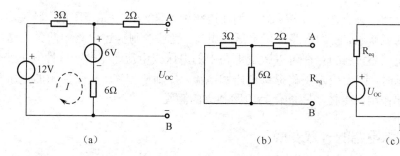

图 2-43　例 2-15 解题图

**随堂练习**

在如图 2-44 所示电路中，已知当 $R=10\Omega$ 时，其消耗的功率为 22.5W；当 $R=20\Omega$ 时，其消耗的功率为 20W。试求：

（1）当 $R=30\Omega$ 时，它所消耗的功率是多少？

（2）$R$ 为多大时，它所消耗的功率最大，最大功率是多少？

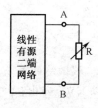

图 2-44　随堂练习

**【任务解决】**

在图 2-17 所示电路中，假如只要求分析个别参数，则应用戴维南定理是较好的选择。

# 任务三　含受控源电路的分析方法

**【学习目标】**

（1）了解含受控源电路的等效电阻计算方法；

（2）了解含受控源电路的等效变换；

（3）了解含受控源电路的支路电流法；

（4）了解含受控源电路的叠加定理；

（5）了解含受控源电路的戴维南定理。

### ■【任务导入】

受控源是一种非常有用的电路元件，常用来模拟含晶体管、运算放大器等多端器件的电子电路。但受控源与独立电源有本质的区别，如何分析含受控源的电路呢？

### ■【知识链接】

在项目一中介绍了独立源和受控源，它们在电路中所起的作用完全不同，特性也不同。独立源是电路的输入或激励，它为电路提供电压和电流；受控源则描述电路中两条支路电压或电流之间的一种约束关系，它的存在可以改变电路中的电压或电流，使电路特性发生变化。当电路中不存在独立源时，因无控制支路提供电压和电流，控制量为零，故受控源的电压和电流也为零，受控源不起作用。受控源不能作为电路独立的激励。

## 一、含受控源电路的等效变换

### 1. 等效电阻

由线性电阻和线性受控源构成的电阻二端网络，就端口特性而言，可等效为一个线性二端电阻，但其等效电阻不能简单地用电阻的串、并联来计算。一般采用外加电压法求含受控源电路的等效电阻 $R_{eq}$。

外加电压法也称端口激励—响应法。即在不含独立源的二端网络（内含受控源）两端加一个测试电压 $U_T$，求出在这个电压作用下输入到网络的测试电流 $I_T$。根据欧姆定律，电阻阻值等于电阻两端的电压除以流过电阻的电流，即

$$R_{eq} = \frac{U_T}{I_T}$$

[例 2-16]　求如图 2-45（a）所示二端网络的等效电阻。

**解：** 设在端口外加电压源 $U_T$，根据 KVL 列出 $U_T$ 与端口电流 $I_T$ 的关系式

$$U_T = \mu U_1 + U_1 = (\mu + 1)U_1$$

而

$$U_1 = R I_T$$

所以

$$U_T = (\mu + 1)R I_T$$

由此求得二端网络的等效电阻为

$$R_{eq} = \frac{U_T}{I_T} = (\mu + 1)R$$

等效后的电路如图 2-45（b）所示。该电路将电阻 $R$ 增大至 $(\mu + 1)R$，若 $\mu = 0$，则 $R_{eq} = R$；若 $\mu = -2$，则表明该电路可将一个正电阻变换为一个负电阻。

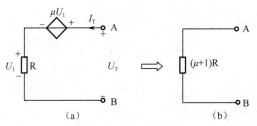

图 2-45　例 2-16 题图

[**例 2-17**]　求如图 2-46（a）所示二端网络的等效电阻。

**解：**设在端口外加电压源 $U_T$，根据 KCL 列出 $U_T$ 与端口电流 $I_T$ 的关系式

$$I_T = \alpha I_1 + I_1 = (\alpha + 1) I_1$$

而

$$I_1 = \frac{U_T}{R}$$

所以

$$I_T = (\alpha + 1) \frac{U_T}{R} = \frac{(\alpha + 1)}{R} U_T$$

由此求得二端网络的等效电阻为

$$R_{eq} = \frac{U_T}{I_T} = \frac{R}{(\alpha + 1)}$$

等效后的电路如图 2-46（b）所示。该电路将电阻 $R$ 减小至 $\dfrac{R}{(\alpha+1)}$，若 $\alpha = 0$，则 $R_{eq} = R$；若 $\alpha = -2$，则表明该电路可将一个正电阻变换为一个负电阻。

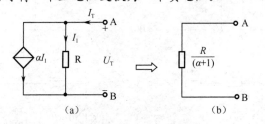

图 2-46　例 2-17 题图

## 2．电源等效变换

独立电压源和电阻串联电路可以等效变换为独立电流源和电阻并联电路。与之类似，一个受控电压源和电阻串联电路，也可以等效变换为一个受控电流源和电阻并联电路，如图 2-47 所示。而一个受控电流源和电阻并联电路，也可以等效变换为一个受控电压源和电阻串联电路，如图 2-48 所示。

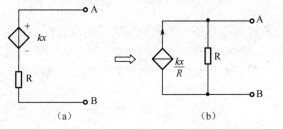

图 2-47　受控电压源等效变换为受控电流源

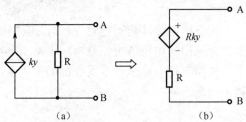

图 2-48　受控电流源等效变换为受控电压源

[**例2-18**] 在如图 2-49 所示电路中，已知转移电阻 $r=3\Omega$。求二端网络的等效电阻。

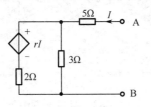

图 2-49 例 2-18 题图

**解：** 先将受控电压源 $rI$ 和 $2\Omega$ 电阻的串联电路等效变换为受控电流源 $0.5rI$ 和 $2\Omega$ 电阻的并联电路，如图 2-50（a）所示。

将 $2\Omega$ 电阻和 $3\Omega$ 电阻并联等效成 $1.2\Omega$ 电阻，如图 2-50 （b）所示。再将受控电流源与 $1.2\Omega$ 电阻并联电路等效变换为 $1.2\Omega$ 电阻和受控电压源 $0.6rI$ 的串联电路，如图 2-50（c）所示。将 $5\Omega$ 电阻和 $1.2\Omega$ 电阻合并，等效变换为 $6.2\Omega$ 电阻和受控电压源 $0.6rI$ 的串联电路，如图 2-50（d）所示。在 A、B 两端加测试电压 $U_T$，可得

$$U_T = (6.2 + 0.6r)I = (6.2 + 0.6 \times 3)I = 8I$$

因此，二端网络等效电阻为

$$R_{eq} = \frac{U_T}{I} = 8(\Omega)$$

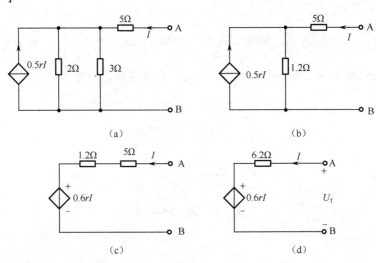

(a)          (b)

(c)          (d)

图 2-50 例 2-18 解题图

## 二、含受控源电路的支路电流法

用支路电流法列写电路方程时，应先将受控源暂时当作独立源去列写支路电流方程。由于受控源输出的电压或电流是电路中某一支路电压或电流（即控制量）的函数，所以，一般情况下还要用支路电流来表示受控源的控制量，使未知量的数目与独立方程的数目相等，这样才能将未知量求解出来。

**[例 2-19]** 用支路电流法求如图 2-51 所示电路中各支路的电流。

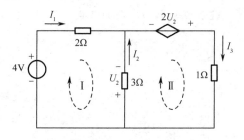

图 2-51　例 2-19 题图

**解：** 该电路的 KCL 方程为

$$I_1 + I_2 - I_3 = 0$$

该电路的 KVL 方程为

$$-4 + 2I_1 - 3I_2 = 0$$

$$3I_2 - 2U_2 + I_3 \times 1 = 0$$

控制量辅助方程为

$$U_2 = 3I_2$$

以上 4 个方程组成一个方程组，解方程组得

$$\begin{cases} I_1 = 8\,(\text{A}) \\ I_2 = 4\,(\text{A}) \\ I_3 = 12\,(\text{A}) \end{cases}$$

## 三、含受控源电路的网孔电流法与节点电压法

与支路电流法类似，用网孔电流法、节点电压法列写电路方程时，应先将受控源暂时当作独立源去列写方程。由于受控源输出的电压或电流是电路中某一支路电压或电流（即控制量）的函数，所以，一般情况下还要用网孔电流或节点电压来表示受控源的控制量，使未知量的数目与独立方程的数目相等，这样才能将未知量求解出来。

**[例 2-20]** 试用网孔电流法列写如图 2-52 所示电路的网孔电流方程，并求出 2Ω 电阻两端的电压 $U_1$。

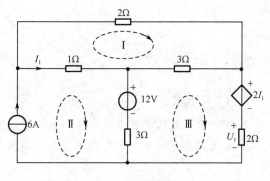

图 2-52　例 2-20 题图

**解：**（1）假定网孔Ⅰ、Ⅱ、Ⅲ的网孔电流分别为 $I_{m1}$、$I_{m2}$ 和 $I_{m3}$，参考方向为顺时针方向。

（2）列出网孔电流方程。绕行方向选为顺时针方向。

对于网孔Ⅰ，有

$$(1+2+3)I_{m1} - 1 \times I_{m2} - 3I_{m3} = 0$$

对于网孔Ⅱ，有

$$I_{m2} = 6A$$

网孔Ⅲ，有

$$-3I_{m1} - 3I_{m2} + (3+3+2)I_{m3} = 12 - 2I_1$$

由于电路中含受控源，且 3 个网孔电流方程中共有 4 个未知量，所以必须加辅助方程，辅助方程应用网孔电流 $I_{m1}$、$I_{m2}$ 或 $I_{m3}$ 来表示受控源的控制量 $I_1$。由电路图可知，辅助方程为

$$I_1 = I_{m2} - I_{m1}$$

解以上 4 个方程组成的方程组，得

$$\begin{cases} I_{m1} = \dfrac{34}{11} \approx 3.1\,(\text{A}) \\ I_{m2} = 6\,(\text{A}) \\ I_{m3} = \dfrac{46}{11} \approx 4.2\,(\text{A}) \end{cases}$$

则 2Ω 电阻两端的电压为

$$U_1 = 2 \times I_{m3} = 2 \times 4.2 = 8.4\,(\text{V})$$

**[例 2-21]** 试用节点电压法列写如图 2-53 所示电路的节点电压方程，求电压 $U_O$。

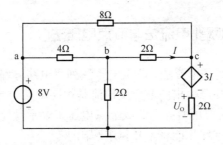

图 2-53　例 2-21 题图

**解：**（1）选定参考点与节点电压。

（2）列节点电压方程。

节点 a：$U_{na} = 8V$

节点 b：$-\dfrac{1}{4}U_{na} + (\dfrac{1}{4} + \dfrac{1}{2} + \dfrac{1}{2})U_{nb} - \dfrac{1}{2}U_{nc} = 0$

节点 c：$-\dfrac{1}{8}U_{na} - \dfrac{1}{2}U_{nb} + (\dfrac{1}{2} + \dfrac{1}{2} + \dfrac{1}{8})U_{nc} = \dfrac{3I}{2}$

由于电路中含受控源，且 3 个节点电压方程中共有 4 个未知量，所以必须加辅助方程，辅助方程应用节点电压来表示受控源的控制量 $I$。由电路图可知，辅助方程为

$$I = \dfrac{U_{nb} - U_{nc}}{2}$$

解以上 4 个方程组成的方程组，得

$$\begin{cases} U_{\mathrm{na}} = 8\mathrm{V} \\ U_{\mathrm{nb}} = \dfrac{136}{55} \approx 2.5\,(\mathrm{V}) \\ U_{\mathrm{nc}} = \dfrac{24}{11} \approx 2.2\,(\mathrm{V}) \end{cases}$$

$$U_{\mathrm{O}} = U_{\mathrm{nc}} - 3I = U_{\mathrm{nc}} - 3 \times \frac{U_{\mathrm{nb}} - U_{\mathrm{nc}}}{2} = 2.2 - 3 \times \frac{2.5 - 2.2}{2} = 1.75\,(\mathrm{V})$$

## 四、含受控源电路的叠加定理

应用叠加定理时，独立源的作用分别单独考虑，但受控源不能单独作用，且独立源作用时受控源必须保留。

[**例 2-22**]　用叠加定理求如图 2-54 所示电路中电流 $I_1$、$I_2$ 及电压 $U$。

**解：** 10V 电压源单独作用时的电路如图 2-55（a）所示，列出方程组为

$$\begin{cases} I_1' = I_2' \\ 5I_1' + I_2' \times 1 + 4I_1' - 10 = 0 \\ U' = I_2' \times 1 + 4I_1' \end{cases}$$

解得

$$\begin{cases} I_1' = 1\,(\mathrm{A}) \\ I_2' = 1\,(\mathrm{A}) \\ U' = 5\,(\mathrm{V}) \end{cases}$$

5A 电流源单独作用时的电路如图 2-55（b）所示，列出方程组为

$$\begin{cases} I_1'' + 5 - I_2'' = 0 \\ 5I_1'' + I_2'' \times 1 + 4I_1'' = 0 \\ U'' = -5I_1'' \end{cases}$$

解得

$$\begin{cases} I_1'' = -0.5\,(\mathrm{A}) \\ I_2'' = 4.5\,(\mathrm{A}) \\ U'' = 2.5\,(\mathrm{V}) \end{cases}$$

叠加，得

$$\begin{cases} I_1 = I_1' + I_1'' = 1 - 0.5 = 0.5\,(\mathrm{A}) \\ I_2 = I_2' + I_2'' = 1 + 4.5 = 5.5\,(\mathrm{A}) \\ U = U' + U'' = 5 + 2.5 = 7.5\,(\mathrm{V}) \end{cases}$$

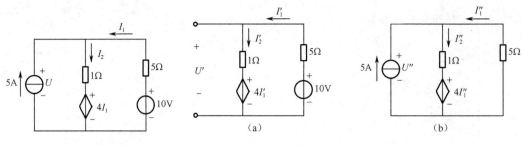

图 2-54 例 2-22 题图                图 2-55 例 2-22 解题图

## 五、含受控源电路的戴维南定理

应用等效电源定理分析含受控源的电路时，不能将受控源和它的控制量分割在两个网络中，二者必须在同一个网络中。求戴维南等效电阻的方法一般用以下两种方法。

（1）外加电压法，即在除源的二端网络（内含受控源）两端加一个电压 $U_T$，求出在这个电压作用下输入到网络的电流 $I_T$，则等效电阻为

$$R_{eq} = \frac{U_T}{I_T}$$

（2）开路短路法，即求出有源二端网络的开路电压 $U_{OC}$ 和短路电流 $I_{SC}$，则等效电阻为

$$R_{eq} = \frac{U_{OC}}{I_{SC}}$$

由于采用外加电压法求等效电阻的方法在前面已经介绍过，所以，这里只介绍开路短路法。

[例 2-23] 应用戴维南定理求图 2-56 所示电路中的电流 $I_2$。

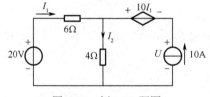

图 2-56 例 2-23 题图

**解：**（1）将电路分为待求支路和有源二端网络两部分，即在图 2-56 中把 4Ω 电阻断开，移走待求支路，形成有源二端网络，如图 2-57（a）所示。

（2）求出有源二端网络的开路电压 $U_{OC}$。

因为

$$U_{OC} = 20 - 6I'_1$$

$$I'_1 = -10A$$

所以

$$U_{OC} = 20 - 6 \times (-10) = 80 (\text{V})$$

（3）求出有源二端网络的短路电流 $I_{SC}$，电路如图 2-57（b）所示。

$$I_{SC} = \frac{20}{6} + 10 = \frac{40}{3} (\text{A})$$

（4）求电路等效电阻 $R_{eq}$。

$$R_{eq} = \frac{U_{OC}}{I_{SC}} = \frac{80}{\frac{40}{3}} = 6(\Omega)$$

（5）画出有源二端网络的等效电路，并接入待求支路，然后根据欧姆定律求出待求支路的电流。电路如图 2-57（c）所示。

$$I_2 = \frac{80}{4+6} = 8(A)$$

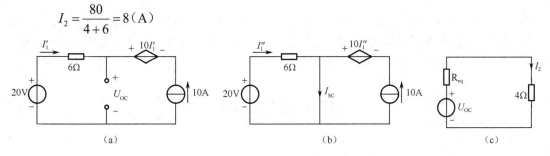

图 2-57　例 2-23 解题图

试将图 2-58 所示电路等效成戴维南等效电路。

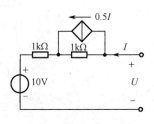

图 2-58　随堂练习

## 【任务解决】

对于含受控源的电路，其分析方法与不含受控源的电路有很大区别，在实际应用中，要根据需要合理选择电路分析方法。

# 小　结

支路电流法是一种最基本的分析复杂电路的方法。它通过应用基尔霍夫电流定律和电压定律分别对节点和回路列出所需要的方程组，然后求解出各支路的未知电流，再进一步对电路中的其他参数进行分析和计算。对于电阻电路的分析，应用基尔霍夫定律和欧姆定律即可满足要求。

网孔电流法是以网孔电流作为电路的独立变量来分析电路的方法，适用于网孔数较少、支路较多的电路。

节点电压法以节点电压为求解变量分析电路，其实质是对独立节点应用 KCL 列出用节点电压表示的有关支路电流方程。节点电压法适用于支路较多、节点较少的电路。

叠加定理的内容是：在线性电路中，多个独立电源共同作用时，在任意支路中产生的电压或电流等于各独立电源单独作用时在该支路所产生的电压或电流的代数和。叠加定理的应用比较普遍，如在模拟信号放大电路的分析中就经常用到叠加定理。

戴维南定理的内容是：任何一个有源二端网络，总可以用一个电压源和一个电阻串联组成的实际电压源来等效替换。其中，电压源 $U_{OC}$ 等于这个有源二端网络的开路电压，电阻 $R_{eq}$ 等于该网络中所有独立电源均置零（电压源短路，电流源开路）后的等效电阻。对于非常复杂的电路，当只要求分析电路中某一支路的工作情况时，戴维南定理尤其适用。戴维南定理的最大优点是戴维南等效电路可用实验的方法得到。

## 思考题与习题

2-1  列写题 2-1 图所示电路的支路电流方程。

2-2  电路如题 2-2 图所示，按图中规定的回路列出支路电流方程。

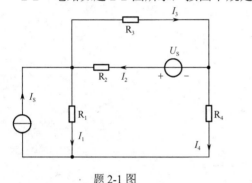

题 2-1 图          题 2-2 图

2-3  试用支路电流法求题 2-3 图所示电路中的 $I_1$、$I_2$。

2-4  试用支路电流法求题 2-4 图所示电路中的各支路电流。

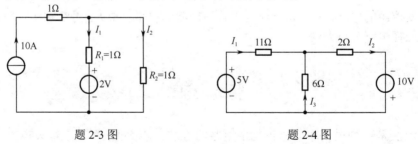

题 2-3 图          题 2-4 图

2-5  试用支路电流法求题 2-5 图所示电路中的支路电流 $I_1$、$I_2$、$I_3$ 和 $I_4$。

2-6  用网孔电流法求题 2-6 图所示电路中的电流 $I$。

2-7  试用网孔电流法求题 2-7 图所示电路中 1Ω 电阻的功率。

2-8  试用网孔电流法求题 2-8 图所示电路中的电压 $U$ 和电流 $I$。

2-9  列出题 2-9 图所示电路的节点电压方程。

*2-10  列出题 2-10 图所示电路的节点电压方程。

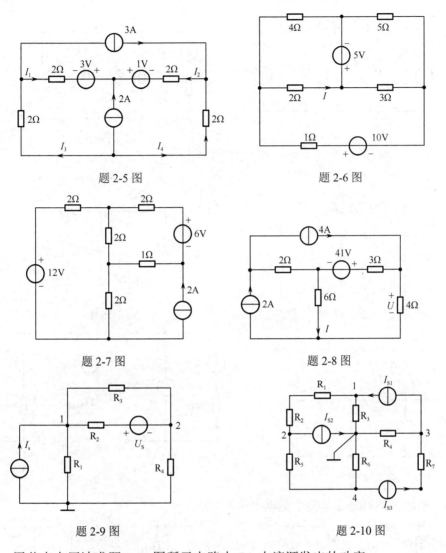

题 2-5 图　　　　　　　　　　题 2-6 图

题 2-7 图　　　　　　　　　　题 2-8 图

题 2-9 图　　　　　　　　　　题 2-10 图

2-11　用节点电压法求题 2-11 图所示电路中 7A 电流源发出的功率。

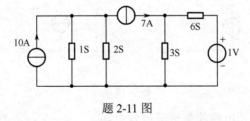

题 2-11 图

2-12　电路如题 2-12 图所示，用节点电压法求 1A 电流源发出的功率。

2-13　利用叠加原理求题 2-13 图所示电路中各电阻所吸收的功率。

2-14　试用叠加定理求题 2-14 图所示电路中电流源电压 $U$。

2-15　电路如题 2-15 图所示，欲使 $I = 0$，试用叠加定理确定电压源 $U_S$ 的数值和极性。

2-16　试用叠加定理求解题 2-16 图所示电路中电流源发出的功率。

2-17　求题 2-17 图所示电路的戴维南等效电路。

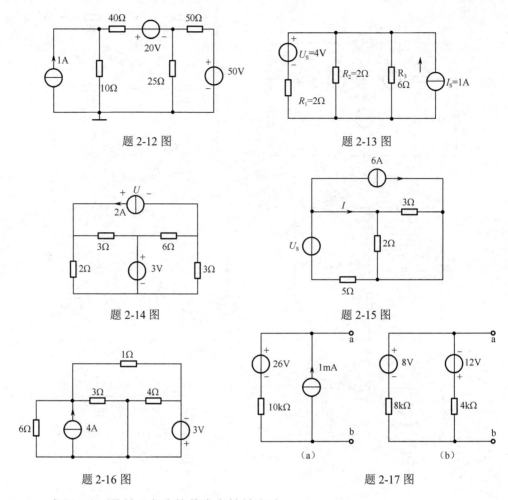

题 2-12 图

题 2-13 图

题 2-14 图

题 2-15 图

题 2-16 图

题 2-17 图

2-18 求题 2-18 图所示电路的戴维南等效电路。

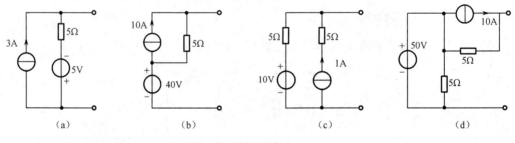

（a）　　　　　（b）　　　　　（c）　　　　　（d）

题 2-18 图

2-19 求题 2-19 图所示电路的戴维南等效电路。

2-20 试用戴维南定理求题 2-20 图所示电路中电流源两端的电压 $U$ 。

2-21 在题 2-21 图所示电路中，N 为线性有源电阻网络，已知当 $I_S=0$ 时，$U=-2V$；当 $I_S=2A$ 时，$U=0$。求网络 N 的戴维南等效电路。

2-22 应用戴维南定理计算题 2-22 图所示电路中 $6\Omega$ 电阻中的电流 $I$ 。

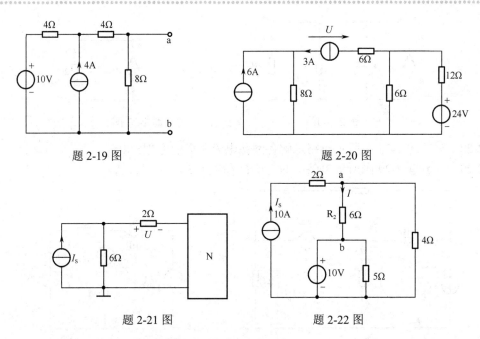

题 2-19 图　　　　　　　　　题 2-20 图

题 2-21 图　　　　　　　　　题 2-22 图

2-23　在题 2-23 图所示电路中，已知当 $R = 6\Omega$ 时，$I = 2\,\mathrm{A}$。试问：

（1）当 $R = 12\Omega$ 时，$I$ 为多少？

（2）$R$ 为多大时它吸收的功率最大，并求此最大功率。

2-24　电路如题 2-24 图所示，试求负载 $R_L$ 获得最大功率时的阻值及其最大功率值。

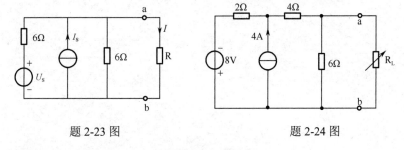

题 2-23 图　　　　　　　　　题 2-24 图

*2-25　列写题 2-25 图所示电路的支路电流方程。

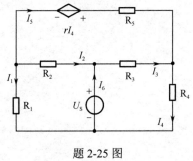

题 2-25 图

*2-26　求题 2-26 图所示电路的电流 $I_1$ 和 $I_2$。

*2-27　求题 2-27 图所示电路的电流 $I$ 和 4 V 电压源提供的功率。

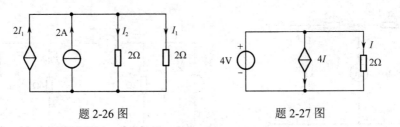

| 题 2-26 图 | 题 2-27 图 |

*2-28  列写题 2-28 图所示电路求解各网孔电流所需的方程组。

*2-29  计算题 2-29 图所示电路中的电压 $U$ 和电流 $I$。

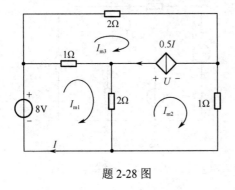

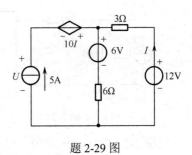

| 题 2-28 图 | 题 2-29 图 |

# 项目三  一阶动态电路分析

## 任务一  动态电路的基本概念

■【学习目标】

（1）掌握过渡过程的基本概念及换路定律；
（2）理解电感中的电流不能发生突变和电容两端电压不能发生突变的原因。

■【任务导入】

电路如图 3-1 所示，在开关断开一段时间后闭合，发现 3 个灯泡 $L_1$、$L_2$、$L_3$ 亮度变化如下：灯泡 $L_1$ 立即发亮且亮度不变；灯泡 $L_2$ 由亮逐渐变暗，直到熄灭；灯泡 $L_3$ 由暗逐渐变亮，最后达到一定亮度。为什么电路中灯泡的亮暗会发生如此变化呢？

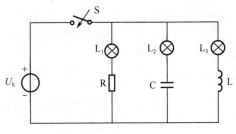

图 3-1  任务导入电路

■【知识链接】

### 一、电路的稳态与暂态

#### 1. 稳态与暂态的概念

顾名思义，稳态是指稳定状态。大家应该有过这样的体会，电扇在接通电源前是静止的，处于一种稳定状态。接通电源后，电扇开始旋转，其转速从 0 开始逐渐加快，当达到设定的转速后转速便保持恒定，这时电扇处于一种新的稳定状态。电扇的转速从 0 上升到设定值，要经历一个变化的过程，这个过程就是过渡过程。简单地说，过渡过程是事物从一种稳定状态到另一种稳定状态的变化过程。过渡过程也称瞬态过程，瞬态过程所处的状态称为瞬态，又称暂态。

电路中同样存在稳态和暂态。如图 3-2（a）所示电路，假设原先开关是断开的。在开关没有闭合前，假设电容两端电压 $u_C$ 为 0，由于不能形成回路，故电路中电流为 0，此时电路处于一种稳态。当开关闭合时，电路形成回路，且回路中产生最大电流，直流电源 $U_S$ 给电容充电，$u_C$ 逐渐增大，随着电容电压的升高，充电电流逐渐减小。当 $u_C = U_S$ 时，电容充电结束，回路中电流变为 0，这时电路状态不再改变，处于另一种稳态，如图 3-2（b）所示。电路中开关闭合后,电路状态变化的过程称为电路的过渡过程。电路在开关闭合前后的稳态是不一样的,在变化过程中电路所处的状态称为暂态。

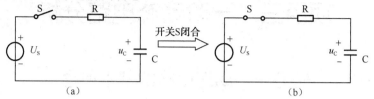

图 3-2　过渡过程示意图

## 2．产生过渡过程的原因

为了解过渡过程,可搭建以下 3 个电路,测量其中的电压与电流,并进行分析。

### 1）电阻电路

电阻电路如图 3-3（a）所示,在开关 S 闭合前,电阻上的电压和电流都为 0,一旦开关 S 闭合,电阻上的电压立刻等于电源电压 $U_S$,其电流如图 3-3（b）所示,立刻变为 $\dfrac{U_S}{R}$。电阻是耗能元件,其电流随电压成比例变化,当电阻两端存在电压时,电阻内就有电流流过,当电阻两端电压消失时,电流也随之消失,所以电阻电路不存在过渡过程。

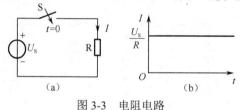

图 3-3　电阻电路

### 2）电容电路

电容属于储能元件,其储存的电场能 $W_C = \dfrac{1}{2}Cu_C^2$。由能量与功率和时间的关系可知,要使电容获得能量,必须在一定时间内向电容提供一定的功率。若电容储存的能量发生突变,则意味着必须有一电源在零时间内为电容提供无穷大功率,这显然是不切实际的。也就是说,由于不存在无穷大功率的电源,所以电容的储能不能突变。由其储能计算公式推知,电容上的电压 $u_C$ 也不能突变。如图 3-4 所示电路,假设开关 S 闭合前电容上的电压为 0,开关 S 闭合后电容上的电压 $u_C$ 只能逐渐增大。由上述分析可知,因为电容是储能元件,所以电容电路存在过渡过程,具体表现为电容电压的增大和减小、电场能的存储和释放都需要一个过程。

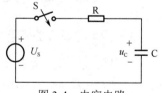

图 3-4　电容电路

### 3）电感电路

电感也是储能元件,它储存的是磁场能,其大小为 $W_L = \dfrac{1}{2}Li_L^2$。与电容一样,要使电感获得能量,必须在一定时间内向电感提供一定的功率。若电感储存的能量发生突变,则意味着必须有一电源在零时间内为电感提供无穷大功率,这显然也是不切实际的。所以,电感内磁场能的存储和释放也需要一个过程,以致电感内流过的电流呈现连续变化的现象。如图 3-5 所示电路,假设开关 S 闭合前电感上的电流为 0,开关 S 闭合后电感上的电流 $i_L$ 会随时间推移慢慢增大，这就是电感的充电（过渡）过程。充电过程结束后，电感进入稳态，其电流为$i_L = \dfrac{U_S}{R}$。

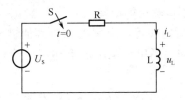

图 3-5　电感电路

总结以上分析可知，电路产生过渡过程的原因包括两个方面。

（1）电路中含有储能元件电容或电感（内因）。

（2）电路的改变（外因）。

## 二、换路定律及初始值的计算

### 1. 换路定律

电路的过渡过程是由电路的接通、断开、短路或电路中电源、电阻等参数突然改变等原因引起的，我们把电路状态的这些改变统称为换路。然而，并不是所有的电路在换路时都产生过渡过程。换路只是产生过渡过程的外在原因，其内因是电路中具有储能元件电容或电感。

在换路瞬间，若电容电流保持为有限值，则电容电压在换路前后保持不变；在换路瞬间，若电感电压保持为有限值，则电感电流在换路前后保持不变，这一规律称为换路定律。换路定律也可以表述为：换路前后电容 C 两端的电压不发生跃变，流过电感 L 的电流不发生跃变。

**注意**：（1）电容电流和电感电压为有限值是换路定律成立的条件。（2）换路定律反映了能量不能跃变。在本项目中，若没有特别说明，则电感上的电压和电容中的电流均为有限值。

如果电路在 $t = t_0$ 时刻换路，将换路前趋近于换路时刻的瞬间记为 $t = t_{0_-}$，而将换路后的初始瞬间记为 $t = t_{0_+}$，则换路定律可表示为

$$\begin{cases} u_C(t_{0_+}) = u_C(t_{0_-}) \\ i_L(t_{0_+}) = i_L(t_{0_-}) \end{cases}$$

为方便计算与分析，往往将电路换路的瞬间定为计时起点 $t = 0$，并用 $t = 0_-$ 和 $t = 0_+$ 分别表示换路前和换路后的瞬间。于是换路定律可表示为

$$\begin{cases} u_C(0_+) = u_C(0_-) \\ i_L(0_+) = i_L(0_-) \end{cases} \tag{3-1}$$

### 2. 电路初始值的计算

电路换路后瞬间，即 $t = 0_+$ 时刻，电路中电压与电流的值称为电路的初始值。

求电路初始值的具体步骤如下所述。

（1）由换路前的稳态电路求得电容两端的电压 $u_C(0_-)$ 和流过电感的电流 $i_L(0_-)$。因换路前电路处于稳态，电容无充放电，电容电流为 0，所以对电路进行稳态分析时可以把电容看成开路；而电路在稳态时，电感无充放电，电感感应电势为 0，即电感两端电压为 0，所以对电路进行稳态分析时可以把电感看成短路。

（2）假定换路瞬时所用的时间为 0，根据换路定律 $u_C(0_+) = u_C(0_-)$ 和 $i_L(0_+) = i_L(0_-)$，确定电容电压和电感电流的初始值。

（3）若电路较复杂，则画出换路后的电路。

（4）根据 KCL、KVL、欧姆定律等，求解 $0_+$ 时刻其他物理量的初始值。

值得说明的是，在换路瞬间除了电容电压 $u_C$ 和电感电流 $i_L$ 保持不变，其他物理量都可能跃变。

[**例 3-1**] 如图 3-6 所示，$U_S = 10\text{V}$，$R = 2\text{k}\Omega$，开关 S 闭合前，电容不带电，求开关 S 闭合后，电容上的电压和电流的初始值。

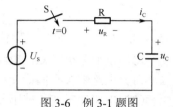

图 3-6　例 3-1 题图

**解：**（1）由换路前的稳态电路求得电容两端电压 $u_C(0_-)$。

由于换路前电路中电容不带电，所以电容两端的电压为 0，即

$$u_C(0_-) = 0$$

（2）根据换路定律求出 $u_C(0_+)$。

$$u_C(0_+) = u_C(0_-) = 0$$

（3）根据换路后的电路列写电路方程，求出其他物理量的初始值。

$$u_R(0_+) = U_S - u_C(0_+) = U_S - 0 = U_S = 10（\text{V}）$$

得

$$i_C(0_+) = \frac{u_R(0_+)}{R} = \frac{10}{2} = 5（\text{mA}）$$

**3．电路稳态值的确定**

当电路的过渡过程结束后，电路进入新的稳定状态，这时各电路元件电压和电流的值称为稳态值（或终值）。稳态值也是分析一阶电路过渡过程规律的要素之一。因电路重新处于稳态，所以在分析电路时再次把电容看成开路，把电感看成短路。

[**例 3-2**] 如图 3-7 所示，已知 $U_S = 12\text{V}$，$R_1 = 2\text{k}\Omega$，$R_2 = 4\text{k}\Omega$，$C = 1\text{mF}$，开关动作前电路已处于稳态，$t = 0$ 时开关闭合。试求：

（1）开关闭合后，各元件电压和电流的初始值；

（2）电路重新达到稳态后，电容上的电压和电流的稳态值。

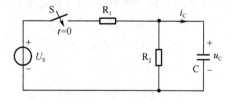

图 3-7　例 3-2 题图

**解：**（1）$t = 0_+$ 时的初始值。

① 由换路前的稳态电路求得电容两端电压 $u_C(0_-)$。

由于换路前开关断开，若电容两端存在电压，则电容与电阻 $R_2$ 形成放电回路，使电容电压不断下降，所以电路稳态时，电容两端电压为 0，即

$$u_C(0_-) = 0$$

② 根据换路定律求出 $u_C(0_+)$ 。

$$u_C(0_+) = u_C(0_-) = 0$$

③ 根据换路后的电路（如图 3-8 所示），求出其他物理量的初始值。

$$u_{R2}(0_+) = u_C(0_+) = 0$$

$$u_{R1}(0_+) = U_S - u_C(0_+) = U_S - 0 = U_S = 12（V）$$

$$i_1(0_+) = \frac{u_{R1}(0_+)}{R_1} = \frac{12}{2} = 6（mA）$$

$$i_2(0_+) = \frac{u_{R2}(0_+)}{R_2} = \frac{0}{4} = 0$$

$$i_C(0_+) = i_1(0_+) - i_2(0_+) = 6 - 0 = 6（mA）$$

（2）换路后，$t = \infty$ 时的稳态值。

在直流电路中，电路达到稳态时电容相当于开路，此时的电路如图 3-9 所示，所以

$$i_C(\infty) = 0$$

$$u_C(\infty) = u_{R2}(\infty) = U_S \frac{R_2}{R_1 + R_2} = 12 \times \frac{4}{2+4} = 8（V）$$

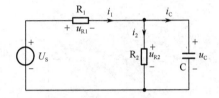
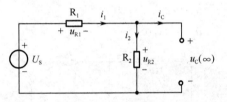

图 3-8 例 3-2 换路后的电路　　　　图 3-9 例 3-2 换路后的稳态电路

[例 3-3] 如图 3-10 所示，已知 $R = 1kΩ$，$L = 1H$，$U_S = 20V$，开关动作前电感无储能。$t = 0$ 时开关闭合。试求：

（1）开关 S 闭合后，各元件电压和电流的初始值；

（2）电路重新达到稳态后，电感上电压和电流的稳态值。

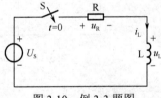

图 3-10 例 3-3 题图

**解：**（1）$t = 0_+$ 时的初始值。

① 由换路前的稳态电路求得电感电流 $i_L(0_-)$ 。

由于换路前电路中电感无储能，所以电感电流为 0，即

$$i_L(0_-) = 0$$

② 根据换路定律求出 $i_L(0_+)$ 。

$$i_L(0_+) = i_L(0_-) = 0$$

③ 根据电路方程，求出其他物理量的初始值。

$$u_R(0_+) = i_L(0_+)R = 0$$

$$u_L(0_+) = U_S - u_R(0_+) = U_S - 0 = U_S = 20（V）$$

（2）换路后，$t = \infty$ 时的稳态值。

在直流电路中，电路达到稳态时电感相当于短路，所以

$$u_L(\infty) = 0$$

$$i_L(\infty) = \frac{U_S - u_L(\infty)}{R} = \frac{20 - 0}{1} = 20（mA）$$

[**例 3-4**] 电路如图 3-11 所示，$U_S=10V$，$R_1 = 4\Omega$，$R_2 = 6\Omega$，$C = 4\mu F$，换路前电路已处于稳态，$t = 0$ 时开关断开。试求：

（1）换路后 $u_C$、$u_{R1}$、$u_{R2}$ 的初始值；

（2）电路达到新的稳态后，$u_C$、$u_{R1}$ 的稳态值。

**解：**（1）$t = 0_+$ 时的初始值。

由于换路前开关闭合，电路已处于稳态，故可将电容视为开路，则

$$u_C(0_-) = u_{R2}(0_-) = \frac{R_2}{R_1 + R_2}U_S = \frac{6}{4+6} \times 10 = 6（V）$$

由换路定律可得

$$u_C(0_+) = u_C(0_-) = 6V$$

换路后的电路如图 3-12 所示，由图可求得

$$u_{R1}(0_+) = U_S - u_C(0_+) = 10 - 6 = 4（V）$$

$$u_{R2}(0_+) = 0$$

（2）换路后，$t = \infty$ 时的稳态值。

在直流电路中，电路达到稳态时电容相当于开路，所以电路中电流为 0。

$$u_C(\infty) = U_S = 10V$$

$$u_{R1}(\infty) = 0$$

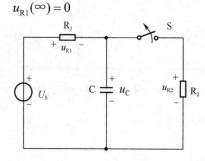 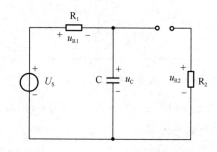

图 3-11　例 3-4 题图　　　　图 3-12　例 3-4 换路后的电路

**随堂练习**

电路如图 3-13 所示，已知开关动作前电路已处于稳态，求开关动作后电路中各电压、电流的初始值与新的稳态值。

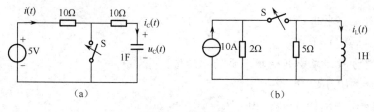

图 3-13　随堂练习

**【任务解决】**

在如图 3-1 所示电路中，电阻是耗能元件，开关动作后电路中无过渡过程，所以灯泡 L$_1$ 立即发亮且亮度不变；电容 C 是储能元件，电容两端电压开始为 0，开关合上后，电源对电容充

电，由于开始充电时电流较大，故灯泡较亮，随着电容电压逐渐增大，充电电流变小，所以 $L_2$ 由亮逐渐变暗，直到电容所在支路电流为 0，灯泡 $L_2$ 熄灭；电感 L 也是储能元件，电路存在过渡过程，电感上的电流是逐渐增大的，所以 $L_3$ 由暗逐渐变亮，最后达到一定亮度。

# 任务二　一阶动态电路响应

## 【学习目标】

（1）掌握零输入响应、零状态响应和全响应的概念。
（2）掌握 RC、RL 串联电路的瞬态过程、时间常数的概念。
（3）掌握一阶电路的三要素分析法。

## 【任务导入】

有一个 $100\mu F$ 的电容器，当用万用表的"$R\times 1k$"挡检测其质量时，如果出现下列现象之一，试评估其质量的优劣并说明原因。
（1）表针不动。
（2）表针满偏转。
（3）表针偏转后慢慢返回。
（4）表针偏转后不能返回原刻度（∞）处。

## 【知识链接】

### 一、一阶 RC 电路的响应

对于含有一个电容或一个电感的电路，我们称之为一阶电路或一阶动态电路。

1．一阶 RC 电路的零输入响应

动态电路的响应可以由外施激励引起，也可以由动态元件的初始储能（或者说初始条件）引起，或者由两者共同引起。动态电路在没有外施激励（输入为零）的情况下，仅由动态元件的初始储能引起的响应称为零输入响应。

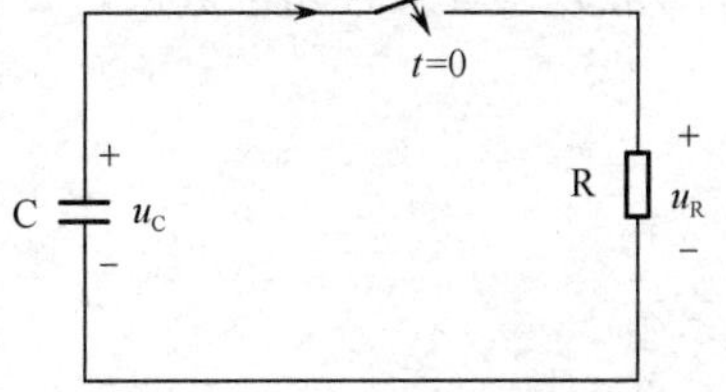

如图 3-14 所示，电容 C 在开关 S 闭合前已充电，其电压为 $U_0$。开关闭合后，电容将通过电阻放电，电路的响应仅由电容的初始储能引起，故属于零输入响应。

$t=0$ 时，开关 S 闭合。开关闭合后，在图 3-14 所示参考方向下，根据 KVL 得

图 3-14　一阶 RC 电路的零输入响应

$$u_R - u_C = 0 \tag{3-2}$$

将 $u_R = Ri$，$i = -C\dfrac{du_C}{dt}$ 代入式（3-2），得

$$RC\frac{\mathrm{d}u_\mathrm{C}}{\mathrm{d}t} + u_\mathrm{C} = 0 \qquad (3\text{-}3)$$

这是一个以 $u_\mathrm{C}$ 为变量的一阶常系数齐次微分方程，它的通解为指数型函数，即

$$u_\mathrm{C} = Ae^{pt} \qquad (3\text{-}4)$$

将式（3-4）代入式（3-3）可得特征方程

$$RCp + 1 = 0$$

特征方程的根为

$$p = -\frac{1}{RC} \qquad (3\text{-}5)$$

将式（3-5）代入式（3-4）可得

$$u_\mathrm{C} = Ae^{-\frac{t}{RC}} \qquad (3\text{-}6)$$

将初始条件 $u_\mathrm{C}(0_+) = u_\mathrm{C}(0_-) = U_0$ 代入式（3-6），得

$$u_\mathrm{C}(0_+) = Ae^{-\frac{0_+}{RC}}$$

由此可确定系数

$$A = u_\mathrm{C}(0_+) = U_0$$

所以，电容电压为

$$u_\mathrm{C} = U_0 e^{-\frac{t}{RC}} \qquad (3\text{-}7)$$

电阻电压为

$$u_\mathrm{R} = u_\mathrm{C} = U_0 e^{-\frac{t}{RC}} \qquad (3\text{-}8)$$

电路中的电流为

$$i = \frac{u_\mathrm{R}}{R} = \frac{U_0}{R} e^{-\frac{t}{RC}} \qquad (3\text{-}9)$$

从式（3-7）、式（3-8）和式（3-9）可以看出，$u_\mathrm{C}$、$u_\mathrm{R}$、$i$ 均按相同的指数规律变化。因为 $p = -\frac{1}{RC} < 0$，所以这些响应都是随时间衰减的，最终趋于 0。衰减的快慢取决于指数中 $RC$ 的大小，当 $C$ 以法拉（F）、$R$ 以欧姆（Ω）为单位时，$\tau = RC$ 的单位为秒（s），$\tau$ 称为电路的时间常数。引入时间常数后，$u_\mathrm{C}$、$u_\mathrm{R}$ 和 $i$ 可表示为

$$u_\mathrm{C} = U_0 e^{-\frac{t}{\tau}} \qquad (3\text{-}10)$$

$$u_\mathrm{R} = U_0 e^{-\frac{t}{\tau}} \qquad (3\text{-}11)$$

$$i = \frac{U_0}{R} e^{-\frac{t}{\tau}} \qquad (3\text{-}12)$$

$u_\mathrm{C}$、$u_\mathrm{R}$ 和 $i$ 随时间变化的曲线如图 3-15 所示。在放电过程中，电容发出功率，电阻吸收功率，电容所储存的电场能不断被电阻吸收并转换成热能。

从理论上讲，$t = \infty$ 时 $u_\mathrm{C}$ 才衰减为零，也就是说放电要经历无限长的时间才结束。但当 $t = 3\tau$ 时，$u_\mathrm{C}$ 已衰减为 $0.050U_0$，即为初始值的 5.0%，当 $t = 5\tau$ 时，$u_\mathrm{C}$ 已衰减为 $0.0067U_0$，即为初始值的 0.67%，因此工程上一般认为，换路后经过 $(3\sim5)\tau$ 的时间，过渡过程就会结束。

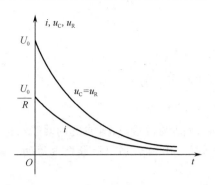

图 3-15 一阶 RC 电路的零输入响应曲线

　　时间常数体现了电路的固有性质。时间常数 $\tau$ 越小，过渡过程持续的时间越短，因此选择不同的 $R$、$C$ 参数可以控制电路放电的快慢。当 $C$ 值一定时，减小放电电阻阻值 $R$ 可以缩短放电时间，但会增大放电电流的初始值 $\dfrac{U_0}{R}$。

　　零输入响应是在零输入时由非零初始状态产生的，它取决于电路的初始状态和电路特性。因此，在求解这一响应时，首先必须知道电容电压的初始值。至于电路特性，对一阶电路来说，是通过时间常数 $\tau$ 来体现的。零输入响应都是随时间按指数规律衰减的，这是因为在没有外施激动的条件下，原有的储能总要衰减到零。在同一电路中，所有的电压和电流都具有相同的时间常数，只是初始值不同而已。

　　通过对一阶 RC 电路零输入响应的讨论可以看出，在分析电路的过渡过程时，首先要根据基尔霍夫定律和元件的电压—电流关系列出换路后的微分方程，然后解微分方程，求出电路的响应。这种直接求解微分方程的方法称为经典法。

　　[**例 3-5**] 将一个 $20\mu F$ 高压电容器从电路中断开，在断开瞬间电容电压为 10kV，如图 3-16 所示。试求：

　　（1）开关 $S_1$ 断开后，如果让电容器通过自身的绝缘电阻放电，已知绝缘电阻 $R_C=100M\Omega$，经过 30min 后，电容电压为多少？

　　（2）断开电源后，如果将该电容器通过一个外接电阻 R 放电（$S_2$ 闭合），要求最大放电电流不超过 50mA，则此放电电阻的阻值为多少？

　　（3）要使电容电压在 2min 内下降到 5V，则放电电阻的阻值不能大于多少？

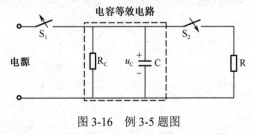

图 3-16 例 3-5 题图

　　**解：**（1）设 $t=0$ 时，电容器从电路中断开，电容电压的初始值为
$$u_C(0_+) = u_C(0_-) = 10000V$$
时间常数
$$\tau = R_C C = 100 \times 10^6 \times 20 \times 10^{-6} = 2000（s）$$

由此可得

$$u_C(t) = U_0 e^{-\frac{t}{\tau}} = 10000 e^{-\frac{t}{2000}} \,(\text{V})$$

断开后 30min（1800s）的电容电压为

$$u_C(1800) = 10000 e^{-\frac{1800}{2000}} \approx 4066\,(\text{V})$$

由此可知，含大电容的电路在断开电源后，由于电容的储能效应，电容两端仍会有很高的电压。

（2）因为最大放电电流不超过 50mA，所以取放电电流的初始值为 50mA，此时忽略电容绝缘电阻，则

$$i(0_+) = \frac{u_C(0_+)}{R} = \frac{10000}{R} = 50$$

得

$$R = 200\text{k}\Omega$$

故放电电阻的阻值应大于等于 200kΩ。

（3）要使电容电压在 2min 内下降到 5V，即

$$10000 e^{-\frac{2 \times 60}{\tau}} \leqslant 5$$

得

$$\tau \leqslant 15.79\,(\text{s})$$

而 $\tau = RC$，所以

$$RC \leqslant 15.79$$
$$R \leqslant 790\,(\text{k}\Omega)$$

故放电电阻不能大于 790kΩ。

由例 3-5 可知，含大电容的电路在断开电源后，由于电容的储能效应，电容两端仍可能会有很高的电压。所以在对含有电容的电路进行设备维护时，必须先对电容进行放电，确认电容不带电后才能进行维修，否则可能造成人身伤害。

**2．一阶 RC 电路的零状态响应**

在动态元件的初始储能为零的情况下，仅由外施激励引起的响应称为零状态响应。

如图 3-17 所示电路，电容 C 在开关 S 闭合前没有充电。$t = 0$ 时开关 S 闭合。开关闭合后，电源通过电阻对电容充电，电容的初始储能为零，电路中的响应仅由直流电压源引起，故属于零状态响应。

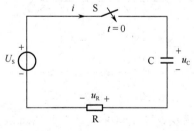

图 3-17　一阶 RC 电路的零状态响应

下面用经典法来分析和计算图 3-17 所示电路。首先以 $u_C$ 为变量，根据 KVL 列出换路后的微分方程：

$$RC\frac{\mathrm{d}u_\mathrm{C}}{\mathrm{d}t} + u_\mathrm{C} = U_\mathrm{S} \tag{3-13}$$

式（3-13）是一个一阶常系数非齐次微分方程，它的解由特解 $u'_\mathrm{C}$ 和对应的齐次微分方程的通解 $u''_\mathrm{C}$ 组成，即

$$u_\mathrm{C} = u'_\mathrm{C} + u''_\mathrm{C}$$

把电路方程的特解 $u'_\mathrm{C}$ 代入方程（3-13），则

$$RC\frac{\mathrm{d}u'_\mathrm{C}}{\mathrm{d}t} + u'_\mathrm{C} = U_\mathrm{S}$$

得方程的特解

$$u'_\mathrm{C} = U_\mathrm{S}$$

式（3-13）对应的齐次微分方程为

$$RC\frac{\mathrm{d}u_\mathrm{C}}{\mathrm{d}t} + u_\mathrm{C} = 0$$

其通解为

$$u''_\mathrm{C} = Ae^{-\frac{t}{RC}}$$

因此

$$u_\mathrm{C} = u'_\mathrm{C} + u''_\mathrm{C} = U_\mathrm{S} + Ae^{-\frac{t}{RC}} \tag{3-14}$$

将初始条件 $u_\mathrm{C}(0_+) = u_\mathrm{C}(0_-) = 0$ 代入式（3-14），可得

$$A = -U_\mathrm{S}$$

于是，电容电压为

$$u_\mathrm{C} = U_\mathrm{S} - U_\mathrm{S}e^{-\frac{t}{RC}} = U_\mathrm{S}(1 - e^{-\frac{t}{RC}}) \tag{3-15}$$

电阻电压为

$$u_\mathrm{R} = U_\mathrm{S} - u_\mathrm{C} = U_\mathrm{S}e^{-\frac{t}{RC}} \tag{3-16}$$

电路中的电流为

$$i = \frac{u_\mathrm{R}}{R} = \frac{U_\mathrm{S}}{R}e^{-\frac{t}{RC}} \tag{3-17}$$

令 $RC = \tau$，则 $\tau$ 称为电路的时间常数。一阶 RC 电路的零状态响应曲线如图 3-18 所示。在充电过程中，电源发出功率，电容和电阻吸收功率。电源发出的能量，一部分转换成电场能储存在电容中，另一部分被电阻转换成热能消耗掉。充电的快慢由时间常数 $\tau$ 决定。当 $t = 3\tau$ 时，$u_\mathrm{C} = 0.95U_\mathrm{S}$，即电容电压达到电源电压的 95%；当 $t = 5\tau$ 时，$u_\mathrm{C} = 0.99U_\mathrm{S}$，即电容电压已达到电源电压的 99%，所以一般经过 $(3\sim5)\tau$ 的时间后可以认为充电结束。

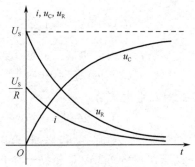

图 3-18 一阶 RC 电路的零状态响应曲线

[例 3-6] 电路如图 3-17 所示，已知 $U_\mathrm{S} = 10\mathrm{V}$、$R = 200\Omega$、$C = 0.25\mu\mathrm{F}$，电容的初始电压为零。当 $t = 0$ 时合上开关 S。开关合上后，试求：

（1）电路的时间常数；

（2）电容上的电压 $u_C$ 和电流 $i$；

（3）开关合上后 200μs 时的电压 $u_C(t)$ 和电流 $i(t)$ 的值。

**解：**（1）电路的时间常数为

$$\tau = RC = 200 \times 0.25 \times 10^{-6} = 5 \times 10^{-5} = 50 \, (\mu s)$$

（2）电容上的电压和电流分别为

$$u_C(t) = U_S(1 - e^{-\frac{t}{\tau}}) = 10(1 - e^{-\frac{t}{5 \times 10^{-5}}}) = 10(1 - e^{-2 \times 10^4 t}) \, (V)$$

$$i(t) = \frac{U_S}{R} e^{-\frac{t}{\tau}} = \frac{10}{200} e^{-2 \times 10^4 t} = 0.05 e^{-2 \times 10^4 t} A = 50 e^{-2 \times 10^4 t} \, (mA)$$

（3）将 $t = 200\mu s$ 分别代入电容电压、电流表达式中，得

$$u_C(200\mu s) = 10(1 - e^{-2 \times 10^4 \times 200 \times 10^{-6}}) = 10(1 - e^{-4}) = 9.82 \, (V)$$

$$i(200\mu s) = 50 e^{-2 \times 10^4 \times 200 \times 10^{-6}} = 50 e^{-4} = 0.92 \, (mA)$$

**［例3-7］** 电路如图 3-19（a）所示，设 $R = 8\Omega$，$C = 0.25F$，电容初始电压为零。外加电源如图 3-19（b）所示。试求：当 $t \geq 0$ 时，电容上的电压和电流。

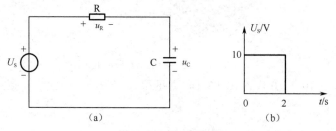

图 3-19　例 3-7 题图

**解：** 因为外施激励是一个矩形脉冲，在 $t = 0 \sim 2s$ 时 $U_S = 10V$，电容相当于从零开始被充电（并未充电到10V）；当 $t > 2s$ 时，$U_S = 0V$，此时外施激励为零，而电容却储存有电能，相当于一阶 RC 电路的零输入响应，电容放电。电路充电与放电的时间常数为

$$\tau = RC = 8 \times 0.25 = 2 \, (s)$$

当 $0 < t < 2s$ 时，根据一阶 RC 电路的零状态响应公式，得

$$u_C(t) = 10(1 - e^{-\frac{t}{2}}) = 10(1 - e^{-0.5t}) \, (V) \qquad\qquad (0 < t < 2s)$$

$$i(t) = \frac{10}{8} e^{-0.5t} = 1.25 e^{-0.5t} \, (A) \qquad\qquad (0 < t < 2s)$$

当 $t = 2s$ 时，电容上的电压为

$$U_0 = u_C(2) = 10(1 - e^{-0.5 \times 2}) = 10(1 - e^{-1}) = 6.32 \, (V)$$

此时放电电流为

$$i(2) = 1.25 e^{-1} = 0.46 \, (A)$$

当 $t > 2s$ 时，电容开始放电，电路属于零输入响应，此时电容的初始值为 $U_0 = u_C(2) = 6.32V$，根据一阶 RC 电路的零输入响应公式，得

$$u_C(t) = U_0 e^{-\frac{t-2}{\tau}} = 6.32 e^{-0.5(t-2)} \, (V) \qquad\qquad (t > 2s)$$

$$i(t) = -\frac{U_0}{R} e^{-\frac{t-2}{\tau}} = -\frac{6.32}{8} e^{-0.5(t-2)} = -0.79 e^{-0.5(t-2)} \, (A) \qquad (t > 2s)$$

负号说明电流方向与参考方向相反，电容上电压、电流的响应曲线分别如图 3-20（a）和图 3-20（b）所示。

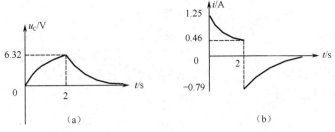

图 3-20　例 3-7 电容上电压、电流的响应曲线

### 3. 一阶 RC 电路的全响应

由前面的讨论可知，仅由动态元件初始储能引起的响应称为零输入响应；仅由外施激励引起的响应称为零状态响应。而在实际电路中，动态电路的响应往往是由外施激励和动态元件的储能共同产生的，在外施激励和动态元件的储能这两者共同作用下产生的响应称为完全响应或全响应。

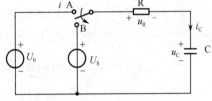

一阶 RC 电路的全响应如图 3-21 所示。当 $t<0$ 时，开关接在 A 端，电路处于稳态。因而，在开关倒向 B 端之前电容器已经充电至 $U_0$，故 $u_C(0_-)=U_0$。当 $t=0$ 时，开关倒向 B 端。当 $t>0$ 时，该电路满足的微分方程为

图 3-21　一阶 RC 电路的全响应

$$RC\frac{du_C(t)}{dt}+u_C(t)=U_S \tag{3-18}$$

根据换路定律

$$u_C(0_+)=u_C(0_-)=U_0$$

求解该一阶微分方程，可得此微分方程的解为

$$u_C(t)=U_S+(U_0-U_S)e^{-\frac{t}{RC}} \tag{3-19}$$

从而得到

$$u_R(t)=U_S-u_C(t)=(U_S-U_0)e^{-\frac{t}{RC}} \tag{3-20}$$

$$i(t)=\frac{u_R(t)}{R}=\frac{U_S-U_0}{R}e^{-\frac{t}{RC}} \tag{3-21}$$

若 $U_0<U_S$，则电容在换路后继续充电，$u_C$ 随时间变化的曲线如图 3-22（a）所示；若 $U_0>U_S$，则电容在换路后放电，$u_C$ 随时间变化的曲线如图 3-22（b）所示；若 $U_0=U_S$，则电容在换路后既不充电也不放电，电路不发生过渡过程，$u_C$ 随时间变化的曲线如图 3-22（c）所示。

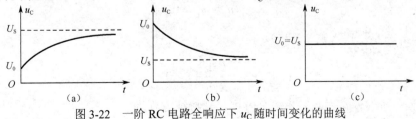

图 3-22　一阶 RC 电路全响应下 $u_C$ 随时间变化的曲线

式（3-19）表示 $u_C(t)$ 由两个分量组成，其中第一项为稳态分量，第二项为暂态分量。因此，全响应又等于稳态分量与暂态分量的叠加，即

$$全响应=稳态分量+暂态分量 \tag{3-22}$$

换路后，既有稳态分量，又有暂态分量，电路进入过渡过程，当暂态分量衰减为零时，只剩下稳态分量，过渡过程结束，进入新的稳态。暂态分量衰减越慢，过渡过程持续的时间越长。如果换路后，没有暂态分量，电路就不出现过渡过程，立即进入稳态。

式（3-19）也可以改写成

$$u_C(t) = U_0 e^{\frac{-t}{RC}} + U_S(1 - e^{\frac{-t}{RC}}) \tag{3-23}$$

式（3-23）中第一项称为零输入响应，它是电路在没有独立电源作用时，仅由初始储能引起的响应；第二项称为零状态响应，它是电路初始储能为零，仅由独立电源引起的响应。所以线性电路的全响应等于零输入响应和零状态响应的叠加，即

$$全响应=零输入响应+零状态响应 \tag{3-24}$$

这是叠加原理在线性动态电路中的体现。

把全响应分解为稳态分量与暂态分量，便于分析电路的工作状态。把全响应分解为零输入响应和零状态响应，便于分析响应与激励的因果关系。

## 二、一阶 RL 电路的响应

### 1. 一阶 RL 电路的零输入响应

一阶 RL 电路响应的分析求解方法和一阶 RC 电路响应的分析求解方法类似，如图 3-23 所示。

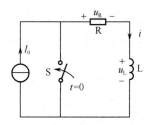

图 3-23　一阶 RL 电路的零输入响应

在换路前，开关 S 断开，电感元件中通有电流，$i(0_-) = I_0$。在 $t=0$ 时将开关 S 闭合，使电感脱离电源，RL 电路被短路。开关动作瞬时，$i_L(0_+) = i_L(0_-) = I_0$，电感元件储有能量，此后电流逐渐变小，能量逐渐被电阻 R 消耗。

根据 KVL 得

$$u_R + u_L = 0 \tag{3-25}$$

将 $u_R = Ri$ 和 $u_L = L\dfrac{di}{dt}$ 代入式（3-25），得

$$\frac{L}{R}\frac{di}{dt} + i = 0 \tag{3-26}$$

式（3-26）为一阶线性常系数齐次微分方程，其特征方程为

$$\frac{L}{R}p + 1 = 0$$

特征根为

$$p = -\frac{R}{L}$$

因此，微分方程（3-26）的通解为

$$i = Ae^{pt} = Ae^{-\frac{R}{L}t}$$

由初始条件可确定

$$A = i(0_+) = I_0$$

所以，RL 电路的零输入响应为

$$i = I_0 e^{-\frac{R}{L}t} \tag{3-27}$$

令 $\frac{L}{R} = \tau$，则 $\tau$ 称为 RL 电路的时间常数，单位为秒（s）。于是得到

$$i = I_0 e^{-\frac{t}{\tau}} \tag{3-28}$$

与一阶 RC 电路一样，$\tau$ 越小，过渡过程进行得就越快。时间常数 $\tau$ 正比于 $L$，反比于 $R$。改变电路中 $R$ 或 $L$ 的值，可以影响过渡过程的快慢。大约经过（3～5）$\tau$ 的时间后，过渡过程基本结束。

$u_L$、$u_R$ 的响应为

$$u_L = L\frac{\mathrm{d}i}{\mathrm{d}t} = -I_0 R e^{-\frac{t}{\tau}} \tag{3-29}$$

$$u_R = R \cdot i = I_0 R e^{-\frac{t}{\tau}} \tag{3-30}$$

一阶 RL 电路的零输入响应曲线如图 3-24 所示。$u_L$ 为负值表示此时电感元件的实际电压极性与参考极性相反。

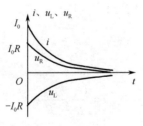

图 3-24 一阶 RL 电路的零输入响应曲线

### 2．一阶 RL 电路的零状态响应

如图 3-25 所示 RL 电路，开关 S 未闭合前，由于电路开路，故电流为零。由于换路前电感元件未储存能量，所以当接通直流电压源后，电路将产生零状态响应。

$t = 0$ 时，开关 S 闭合。在图示参考方向下，根据 KVL 得

$$U_S = u_R + u_L \tag{3-31}$$

将 $u_R = Ri$，$u_L = L\frac{\mathrm{d}i}{\mathrm{d}t}$ 代入式（3-31），得

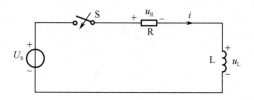

图 3-25　一阶 RL 电路的零状态响应

$$L\frac{\mathrm{d}i}{\mathrm{d}t} + iR = U_S$$

所以

$$\frac{L}{R}\frac{\mathrm{d}i}{\mathrm{d}t} + i = \frac{U_S}{R} \tag{3-32}$$

式（3-32）是一个一阶常系数非齐次微分方程，它的解由特解 $i'$ 和对应的齐次微分方程的通解 $i''$ 组成，即

$$i = i' + i'' \tag{3-33}$$

其中方程的特解

$$i' = \frac{U_S}{R}$$

式（3-32）对应的齐次微分方程为

$$\frac{L}{R}\frac{\mathrm{d}i}{\mathrm{d}t} + i = 0$$

其通解为

$$i'' = A\mathrm{e}^{-\frac{R}{L}t}$$

因此

$$i = i' + i'' = \frac{U_S}{R} + A\mathrm{e}^{-\frac{R}{L}t} \tag{3-34}$$

将初始条件 $i(0_+) = i(0_-) = 0$ 代入式（3-34），可得

$$A = -\frac{U_S}{R}$$

于是，电感电流为

$$i = \frac{U_S}{R} - \frac{U_S}{R}\mathrm{e}^{-\frac{R}{L}t} \tag{3-35}$$

电阻电压为

$$u_R = Ri = U_S - U_S\mathrm{e}^{-\frac{R}{L}t} \tag{3-36}$$

电感电压为

$$u_L = U_S - Ri = U_S\mathrm{e}^{-\frac{R}{L}t} \tag{3-37}$$

令式（3-37）中 $\frac{L}{R} = \tau$，$\tau$ 是 RL 电路的时间常数。一阶 RL 电路的零状态响应曲线如图 3-26 所示。

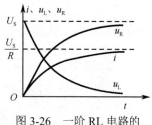

图 3-26　一阶 RL 电路的零状态响应曲线

### 3. 一阶 RL 电路的全响应

与电容电路类似，电感电路的全响应为零输入响应和零状态响应的叠加。

**[例 3-8]** 电路如图 3-27 所示，$t=0$ 时开关 S 闭合，闭合前电路已处于稳态。已知 $R_1 = 15\text{k}\Omega$，$R_2 = 5\text{k}\Omega$，$U_S = 20\text{V}$，$L = 10\text{mH}$。试求：

（1）开关闭合后的 $i$、$u_L$ 全响应；

（2）开关闭合 $t = 2\mu\text{s}$ 时的电流值；

（3）开关闭合后多长时间电流升至 3mA。

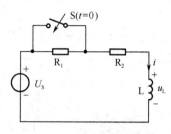

图 3-27  例 3-8 题图

**解：** （1）当 $t = 0_-$ 时，有

$$i(0_-) = \frac{20}{15+5} = 1\,(\text{mA})$$

由换路定律可知，当 $t = 0_+$ 时，有

$$i(0_+) = i(0_-) = 1\text{mA}$$

当 $t > 0$ 时，电路方程为

$$L\frac{\mathrm{d}i(t)}{\mathrm{d}t} + R_2 i(t) = U_S$$

在初始条件下，方程的解为

$$i(t) = (4 - 3\mathrm{e}^{-5\times10^5 t})\,(\text{mA})$$

$$
\begin{aligned}
u_L(t) = L\frac{\mathrm{d}i(t)}{\mathrm{d}t} &= 10\times10^{-3}\times\frac{\mathrm{d}(4-3\mathrm{e}^{-5\times10^5 t})}{\mathrm{d}t}\\
&= 15000\mathrm{e}^{-5\times10^5 t}\,(\text{mV})\\
&= 15\mathrm{e}^{-5\times10^5 t}\,(\text{V})
\end{aligned}
$$

（2）当 $t = 2\mu\text{s}$ 时，有

$$i(2) = 4 - 3\mathrm{e}^{-5\times10^5\times2\times10^{-6}} = 4 - 3\times0.368 \approx 2.90\,(\text{mA})$$

（3）当电流升至 3 mA 时，有

$$i(t) = 4 - 3\mathrm{e}^{-5\times10^5 t} = 3$$

求得  $t = 2.2\times10^{-6}\text{s} = 2.2\mu\text{s}$

电流、电压的响应波形如图 3-28 所示。

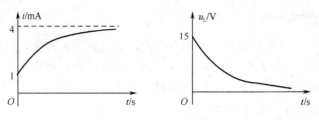

图 3-28　例 3-8 解题波形图

随堂练习

电路如图 3-29 所示，在开关 S 闭合前电路已处于稳态，$t=0$ 时开关 S 闭合。求换路后电路电压、电流的变化规律，并绘出它们的变化曲线。

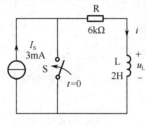

图 3-29　随堂练习

## 三、一阶电路的三要素分析

由前面的分析可知，只要是一阶电路，无论是简单的还是复杂的，换路后电路在外部激励和内部储能的共同作用下所产生的响应 $f(t)$，都从各自的初始值 $f(0_+)$ 开始，按一定的指数规律逐渐增长（或衰减）到各自的稳态值 $f(\infty)$，并且在同一电路中各种响应 $f(t)$ 均按同一指数规律变化。

由式（3-19）可知，一阶线性电路的全响应是稳态分量和暂态分量两部分的叠加，从而可推导得出

$$f(t) = f(\infty) + [f(0_+) - f(\infty)]e^{-\frac{t}{\tau}} \qquad (3-38)$$

式（3-38）是分析一阶线性电路暂态过程的一般公式。只要确定了电路中的初始值 $f(0_+)$、稳态值 $f(\infty)$ 和时间常数 $\tau$ 这 3 个值，将它们代入式（3-38）中，那么一阶线性电路的暂态过程也就完全确定了。式中 $f(0_+)$、$f(\infty)$ 和 $\tau$ 为一阶线性电路暂态分析的三要素，式（3-38）称为一阶线性电路暂态分析的三要素公式，用式（3-38）分析一阶线性电路的方法称为三要素法。其中时间常数为

$$\tau = RC \text{ 或 } \tau = \frac{L}{R} \qquad (3-39)$$

三要素法是对经典法求解一阶线性电路暂态过程的概括和总结，应用三要素法的关键在于对三要素的求解。一阶电路中的电压或电流都可以利用式（3-38）来求解。式中，$f(t)$既可以代表电压，也可以代表电流。

确定三要素的值的方法如下所述。

（1）初始值 $f(0_+)$ 是 $t=0_+$ 时刻电路中电压或电流的值，用换路定律及初始值计算中介绍的方法求取。

（2）稳态值 $f(\infty)$ 是换路很长时间后电路重新达到稳态的值。求取该值时，电容视作开路，电感视作短路。

（3）时间常数 $\tau$ 的大小反映了过渡过程的快慢。在 RC 电路中，$\tau = RC$；在 RL 电路中，$\tau = \dfrac{L}{R}$。其中 $R$ 应是电路换路后把电容（电感）断开，再从电容（电感）断开的两端往里看，该二端网络除源后的等效电阻（戴维南等效电阻）。对电容电路来说，当 $R$ 的单位是欧姆（$\Omega$），$C$ 的单位是法拉（F）时，$\tau$ 的单位是秒（s）；对电感电路来说，当 $R$ 的单位是欧姆（$\Omega$），$L$ 的单位是亨利（H）时，$\tau$ 的单位是秒（s）。

**注意：**

（1）三要素法仅适用于一阶线性电路。

（2）一阶线性电路的任何响应都具有式（3-38）的形式。

（3）在同一个一阶线性电路中的各响应均具有相同的时间常数。

[**例 3-9**] 电路如图 3-30 所示，开关闭合前电路已经稳定，用三要素法求开关闭合后的 $u_C(t)$、$i_C(t)$，并画出 $u_C(t)$ 和 $i_C(t)$ 的响应曲线。

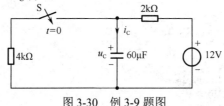

图 3-30 例 3-9 题图

**解：**（1）初始值。开关动作前，电路已达稳态，电容相当于开路，$t=0_-$ 时的等效电路如图 3-31（a）所示，由图可知

$$u_C(0_-) = 12\text{V}$$

由换路定律可得

$$u_C(0_+) = u_C(0_-) = 12\text{V}$$

开关动作后的电路如图 3-31（b）所示，则

$$i_1(0_+) = \frac{u_C(0_+)}{4} = \frac{12}{4} = 3\,(\text{mA})$$

$$i_2(0_+) = \frac{u_C(0_+) - 12}{2} = \frac{12 - 12}{2} = 0$$

$$i_C(0_+) = -i_1(0_+) - i_2(0_+) = -3\text{mA}$$

（2）稳态值。$t=\infty$ 时的等效电路如图 3-31（c）所示，此时电路已达稳态，电容相当于开路，由图可得

$$i_C(\infty) = 0$$

$$u_C(\infty) = \frac{4}{4+2} \times 12 = 8\,(\text{V})$$

（3）时间常数。求时间常数中电阻的等效电路如图 3-31（d）所示，从电容断开处向里看，可得

$$R_{\text{eq}} = \frac{2 \times 4}{2+4} = \frac{4}{3}\,(\text{k}\Omega)$$

所以

$$\tau = R_{eq}C = \frac{4}{3} \times 10^3 \times 60 \times 10^{-6} = 0.08\,(\mathrm{s})$$

（4）将上述计算结果代入三要素公式。

$$u_C = u_C(\infty) + [u_C(0_+) - u_C(\infty)]e^{-\frac{t}{\tau}}$$

$$= 8 + (12 - 8)e^{-\frac{t}{0.08}}$$

$$= (8 + 4e^{-\frac{t}{0.08}})\,(\mathrm{V})\,(t \geq 0)$$

$$i_C = i_C(\infty) + [i_C(0_+) - i_C(\infty)]e^{-\frac{t}{\tau}}$$

$$= 0 + (-3 - 0)e^{-\frac{t}{0.08}}$$

$$= -3e^{-\frac{t}{0.08}}\,(\mathrm{mA})\,(t \geq 0)$$

电流 $i_C$ 也可以在用三要素法得到电压 $u_C$ 后，用公式 $i_C = C\dfrac{\mathrm{d}u_C}{\mathrm{d}t}$ 求得，即

$$i_C = C\frac{\mathrm{d}u_C}{\mathrm{d}t} = 60 \times 10^{-6} \times \frac{\mathrm{d}(8 + 4e^{-\frac{t}{0.08}})}{\mathrm{d}t}$$

$$= 60 \times 10^{-6} \times \left(-\frac{1}{0.08}\right) \times 4e^{-\frac{t}{0.08}}$$

$$= -3e^{-\frac{t}{0.08}}\,(\mathrm{mA})$$

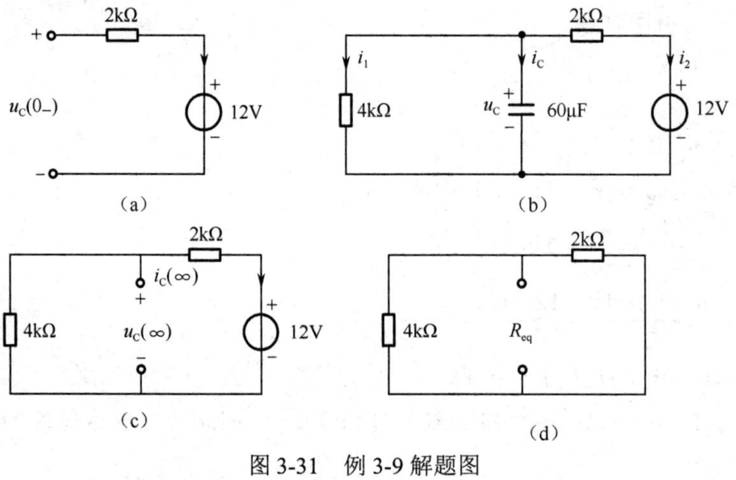

图 3-31 例 3-9 解题图

$u_C(t)$、$i_C(t)$ 的响应曲线如图 3-32 所示。

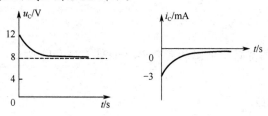

图 3-32 $u_C(t)$ 和 $i_C(t)$ 的响应曲线

[**例 3-10**] 电路如图 3-33 所示，已知 $U_{S1}=8V$，$U_{S2}=4V$，$R_1=2\Omega$，$R_2=2\Omega$，$L=8mH$。开关在位置 A 时电路已稳定，当 $t=0$ 时将开关拨至位置 B，用三要素法求 $t \geq 0$ 时电流 $i(t)$、$i_L(t)$ 与电压 $u_L(t)$。

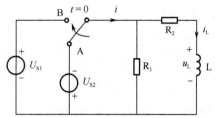

图 3-33 例 3-10 题图

**解:**（1）初始值。开关动作前，电路已达稳态，电感相当于短路，$t=0_-$ 时的等效电路如图 3-34（a）所示，由图可知

$$i(0_-) = -\frac{U_{S2}}{R_1 // R_2} = -\frac{4}{2 // 2} = -4\,(\text{A})$$

$$i_L(0_-) = \frac{R_1}{R_1 + R_2} i(0_-) = \frac{2}{2+2} \times (-4) = -2\,(\text{A})$$

由换路定律可得

$$i_L(0_+) = i_L(0_-) = -2\text{A}$$

开关动作后的电路如图 3-34（b）所示，则

$$i_1(0_+) = \frac{U_{S1}}{R_1} = \frac{8}{2} = 4\,(\text{A})$$

$$i(0_+) = i_1(0_+) + i_L(0_+) = 4 + (-2) = 2\,(\text{A})$$

$$u_L(0_+) = U_{S1} - i_L(0_+)R_2 = 8 - (-2) \times 2 = 12\,(\text{V})$$

（2）稳态值。$t = \infty$ 时的等效电路如图 3-34（c）所示，由图可得

$$i(\infty) = \frac{U_{S1}}{R_1 // R_2} = \frac{8}{2 // 2} = 8\,(\text{A})$$

$$i_L(\infty) = \frac{R_1}{R_1 + R_2} i(\infty) = \frac{2}{2+2} \times 8 = 4\,(\text{A})$$

$$u_L(\infty) = 0$$

（3）时间常数。求时间常数中电阻的等效电路如图 3-34（d）所示，由图可求得

$$R_{eq} = R_2 = 2\Omega$$

所以

$$\tau = \frac{L}{R_{eq}} = \frac{8}{2} = 4\,(\text{ms}) = 0.004\,(\text{s})$$

（4）将上述计算结果代入三要素公式。

$$i = i(\infty) + [i(0_+) - i(\infty)]e^{-\frac{t}{\tau}}$$

$$= 8 + (2-8)e^{-\frac{t}{0.004}}$$

$$= (8 - 6e^{-250t})\,(\text{A}) \quad (t \geq 0)$$

$$i_L = i_L(\infty) + [i_L(0_+) - i_L(\infty)]e^{-\frac{t}{\tau}}$$

$$= 4 + (-2-4)e^{-\frac{t}{0.004}}$$

$$= (4 - 6e^{-250t})(\text{A})\,(t \geqslant 0)$$

$$u_L = u_L(\infty) + [u_L(0_+) - u_L(\infty)]e^{-\frac{t}{\tau}}$$

$$= 0 + (12 - 0)e^{-\frac{t}{0.004}}$$

$$= 12e^{-250t}\,(\text{V})\,(t \geqslant 0)$$

$u_L$ 也可以在用三要素法求出 $i_L$ 后，用公式 $u_L = L\dfrac{\mathrm{d}i_L}{\mathrm{d}t}$ 求取，即

$$u_L = L\frac{\mathrm{d}i_L}{\mathrm{d}t} = 8 \times 10^{-3} \times \frac{\mathrm{d}(4 - 6e^{-250t})}{\mathrm{d}t}$$

$$= 8 \times 10^{-3} \times (-6) \times (-250) \times e^{-250t}$$

$$= 12e^{-250t}\,(\text{V})$$

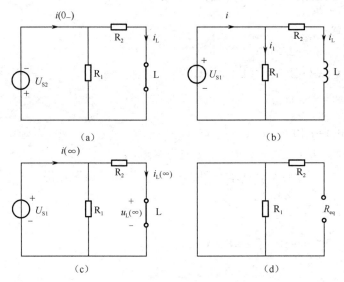

图 3-34　例 3-10 解题图

[**例 3-11**]　如图 3-35 所示电路原先已稳定，已知 $U_S = 60\text{V}$，$R_1 = 200\Omega$，$R_2 = 400\Omega$，$R_3 = 80\Omega$，$L = 1\text{H}$，$C = 4\mu\text{F}$，试求换路后的 $u_L$、$i_1$、$i_3$ 和 $i_4$。

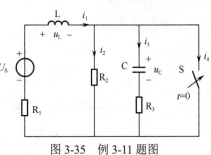

图 3-35　例 3-11 题图

**解：**此电路虽含有两个动态元件，但开关 S 闭合后，C 与 $R_3$ 串联的支路、$R_2$ 支路均被短路，L 与 C 互不影响，它们各自形成独立的一阶电路，所以电路属于一阶电路，可以用一阶电路的三要素法进行计算。

（1）初始值。开关动作前，电路已达稳态，电感相当于短路，电容相当于开路，$t = 0_-$ 时的等效电路如图 3-36（a）所示，由图可知

$$i_1(0_-) = i_2(0_-) = \frac{U_S}{R_1 + R_2} = \frac{60}{200 + 400} = 0.1\,(\text{A})$$

$$u_C(0_-) = R_2 i_2(0_-) = 400 \times 0.1 = 40\,(\text{V})$$

由换路定律可得

$$i_1(0_+) = i_1(0_-) = 0.1\text{A}$$

$$u_C(0_+) = u_C(0_-) = 40\text{V}$$

开关动作后的电路如图 3-36（b）所示，由回路 I 得

$$R_1 i_1(0_+) - U_S + u_L(0_+) = 0$$

$$u_L(0_+) = -R_1 i_1(0_+) + U_S = -200 \times 0.1 + 60 = 40\,(\text{V})$$

由回路 II 得

$$u_C(0_+) + R_3 i_3(0_+) = 0$$

$$i_3(0_+) = \frac{-u_C(0_+)}{R_3} = \frac{-40}{80} = -0.5\,(\text{A})$$

$$i_2(0_+) = 0$$

（2）稳态值。开关闭合后一段时间，电路再次达到稳态，把电感看成短路，电容看成开路，如图 3-36（c）所示，由图可知

$$i_1(\infty) = \frac{U_S}{R_1} = \frac{60}{200} = 0.3\,(\text{A})$$

$$u_L(\infty) = 0$$

$$i_3(\infty) = 0$$

$$i_2(\infty) = 0$$

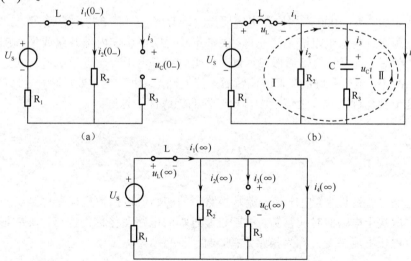

图 3-36　例 3-11 解题图

（3）求时间常数。

$$\tau_1 = \frac{L}{R_1} = \frac{1}{200} = 0.005\,(\text{s})$$

$$\tau_2 = R_3 C = 80 \times 4 \times 10^{-6} = 3.2 \times 10^{-4}\,(\text{s})$$

（4）将上述计算结果代入三要素公式。

$$u_L = u_L(\infty) + [u_L(0_+) - u_L(\infty)]e^{-\frac{t}{\tau_1}} = 40e^{-200t} \text{（V）}$$

$$i_1 = i_1(\infty) + [i_1(0_+) - i_1(\infty)]e^{-\frac{t}{\tau_1}} = 0.3 + (0.1 - 0.3)e^{-200t} = (0.3 - 0.2e^{-200t}) \text{（A）}$$

$$i_3 = i_3(\infty) + [i_3(0_+) - i_3(\infty)]e^{-\frac{t}{\tau_2}} = -0.5e^{-3125t} \text{（A）}$$

$$i_2 = i_2(\infty) + [i_2(0_+) - i_2(\infty)]e^{-\frac{t}{\tau_2}} = 0$$

（5）由 KCL 得

$$i_4 = i_1 - i_2 - i_3 = (0.3 - 0.2e^{-200t}) - 0 - (-0.5e^{-3125t}) = (0.3 - 0.2e^{-200t} + 0.5e^{-3125t}) \text{（A）}$$

**随堂练习**

在如图 3-37 所示电路中，在开关 S 闭合前电路已处于稳态，$t=0$ 时开关 S 闭合。求换路后电路时间常数 $\tau$、电容电压的初始值与稳态值，写出它的变化规律，并画出其响应曲线。

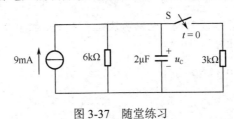

图 3-37　随堂练习

**【任务解决】**

当用万用表的"$R \times 1000$"挡检测电容质量时，万用表的表笔与电容接在一起，相当于万用表内部的电源通过内部电阻给电容充电。表针不动说明电容器内部开路或失效；表针满偏转说明电容器内部短路；表针偏转后慢慢返回，说明电容充电正常，即开始充电电流较大，以后充电电流逐渐减小，电容是好的；表针偏转后不能返回原刻度（∞）处，说明电容存在漏电阻，其值一般为几十到几百兆欧，阻值越大，电容器的绝缘性能越好。

# 小　　结

在一阶电路过渡过程中，电压和电流从换路后的初始值按指数规律变化到稳态值。过渡过程进行的快慢取决于电路的时间常数。引起过渡过程的电路变化称为换路。换路前后瞬间，电感电流、电容电压不能突变，称为换路定律，即

$$\begin{cases} u_C(0_+) = u_C(0_-) \\ i_L(0_+) = i_L(0_-) \end{cases}$$

利用换路定律和等效电路，可求得电路中各电流、电压的初始值。

零输入响应是动态电路在没有外施激励（输入为零）的情况下，仅由动态元件的初始储能引起的响应。其形式为 $f(t) = f(0_+)e^{-\frac{t}{\tau}}$（$t \geq 0$），式中，$f(0_+)$ 是响应的初始值，$\tau$ 是电路的时

在正弦交流量表达式中，反映交流电变化快慢的特征量是角频率。角频率是单位时间内正弦量所经历的电角度，用$\omega$表示。在一个周期$T$内，正弦量经历的电角度为$2\pi$弧度，则角频率为

$$\omega = \frac{2\pi}{T} = 2\pi f \qquad (4\text{-}2)$$

角频率的单位为弧度/秒（rad/s）。

式（4-2）表示了周期$T$、频率$f$、角频率$\omega$ 3个量之间的关系，它们从不同的角度反映了正弦量变化的快慢，只要知道其中的一个量，就可以得到其他两个量。

2. 交流电的幅值

反映正弦量大小的物理量有最大值和有效值。

正弦交流电每一时刻的对应值称为瞬时值。一般用小写字母表示，如$i$表示瞬时电流，$u$表示瞬时电压。瞬时值的大小和方向随时间不断变化，为了表示每一瞬间的数值及方向，必须指定参考方向，这样正弦量就用代数量来表示，并根据其正负确定正弦量的实际方向。

正弦量的幅值又称峰值或振幅值，它是正弦量在整个变化过程中所能达到的最大值，用大写字母加下标 m 标注，如$I_m$、$U_m$。

我们平常所说的电压高低、电流大小或用电器上的标称电压或标称电流指的是有效值。正弦量的有效值是根据正弦交流电的热效应确定的，用来反映交流电能量转换的实际效果。以交流电流为例，它的有效值定义是：假设一个交流电流$i$通过电阻 R 在一个周期$T$内所产生的热量，与直流电流$I$通过同一电阻 R 在相同时间$T$内所产生的热量相等，则这个直流电流$I$的数值称为该交流电流$i$的有效值。根据定义有

$$I^2 RT = \int_0^T i^2 R\mathrm{d}t$$

上式中右侧为交流电流$i$在一个周期$T$内产生的热量，左侧为直流电流$I$在相同时间$T$内产生的热量，所以有效值的表达式为

$$I = \sqrt{\frac{1}{T}\int_0^T i^2 \mathrm{d}t} \qquad (4\text{-}3)$$

由式（4-3）可知，有效值为交流电流瞬时值的平方在一个周期内积分的平均值再开方所得的根，因此，有效值也称方均根值。把该定义式中的电流换成电压，即为电压的有效值计算公式。有效值用大写字母来表示，如$I$、$U$。

将式（4-1）的正弦量代入式（4-3），可得有效值与幅值的关系为

$$\begin{cases} I = \dfrac{I_m}{\sqrt{2}} \\ U = \dfrac{U_m}{\sqrt{2}} \end{cases} \qquad (4\text{-}4)$$

正弦量的有效值等于其幅值除以$\sqrt{2}$，或者说正弦量的幅值等于其有效值的$\sqrt{2}$倍，因此，式（4-1）表示的正弦交流电也可写成

$$\begin{cases} u = \sqrt{2}U \sin(\omega t + \psi_u) \\ i = \sqrt{2}I \sin(\omega t + \psi_i) \end{cases} \qquad (4\text{-}5)$$

平时所说的民用电压 220V 指的是交流电的有效值，其最大值约为 311V。常用的测量交

## 三、用复数表示正弦量（相量法）

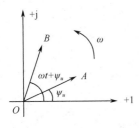

图 4-10　正弦量的相量图

如图 4-10 所示，设复数 $A = U_m \angle \psi_u = U_m e^{j\psi_u}$ 以 $\omega$ rad/s 的速度逆时针绕原点旋转，经时间 $t$ 转过的角度为 $\omega t$，得到复数 $B$，则

$$B = U_m e^{j(\omega t + \psi_u)} = U_m \angle (\omega t + \psi_u)$$

把复数 $B$ 写成三角函数形式，得

$$B = U_m \cos(\omega t + \psi_u) + j U_m \sin(\omega t + \psi_u)$$

可以看出，复数 $B = U_m \angle (\omega t + \psi_u)$ 的虚部与正弦量 $u = U_m \sin(\omega t + \psi_u)$ 相同，由于复数与正弦量之间有一一对应关系，所以可以用复数表示正弦量。用复数表示正弦量的方法称为相量表示法，简称相量法。

所谓正弦量的有效值相量，就是分别用复数的模和辐角来表示正弦量的有效值和初相位。有效值相量表示为

$$\dot{U} = U \angle \psi_u \qquad (4\text{-}13)$$

式（4-13）中的 $\dot{U}$ 是一个复数，它的模是交流电压 $u$ 的有效值 $U$，幅角是正弦电压 $u$ 的初相位 $\psi_u$。

若分别用复数的模和辐角来表示正弦量的最大值和初相位，则称幅值相量，幅值相量表示为

$$\dot{U}_m = U_m \angle \psi_u \qquad (4\text{-}14)$$

在正弦交流电路中，由于所有负载响应都是和电源激励同频率的正弦量，即在同一正弦激励作用下，电路中正弦量的频率均相同，它们之间的相对位置在任何瞬间均不会改变，因此表示正弦量三要素之一的角频率就不必加以区分，仅用含正弦量有效值（或最大值）及初相位的表达式来表示各正弦量即可。分析上面的式子可以看出，一个复数的模和幅角正好能反映正弦量的这两个要素。

相量用大写字母上面加小圆点来表示，如 $\dot{U}_m$ 或 $\dot{U}$ 表示电压相量，$\dot{I}_m$ 或 $\dot{I}$ 表示电流相量，其中有下角标"m"的表示最大值形式的相量，即幅值相量，没有下角标"m"的表示有效值形式的相量。一般默认用有效值形式的相量来表示正弦量。此外，虽然正弦量与相量之间存在一一对应关系，但相量只是用来表示正弦量的复数形式，与正弦量不是相等的关系。

相量也可以用复平面上的有向线段表示，这种表示相量的图形称为相量图。图 4-11（a）为 $\dot{U}$ 和 $\dot{I}$ 的相量图。由该图可知，在相量图中可以直观清楚地反映各正弦量之间的相位关系。注意，只有同频率的正弦量，其相量才能画在同一复平面上。

在画相量图时，为了使图形更清楚，可不画出实轴、虚轴，如图 4-11（b）所示。

[**例 4-12**] 将正弦量 $u_1 = 10\sqrt{2}\sin(100t+60°)$V、$u_2 = 20\sqrt{2}\sin(100t+90°)$V 和 $i = 50\sin(100t-45°)$ mA 用相量形式表示，并画出它们的相量图。

**解**：有效值形式的相量为

$$\dot{U}_1 = 10\angle 60° \text{ V}$$

$$\dot{U}_2 = 20\angle 90° \text{ V}$$

（3）画出 $\dot{U}_1$、$\dot{U}_2$ 和 $\dot{U}$ 的相量图。

**解：**（1） $\dot{U}_1 = 100\angle 60° \approx (50+j86.6)\text{V}$

$$\dot{U}_1 = 50\angle -45° \approx (35.35-j35.35)\text{V}$$

（2） $\dot{U} = \dot{U}_1 + \dot{U}_2 = (50+j86.6)+(35.35-j35.35)$

$$=85.35+j51.25\approx 99.55\angle 31° \quad (\text{V})$$

$$u = 99.55\sqrt{2}\sin(\omega t+31°)\text{V}$$

（3） $\dot{U}_1$、$\dot{U}_2$ 和 $\dot{U}$ 的相量图如图 4-14 所示。

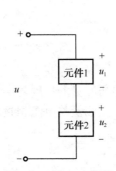

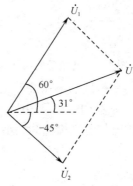

图 4-13  例 4-13 题图　　　　　　图 4-14  例 4-13 相量图

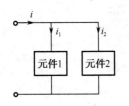

图 4-15  例 4-14 题图

　　　　[**例 4-14**]　如图 4-15 所示，

（1）若已知 $i_1=100\sqrt{2}\sin\omega t\text{A}$，$i_2=150\sqrt{2}\sin(\omega t-120°)\text{A}$，试求 $i$ 的大小；

（2）若已知 $i=100\sqrt{2}\sin\omega t\text{A}$，$i_2=150\sqrt{2}\sin(\omega t-120°)\text{A}$，试求 $i_1$ 的大小。

　　　　**解：**（1） $\dot{I}_1 = 100\angle 0° = 100\text{ A}$

$$\dot{I}_2 = 150\angle -120° \approx (-75-j129.9)\text{ A}$$

$$\dot{I} = \dot{I}_1 + \dot{I}_2$$
$$=100\angle 0° +150\angle -120°$$
$$=100-75-j129.9$$
$$=25-j129.9$$
$$\approx 132.3\angle -79.1° \text{ (A)}$$

所以　　　　　　$i=132.3\sqrt{2}\sin(\omega t-79.1°)\text{A}$

（2） $\dot{I}_1 = \dot{I} - \dot{I}_2$
$$=100\angle 0° -150\angle -120°$$
$$=100+75+j129.9$$
$$=175+j129.9$$
$$\approx 217.9\angle 36.6° \text{ (A)}$$

所以

$$i_1 =217.9\sqrt{2}\sin(\omega t+36.6°)\text{A}$$

由例 4-13 和例 4-14 可以看出，正弦量和的相量等于各正弦量对应的相量之和；同理，正间常数，RC 电路的 $\tau = RC$，RL 电路的 $\tau = \dfrac{R}{L}$，它是决定响应衰减快慢的物理量，是重要的常数。

零状态响应是电路初始状态为零时由外施激励引起的响应。其形式为 $f(t) = f(\infty)(1 - e^{\frac{-t}{\tau}})$ $(t \geq 0)$，式中，$f(\infty)$ 是响应的稳态值。

全响应是初始状态不为零的电路在外施激励下产生的响应。其两种分解形式为

$$f(t) = f(0_+)e^{\frac{-t}{\tau}} + f(\infty)(1 - e^{\frac{-t}{\tau}}) = 零输入响应 + 零状态响应 (t \geq 0)$$

$$f(t) = [f(0_+) - f(\infty)]e^{\frac{-t}{\tau}} + f(\infty) = 暂态响应 + 稳态响应 (t \geq 0)$$

一阶电路的响应 $f(t)$ 由初始值 $f(0_+)$、稳态值 $f(\infty)$ 和时间常数 $\tau$ 三要素决定，利用三要素公式可以简便地求解一阶电路在直流电源作用下的电路响应。三要素公式为 $f(t) = f(\infty) + [f(0_+) - f(\infty)]e^{\frac{-t}{\tau}}$，初始值 $f(0_+)$ 和稳态值 $f(\infty)$ 分别用 $t = 0_+$ 电路和 $t = \infty$ 电路求解。时间常数 $\tau$ 中的电阻 $R$ 是动态元件两端电路的戴维南等效电路电阻。

## 思考题与习题

3-1　已知题 3-1 图所示电路在开关动作前已经稳定，求开关动作后电路中各电压、电流的初始值与新的稳态值。

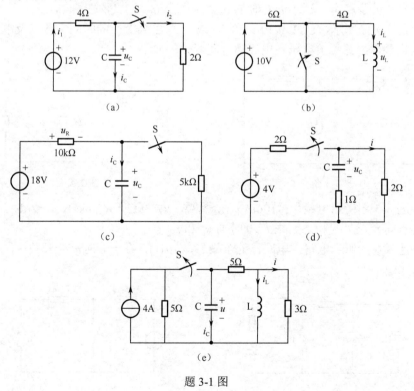

题 3-1 图

3-2　如题 3-2 图所示电路，求电路的时间常数 $\tau$。

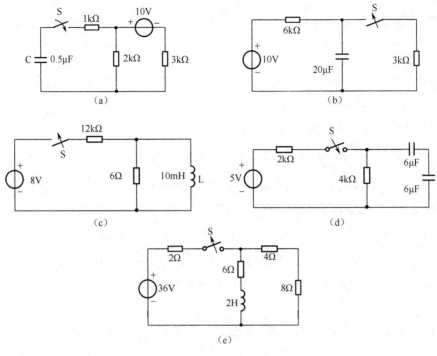

题 3-2 图

3-3  如题 3-3 图所示，$U_S$=12V，$R_1$=$R_2$=$R_3$=2kΩ，$C$=1μF，在 $t$=0 时断开开关 S，且换路前电路处于稳态，试求 $t \geq 0$ 时的 $u_C$，并画出 $u_C$ 随时间变化的曲线。

3-4  如题 3-4 图所示，已知 $u_C(0_-)$=10V。求开关 S 合上后的时间常数以及电压、电流的变化规律，并画出电压、电流随时间变化的曲线。

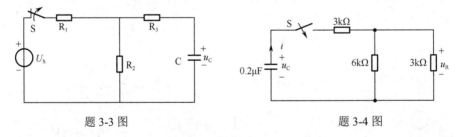

题 3-3 图                                      题 3-4 图

3-5  如题 3-5 图所示电路，$I$=10mA，$R_1$=3kΩ，$R_2$=3kΩ，$R_3$=6kΩ，$C$=2μF。在开关 S 闭合前电路已处于稳态。求 $t \geq 0$ 时的 $u_C$ 和 $i_1$。

3-6  如题 3-6 图所示电路，电路已处于稳态，$L$=1H，在 $t$=0 时闭合开关 S。求 $t \geq 0$ 时的 $u_L$ 和 $i_L$。

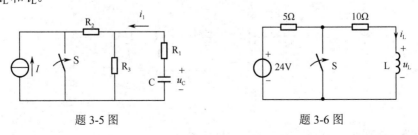

题 3-5 图                                      题 3-6 图

3-7　如题 3-7 图所示电路，$t<0$ 时电路已处于稳态，$t=0$ 时开关 S 闭合。求 $t \geq 0$ 时的电流 $i_L$ 和电压 $u$。

3-8　如题 3-8 图所示电路，$R=10\text{k}\Omega$，$C=10\mu\text{F}$，$U_S=10\text{V}$。在 $t=0$ 时闭合开关 S，且 $u_C(0_-)=0$。试求：

（1）电路的时间参数 $\tau$；

（2）$t \geq 0$ 时的 $u_C$、$u_R$ 和 $i$，并画出它们随时间变化的曲线。

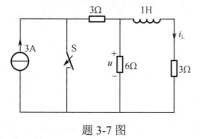 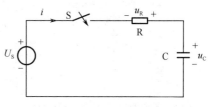

题 3-7 图　　　　　　　　　　　　　　　题 3-8 图

3-9　如题 3-9 图所示电路，$U=20\text{V}$，$R_1=12\text{k}\Omega$，$R_2=6\text{k}\Omega$，$C_1=10\mu\text{F}$，$C_2=20\mu\text{F}$。$t<0$ 时电路已处于稳态，$t=0$ 时开关 S 闭合。当开关闭合后，试求电容元件两端电压 $u_C$。

3-10　如题 3-10 图所示电路，$t<0$ 时电路已处于稳态，$t=0$ 时开关 S 闭合。求 $t \geq 0$ 时的电压 $u_C$。

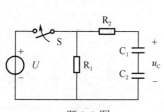 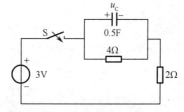

题 3-9 图　　　　　　　　　　　　　　　题 3-10 图

3-11　如题 3-11 图所示电路，换路前电路已处于稳态，试用三要素法求 $t \geq 0$ 时的 $i_L$。

*3-12　如题 3-12 图所示电路，换路前电路已处于稳态，试求换路后（$t \geq 0$）的 $u_C$。

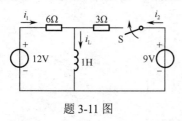 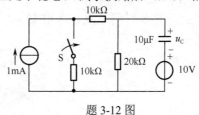

题 3-11 图　　　　　　　　　　　　　　　题 3-12 图

3-13　如题 3-13 图所示电路，换路前电路已处于稳态，$t=0$ 时开关 S 断开，求换路后的 $u_C$、$i_C$。

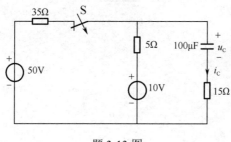

题 3-13 图

3-14 如题 3-14 图所示电路，换路前电路已处于稳态，$U_{S1}$=18V，$U_{S2}$=12V，$R_1$= $R_2$=$R_3$=4kΩ，$C$=10μF，在 $t$=0 时，开关 S 由位置 1 投向位置 2，试用三要素法求 $t \geqslant 0$ 时的 $u_C$，并画出其随时间变化的曲线。

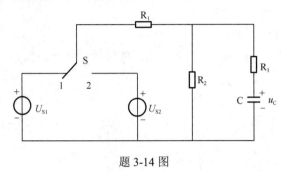

题 3-14 图

3-15 如题 3-15 图所示电路，换路前电路已处于稳态，当 $t = 0$ 时开关 S 接通，求 $t > 0$ 时的 $i_L$。

3-16 如题 3-16 图所示电路，换路前电路已处于稳态，当 $t = 0$ 时开关 S 断开，求 $t > 0$ 时的 $u(t)$，并绘出其响应曲线。

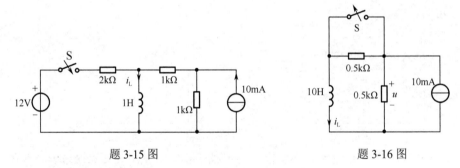

题 3-15 图              题 3-16 图

3-17 如题 3-17 图所示电路，如果在稳定状态下 $R_1$ 被短路（$t$=0 时，合上 S），试问短路后经过多长时间电流才达到 15A？

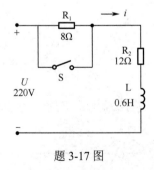

题 3-17 图

# 项目四 正弦交流电路的基本概念和基本定律

## 任务一 认识正弦交流电

■【学习目标】

（1）理解正弦交流电的三要素、相位差、有效值和相量表示法；
（2）理解相量形式的电路基本定律和相量图。

■【任务导入】

什么是正弦交流电？哪些场合需要使用正弦交流电？

■【知识链接】

### 一、正弦电流与正弦电压

正弦交流电路中电压、电流的大小和方向均随时间变化。我们把大小和方向随时间按正弦规律变化的电压或电流称为正弦交流电。其数学表达式为

$$\begin{cases} u = U_m \sin(\omega t + \psi_u) \\ i = I_m \sin(\omega t + \psi_i) \end{cases} \qquad (4\text{-}1)$$

假设电流 $i$ 为元件中流过的电流，如图 4-1（a）所示，其变化波形如图 4-1（b）所示。由于正弦交流电的大小与方向不断变化，因此，在分析交流电路时，比较不同瞬时的交流量是没有意义的。

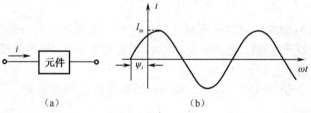

图 4-1 正弦交流电

式（4-1）是正弦交流量的瞬时值表达式，其中 $U_m$、$I_m$ 称为正弦量的最大值或幅值；$\omega$ 称为角频率；$\psi_u$、$\psi_i$ 称为初相位。如果已知幅值、角频率和初相位，则上述正弦量就能被唯一地确定，所以我们将正弦量的角频率、幅值和初相位称为正弦量的三要素。

1. 交流电的角频率 $\omega$

反映交流电变化快慢的物理量是频率 $f$（或周期 $T$）。频率即交流电每秒变化的次数，单位为赫兹（Hz）。周期为交流电变化一次所需的时间，单位为秒（s）。频率和周期互为倒数。目前我国电力系统的供电频率为 50Hz，这种频率称为工业频率，简称工频。

在正弦交流量表达式中，反映交流电变化快慢的特征量是角频率。角频率是单位时间内正弦量所经历的电角度，用$\omega$表示。在一个周期$T$内，正弦量经历的电角度为$2\pi$弧度，则角频率为

$$\omega = \frac{2\pi}{T} = 2\pi f \tag{4-2}$$

角频率的单位为弧度/秒（rad/s）。

式（4-2）表示了周期$T$、频率$f$、角频率$\omega$ 3个量之间的关系，它们从不同的角度反映了正弦量变化的快慢，只要知道其中的一个量，就可以得到其他两个量。

### 2．交流电的幅值

反映正弦量大小的物理量有最大值和有效值。

正弦交流电每一时刻的对应值称为瞬时值。一般用小写字母表示，如$i$表示瞬时电流，$u$表示瞬时电压。瞬时值的大小和方向随时间不断变化，为了表示每一瞬间的数值及方向，必须指定参考方向，这样正弦量就用代数量来表示，并根据其正负确定正弦量的实际方向。

正弦量的幅值又称峰值或振幅值，它是正弦量在整个变化过程中所能达到的最大值，用大写字母加下标 m 标注，如$I_{\mathrm{m}}$、$U_{\mathrm{m}}$。

我们平常所说的电压高低、电流大小或用电器上的标称电压或标称电流指的是有效值。正弦量的有效值是根据正弦交流电的热效应确定的，用来反映交流电能量转换的实际效果。以交流电流为例，它的有效值定义是：假设一个交流电流$i$通过电阻 R 在一个周期$T$内所产生的热量，与直流电流$I$通过同一电阻 R 在相同时间$T$内所产生的热量相等，则这个直流电流$I$的数值称为该交流电流$i$的有效值。根据定义有

$$I^2 RT = \int_0^T i^2 R \mathrm{d}t$$

上式中右侧为交流电流$i$在一个周期$T$内产生的热量，左侧为直流电流$I$在相同时间$T$内产生的热量，所以有效值的表达式为

$$I = \sqrt{\frac{1}{T} \int_0^T i^2 \mathrm{d}t} \tag{4-3}$$

由式（4-3）可知，有效值为交流电流瞬时值的平方在一个周期内积分的平均值再开方所得的根，因此，有效值也称方均根值。把该定义式中的电流换成电压，即为电压的有效值计算公式。有效值用大写字母来表示，如$I$、$U$。

将式（4-1）的正弦量代入式（4-3），可得有效值与幅值的关系为

$$\begin{cases} I = \dfrac{I_{\mathrm{m}}}{\sqrt{2}} \\[2mm] U = \dfrac{U_{\mathrm{m}}}{\sqrt{2}} \end{cases} \tag{4-4}$$

正弦量的有效值等于其幅值除以$\sqrt{2}$，或者说正弦量的幅值等于其有效值的$\sqrt{2}$倍，因此，式（4-1）表示的正弦交流电也可写成

$$\begin{cases} u = \sqrt{2}U \sin(\omega t + \psi_u) \\[2mm] i = \sqrt{2}I \sin(\omega t + \psi_i) \end{cases} \tag{4-5}$$

平时所说的民用电压 220V 指的是交流电的有效值，其最大值约为 311V。常用的测量交

流电压和交流电流的仪表所指示的值均为有效值。各种电器的铭牌上所标注的一般都是有效值。例如，我们平常所用的电视机、日光灯等电器的额定电压为220V，就是指用电器正常工作时电压的有效值应为220V。注意，各种电气设备和元器件的绝缘水平是按最大值考虑的，如绝缘导线上标注的电压为500V、电容器上标注的电压为25V等，都是指它们能承受的最高电压。

[**例4-1**]若吊扇要选用一个1.8μF电容器作为启动电容，则此电容的额定电压应为多大？

**解：**电气设备在过压和欠压的情况下都有可能无法正常工作，因此必须按其要求的额定值施加电压。因吊扇的额定工作电压为220V，所以将其接入相电压为220V的电网中。在实际应用中，电网电压常因电网负载出现较大的增加或减少而产生波动，如在用电高峰时电压往往偏低，而当有设备停机时电压往往偏高。我国国家标准规定：对于220V单相供电的网络，电压允许波动，向上波动电压不超过额定值的7%，向下波动电压不超过额定值的10%。在电力系统非正常状况下，用户受电端的电压最大允许偏差不应超过额定值的±10%。因此，在实际应用中，电气设备的工作电压应为220V±10%，其最大值约为311V±31V。由于电容损坏多由过电压引起，所以，一般选择耐压为400V或500V的电容。

### 3. 交流电的初相位

在正弦交流量的瞬时值表达式中，任意瞬时的角度$(\omega t + \psi)$称为正弦量的相位角或相位。相位角是表示正弦量在某一时刻所处状态的物理量，它不仅能确定瞬时值的大小和方向，还能表示正弦量的变化趋势。

正弦量在计时起点（$t=0$时）的相位称为初相位。正弦量的初相位反映了正弦量在计时起点的状态。一般取初相位$|\psi|$不超过π弧度。

如果取正弦量由负值向正值变化的零值瞬间为计时起点，即以图4-2中的A点为计时起点，则图4-2（a）、图4-2（b）和图4-2（c）分别对应初相位等于零、大于零和小于零的3种情况。

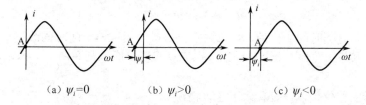

(a) $\psi_i=0$　　　　(b) $\psi_i>0$　　　　(c) $\psi_i<0$

图4-2 不同初相位的正弦交流电流的波形

[**例 4-2**] 已知两正弦量的解析式为$u_1 = 5\sqrt{2}\sin(\omega t + 30°)\text{V}$，$u_2 = 10\sin(\omega t + 210°)\text{V}$，$i_1 = -6\sin(\omega t + 20°)\text{mA}$，$i_2 = 8\sqrt{2}\cos(\omega t + 70°)\text{mA}$。试求每个正弦量的有效值和初相位。

**解：**因为$u_1 = 5\sqrt{2}\sin(\omega t + 30°)$

所以，其有效值为

$$U_1 = \frac{5\sqrt{2}}{\sqrt{2}} = 5 \ (\text{V})$$

初相位为

$$\psi_{u1} = 30°$$

因为$u_2 = 10\sin(\omega t + 210°) = 10\sin(\omega t + 210° - 360°) = 10\sin(\omega t - 150°)$

所以，其有效值为

$$U_2 = \frac{10}{\sqrt{2}} \approx 7.07 \ (\text{V})$$

初相位为

$$\psi_{u2} = -150°$$

因为 $i_1 = -6\sin(\omega t + 20°) = 6\sin(\omega t + 20° - 180°) = 6\sin(\omega t - 160°)$

所以，其有效值为

$$I_1 = \frac{6}{\sqrt{2}} \approx 4.24 \ (\text{mA})$$

初相位为

$$\psi_{i1} = -160°$$

因为 $i_2 = 8\sqrt{2}\cos(\omega t + 70°) = 8\sqrt{2}\sin(\omega t + 160°)$

所以，其有效值为

$$I_2 = \frac{8\sqrt{2}}{\sqrt{2}} = 8 \ (\text{mA})$$

初相位为

$$\psi_{i2} = 160°$$

由例 4-2 可知，求给定正弦量的三要素时，应先将正弦量的解析式变为标准形式。幅值和有效值应为正值，如解析式前有负号，要将其等效变换到相位角中。初相位的绝对值尽量不超过 180°。

描述两个同频率正弦量相位之差的量称为相位差。假设有如下两个正弦量：

$$u = U_{\text{m}}\sin(\omega t + \psi_u)$$
$$i = I_{\text{m}}\sin(\omega t + \psi_i)$$

则其相位差为

$$\varphi = (\omega t + \psi_u) - (\omega t + \psi_i) = \psi_u - \psi_i \tag{4-6}$$

正弦量的相位是随时间变化的，但同频率正弦量的相位差不随时间改变，始终等于它们的初相位之差，一般其绝对值不超过 180°。根据 $\varphi$ 的代数值可判断两个正弦量达到最大值的先后顺序。

同频正弦量的相位差 $\varphi$ 一般有以下 3 种情况。

（1）当 $\varphi = \psi_u - \psi_i = 0$，即 $\psi_u = \psi_i$ 时，称为同相位，如图 4-3（a）所示。

（2）当 $\varphi = \psi_u - \psi_i > 0$，即 $\psi_u > \psi_i$ 时，电压 $u$ 先达到最大值，电流 $i$ 后达到最大值，此时称电压 $u$ 超前（领先）电流 $i$，或电流 $i$ 滞后电压 $u$，如图 4-3（b）所示。

（3）当 $\varphi = \psi_u - \psi_i < 0$，即 $\psi_u < \psi_i$ 时，电流 $i$ 先达到最大值，电压 $u$ 后达到最大值，此时称电流 $i$ 超前（领先）电压 $u$，或电压 $u$ 滞后电流 $i$，如图 4-3（c）所示。

若 $\varphi = \psi_u - \psi_i = \pm 180°$，则称两交流电为反相位，即电压达到正向最大值时电流达到反向最大值，电压达到反向最大值时电流达到正向最大值，如图 4-3（d）所示；若 $\varphi = \psi_u - \psi_i = \pm 90°$，则称两交流电为正交，即在电压与电流中当一个量达到正向或反向最大值时，另一个量正好为零，如图 4-3（e）所示。

需要注意的是，只有在分析同频率正弦量时，讨论其相位差才有意义。

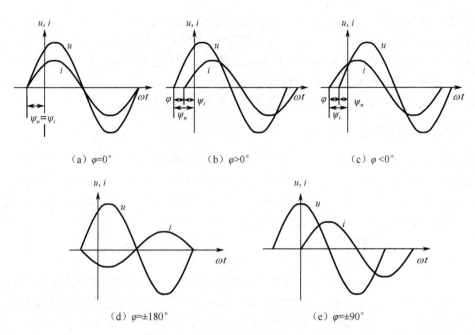

图 4-3　几种不同相位差的 $u$ 和 $i$ 波形

[例 4-3]　已知 $u = 220\sqrt{2}\sin(314t + 50°)\,\text{V}$，$i = 3\sqrt{2}\sin(314t - 20°)\,\text{A}$，求电压 $u$ 与电流 $i$ 的相位差。

**解：** $u$ 的初相位为 $\psi_u = 50°$，$i$ 的初相位为 $\psi_i = -20°$，$\varphi = 50° - (-20°) = 70° > 0$，表明电压 $u$ 超前电流 $i$ 70°。

**随堂练习**

1. 已知正弦交流电压 $u = 141.4\sin(628t + 30°)\,\text{V}$，电流 $i = 15\sin(628t - 80°)\,\text{mA}$。写出正弦交流电的角频率、频率、周期、幅值、有效值和初相位。

2. 按照图 4-4 所选定的参考方向，电流 $i$ 的表达式为

    $i = 20\sin\left(314t + \dfrac{2}{3}\pi\right)\text{A}$，如果把参考方向改为相反的

    方向，则 $i$ 的表达式应如何改写？

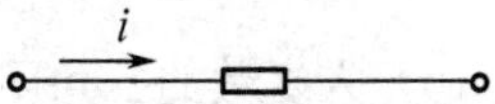

图 4-4　随堂练习 2

3. 计算下列两个正弦量的相位差。

（1）$i_1(t) = 10\sin\left(314t + \dfrac{3\pi}{4}\right)$　　　　（2）$u_1(t) = 5\sin\left(100t + \dfrac{2\pi}{3}\right)$

$\quad\ \ i_2(t) = 10\sin\left(314t - \dfrac{\pi}{2}\right)$　　　　　　$\quad\ \ i_2(t) = -2\sin\left(100t - \dfrac{\pi}{6}\right)$

## 二、复数

用三角函数式或波形图来表达正弦量是最基本的表示方法，但要用其进行电路分析与计算

却非常困难。由于在正弦交流电路中一般使用同频率的正弦量，要确定这些正弦量，只要确定它们的有效值和初相位就可以了，所以我们把正弦量的各种运算转化为没有频率参与的复数的代数运算，即用下面所述的相量图或相量表示式进行分析与计算，从而大大简化正弦交流电路的分析计算过程，这就是电路理论中的相量法。

为了更好地掌握相量法，下面先来复习一下复数的基本知识。

### 1. 复数的概念及复数的表示法

我们知道，一元二次方程 $x^2 + 1 = 0$ 无实数根，为了解决负数不能开平方的问题，引入了一个新数 i，称为虚数单位，并规定虚数单位的平方等于-1，即 $i^2 = -1$ 或 $i = \sqrt{-1}$。由于在电路中 $i$ 已代表电流，因此将虚数单位改用 j 表示，即 $j = \sqrt{-1}$。实数与 j 的乘积称为纯虚数。由实数和纯虚数组合而成的数，称为虚数。实数和虚数统称复数。

设 $A$ 为一个复数，则复数 $A$ 可表示为

$$A = a + jb \tag{4-7}$$

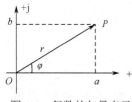

图 4-5 复数的矢量表示

式（4-7）为复数的代数形式，其中 $a$ 为复数的实部，$b$ 为复数的虚部。每一个复数在复平面上都有一个对应的点，从原点到这一点可以构成一条有向线段，该有向线段和复数 $A$ 相对应，如图 4-5 所示。有向线段 $\overrightarrow{OP}$ 在实轴和虚轴上的投影分别为复数 $A$ 的实部和虚部。

有向线段 $\overrightarrow{OP}$ 的长度 $r$ 为复数 $A$ 的模，有向线段 $\overrightarrow{OP}$ 和正实轴的夹角 $\varphi$ 称为复数 $A$ 的幅角。由图 4-5 可得如下关系

$$\begin{cases} a = r\cos\varphi \\ b = r\sin\varphi \end{cases} \tag{4-8}$$

和

$$\begin{cases} r = \sqrt{a^2 + b^2} \\ \varphi = \arctan\dfrac{b}{a} \end{cases} \tag{4-9}$$

所以式（4-7）可表示为

$$A = a + jb = r\cos\varphi + jr\sin\varphi \tag{4-10}$$

式（4-10）为复数的三角函数形式。利用欧拉公式 $e^{j\varphi} = \cos\varphi + j\sin\varphi$ 可得

$$A = re^{j\varphi} \tag{4-11}$$

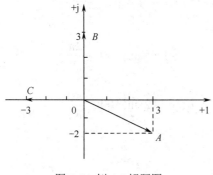

图 4-6 例 4-4 解题图

式（4-11）为复数的指数形式。在工程上，可将式（4-11）简写为

$$A = r\angle\varphi \tag{4-12}$$

式（4-12）为复数的极坐标形式。

[例 4-4] 试在复平面内把复数 $3 - j2$、$j3$、$-3$ 表示出来。

解：如图 4-6 所示，$A$ 表示复数 $3 - j2$，$B$ 表示复数 $j3$，$C$ 表示复数 $-3$。

### 2. 复数的转换

复数的代数形式和极坐标形式或指数形式可以相互转换,复数形式的相互转换是复数运算的基础,也是求解交流电路的基本要求。

将复数极坐标形式转换为代数形式的公式为式(4-8),将复数代数形式转换为极坐标形式的公式为式(4-9)。

[例4-5] 将复数 $A=5+j2$ 与复数 $B=8-j6$ 化为极坐标形式;将复数 $C=17\angle24°$ 与复数 $D=6\angle-65°$ 化为代数形式。

**解:** $A=5+j2=\sqrt{5^2+2^2}\angle\arctan\dfrac{2}{5}\approx5.38\angle21.8°$

$B=8-j6=\sqrt{8^2+(-6)^2}\angle\arctan\dfrac{-6}{8}\approx10\angle-36.9°$

$C=17\angle24°=17\cos24°+j17\sin24°\approx15.5+j6.91$

$D=6\angle-65°=6\cos(-65)°+j6\sin(-65)°\approx2.54-j5.44$

[例4-6] 将下列复数化为极坐标形式: $A=j$ , $B=-j$ , $C=-1$ , $D=j60$ , $E=-j20$ , $F=-5$ 。

**解:** $A=j=1\angle\dfrac{\pi}{2}=1\angle90°$ ,

$B=-j=1\angle-\dfrac{\pi}{2}=1\angle-90°$

$C=-1=1\angle\pi=1\angle180°$

$D=j60=1\angle90°\times60=60\angle90°$

$E=-j20=1\angle-90°\times20=20\angle-90°$

$F=-5=1\angle180°\times5=5\angle180°$

由例4-6可知,若一个复数乘以 $+j$ ,则相当于乘以 $1\angle90°$ ,那么该复数长度不变,但其辐角从原来的位置逆时针旋转 $90°$ 。同理,若一个复数乘以 $-j$ ,则相当于该复数顺时针旋转 $90°$ ,而模不变。若一个复数乘以 $-1$ ,则相当于该复数旋转 $180°$ 或反相,而模不变。

### 3. 复数的运算

#### 1)复数的加、减法运算

复数的相加和相减,常采用复数的代数形式。当几个复数相加时,和的实部等于各复数的实部相加,和的虚部等于各复数的虚部相加;当几个复数相减时,差的实部等于各复数的实部相减,差的虚部等于各复数的虚部相减。因此,当几个复数相加或相减时,必须先把各个复数化成代数形式,然后再将实部与实部相加减,虚部与虚部相加减,形成新的复数。

设有两个复数:

$$A_1=a_1+jb_1$$
$$A_2=a_2+jb_2$$

则其和为

$$A_1+A_2=(a_1+jb_1)+(a_2+jb_2)=(a_1+a_2)+j(b_1+b_2)$$

其差为

$$A_1 - A_2 = (a_1 + jb_1) - (a_2 + jb_2) = (a_1 - a_2) + j(b_1 - b_2)$$

两个复数相加的运算在复平面上符合平行四边形的求和法则,即两个加数作为平行四边形的两条邻边,平行四边形的对角线即为和,如图 4-7(a)所示。由于有向线段取决于其长度和其与实轴的夹角,与其起点无关,所以图 4-7(a)所示平行四边形可简化为图 4-7(b)所示的三角形。

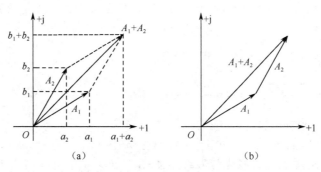

图 4-7 复数加法的平行四边形法则

由于减去一个复数可以看成加上一个负的复数,即 $A_1 - A_2 = A_1 + (-A_2)$,所以,复数的减法也满足平行四边形法则,只是被减数作为平行四边形的对角线,减数和差作为平行四边形的两条邻边,如图 4-8 所示。

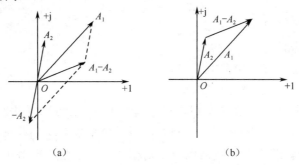

图 4-8 复数减法的平行四边形法则

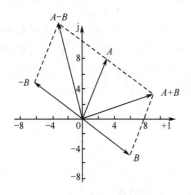

图 4-9 例 4-7 解题图

[例4-7] 已知复数 $A = 3 + j8$,$B = 6 - j5$,试求 $A+B$,$A-B$,并在复平面上画出。

解:$A + B = (3 + j8) + (6 - j5) = (3 + 6) + j(8 - 5) = 9 + j3$

$A - B = (3 + j8) - (6 - j5) = (3 - 6) + j(8 + 5) = -3 + j13$

结果如图 4-9 所示。

2)复数的乘、除法运算

复数的相乘和相除采用指数形式、极坐标形式较为简单。运算的规则是几个复数相乘等于各复数的模相乘,幅角相加;几个复数相除等于各复数的模相除,幅角相减。因此,当几个复数相乘或相除时,必须先把各个复数化成极坐标形式或指数形式,然后再将模与模相乘除,幅角与幅角相加减,形成新的复数。

假如 $A_1 = a_1 + jb_1 = r_1 e^{j\psi_1} = r_1 \angle \psi_1$，　$A_2 = a_2 + jb_2 = r_2 e^{j\psi_2} = r_2 \angle \psi_2$，则其积为

$$A_1 A_2 = r_1 e^{j\psi_1} \cdot r_2 e^{j\psi_2} = r_1 \cdot r_2 e^{j(\psi_1 + \psi_2)} = r_1 r_2 \angle (\psi_1 + \psi_2)$$

其商为

$$\frac{A_1}{A_2} = \frac{r_1 e^{j\psi_1}}{r_2 e^{j\psi_2}} = \frac{r_1}{r_2} e^{j(\psi_1 - \psi_2)} = \frac{r_1}{r_2} \angle (\psi_1 - \psi_2)$$

**［例 4-8］** 已知复数 $A = 6 \angle 32°$，$B = 8 \angle 59°$。试求 $A \times B$ 和 $A/B$。

**解：** $A \times B = 6 \angle 32° \times 8 \angle 59° = 6 \times 8 \angle (32° + 59°) = 48 \angle 91°$

$$\frac{A}{B} = \frac{6 \angle 32°}{8 \angle 59°} = \frac{6}{8} \angle (32° - 59°) = 0.75 \angle -27°$$

**［例 4-9］** 已知复数 $A = 4 + j5$，$B = 6 - j2$。试求 $A+B$，$A-B$，$A \times B$ 和 $A \div B$。

**解：** 复数的加、减法一般采用复数的代数形式比较方便，即

$$A + B = (4 + j5) + (6 - j2) = (4 + 6) + j(5 - 2) = 10 + j3$$
$$A - B = (4 + j5) - (6 - j2) = (4 - 6) + j(5 + 2) = -2 + j7$$

复数的乘、除法一般采用复数的极坐标形式比较方便，即

$$A = 4 + j5 \approx 6.4 \angle 51.3° \qquad B = 6 - j2 \approx 5.39 \angle -21.8°$$
$$A \times B = 6.4 \angle 51.3° \times 5.39 \angle -21.8° \approx 34.5 \angle 29.5°$$
$$A \div B = 6.4 \angle 51.3° \div 5.39 \angle -21.8° \approx 1.19 \angle 73.1°$$

**［例 4-10］** 计算复数 $5 \angle 47° + 10 \angle -25°$。

**解：** $5 \angle 47° + 10 \angle -25° \approx (3.41 + j3.657) + (9.063 - j4.226)$

$$\approx 12.47 - j0.569$$
$$\approx 12.48 \angle -2.61°$$

**［例 4-11］** 计算复数 $220 \angle 35° + \dfrac{(17 + j9)(4 + j6)}{20 + j5}$。

**解：** 原式 $\approx 180.2 + j126.2 + \dfrac{19.24 \angle 27.9° \times 7.211 \angle 56.3°}{20.62 \angle 14.04°}$

$$\approx 180.2 + j126.2 + 6.728 \angle 70.16°$$
$$\approx 180.2 + j126.2 + 2.238 + j6.329$$
$$\approx 182.4 + j132.5 \approx 225.5 \angle 36°$$

进行复数的加减运算时应先把极坐标形式转换为代数形式。进行复数的乘除运算时应先把代数形式转换为极坐标形式。

**随堂练习**

1. 下列复数的实部和虚部各是什么？在复平面内画出表示这些复数的点。

　　$-5 + j6$，$2 - j2$，$j3$，$-j2$

2. 在同一平面内，作出下列复数对应的点。

　　（1）$z_1 = 3 - j$　　　　　　（2）$z_2 = j2$

　　（3）$z_3 = -1 + j2$　　　　　（4）$z_4 = -3$

3. 计算上题中 $Z_1 + Z_3$，$Z_1 - Z_3$，$Z_1 \times Z_3$，$\dfrac{Z_1}{Z_3}$ 的值。

## 三、用复数表示正弦量（相量法）

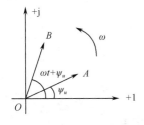

图 4-10　正弦量的相量图

如图 4-10 所示，设复数 $A = U_m \angle \psi_u = U_m e^{j\psi_u}$ 以 $\omega$ rad/s 的速度逆时针绕原点旋转，经时间 $t$ 转过的角度为 $\omega t$，得到复数 $B$，则

$$B = U_m e^{j(\omega t + \psi_u)} = U_m \angle(\omega t + \psi_u)$$

把复数 $B$ 写成三角函数形式，得

$$B = U_m \cos(\omega t + \psi_u) + jU_m \sin(\omega t + \psi_u)$$

可以看出，复数 $B = U_m \angle(\omega t + \psi_u)$ 的虚部与正弦量 $u = U_m \sin(\omega t + \psi_u)$ 相同，由于复数与正弦量之间有一一对应关系，所以可以用复数表示正弦量。用复数表示正弦量的方法称为相量表示法，简称相量法。

所谓正弦量的有效值相量，就是分别用复数的模和辐角来表示正弦量的有效值和初相位。有效值相量表示为

$$\dot{U} = U \angle \psi_u \qquad (4\text{-}13)$$

式（4-13）中的 $\dot{U}$ 是一个复数，它的模是交流电压 $u$ 的有效值 $U$，幅角是正弦电压 $u$ 的初相位 $\psi_u$。

若分别用复数的模和辐角来表示正弦量的最大值和初相位，则称幅值相量，幅值相量表示为

$$\dot{U}_m = U_m \angle \psi_u \qquad (4\text{-}14)$$

在正弦交流电路中，由于所有负载响应都是和电源激励同频率的正弦量，即在同一正弦激励作用下，电路中正弦量的频率均相同，它们之间的相对位置在任何瞬间均不会改变，因此表示正弦量三要素之一的角频率就不必加以区分，仅用含正弦量有效值（或最大值）及初相位的表达式来表示各正弦量即可。分析上面的式子可以看出，一个复数的模和幅角正好能反映正弦量的这两个要素。

相量用大写字母上面加小圆点来表示，如 $\dot{U}_m$ 或 $\dot{U}$ 表示电压相量，$\dot{I}_m$ 或 $\dot{I}$ 表示电流相量，其中有下角标"m"的表示最大值形式的相量，即幅值相量，没有下角标"m"的表示有效值形式的相量。一般默认用有效值形式的相量来表示正弦量。此外，虽然正弦量与相量之间存在一一对应关系，但相量只是用来表示正弦量的复数形式，与正弦量不是相等的关系。

相量也可以用复平面上的有向线段表示，这种表示相量的图形称为相量图。图 4-11（a）为 $\dot{U}$ 和 $\dot{I}$ 的相量图。由该图可知，在相量图中可以直观清楚地反映各正弦量之间的相位关系。注意，只有同频率的正弦量，其相量才能画在同一复平面上。

在画相量图时，为了使图形更清楚，可不画出实轴、虚轴，如图 4-11（b）所示。

[**例 4-12**] 将正弦量 $u_1 = 10\sqrt{2} \sin(100t + 60°)$V、$u_2 = 20\sqrt{2} \sin(100t + 90°)$V 和 $i = 50\sin(100t - 45°)$ mA 用相量形式表示，并画出它们的相量图。

**解：** 有效值形式的相量为

$$\dot{U}_1 = 10 \angle 60° \text{ V}$$

$$\dot{U}_2 = 20 \angle 90° \text{ V}$$

$$\dot{I} = 25\sqrt{2}\angle-45° \text{ mA}$$

相量图如图 4-12 所示。

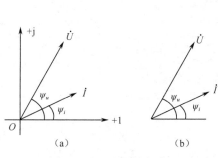
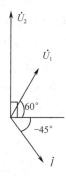

图 4-11　正弦量的相量图　　　　图 4-12　例 4-12 相量图

在画相量图时,图中标注的是相量,故字母必须大写,并在字母上加点。同频率的多个电压相量与电流相量可以画在同一相量图中,但要求所有电压相量的长度与电压相量的大小成比例,所有电流相量的长度与电流相量的大小成比例,而电压相量与电流相量之间其大小不必成比例。

### 随堂练习

1. 将下列各正弦量用相量形式表示,并画出相量图。
   (1) $u=200\sin(100t-10°)$V　　　　(2) $i=50\sqrt{2}\sin(500t+70°)$A
2. 把下列电压相量和电流相量转换为瞬时值函数式(设 $f=100$Hz)。
   (1) $\dot{U}=600\angle25°$ V　　　　(2) $\dot{I}=(-3+j5)$A

## 四、相量形式的基尔霍夫定律

在交流电路的分析和计算中,常要用到基尔霍夫定律。根据 KCL,电路中任意节点在任何时刻都有$\sum i=0$。由于在正弦电路中所有的响应都是与激励同频率的正弦量,所以根据 KCL 列出的方程中的各个电流都是同频率的正弦量,其对应的相量同样满足 KCL,即

$$\sum \dot{I}=0 \tag{4-15}$$

式(4-15)为基尔霍夫电流定律的相量形式。它表示在正弦电路中任意节点的所有电流相量的代数和等于零。

同理,基尔霍夫电压定律的相量形式为

$$\sum \dot{U}=0 \tag{4-16}$$

式(4-16)表示在正弦电路中任意回路的所有电压相量的代数和等于零。

需要注意的是,式(4-15)和式(4-16)中的各项都是相量,不是有效值,一般情况下$\sum I\neq0$,$\sum U\neq0$。

[例 4-13]　如图 4-13 所示,已知 $u_1=100\sqrt{2}\sin(\omega t+60°)$ V,$u_2=50\sqrt{2}\sin(\omega t-45°)$ V。试求:

(1) 相量 $\dot{U}_1$ 和 $\dot{U}_2$;

(2) 两电压之和的瞬时值 $u$;

（3）画出 $\dot{U}_1$、$\dot{U}_2$ 和 $\dot{U}$ 的相量图。

**解：**（1） $\dot{U}_1 = 100\angle 60° \approx (50+\text{j}86.6)\text{V}$

$$\dot{U}_1 = 50\angle -45° \approx (35.35 - \text{j}35.35)\text{V}$$

（2） $\dot{U} = \dot{U}_1 + \dot{U}_2 = (50+\text{j}86.6)+(35.35-\text{j}35.35)$

$$= 85.35 + \text{j}51.25 \approx 99.55\angle 31° \quad (\text{V})$$

$$u = 99.55\sqrt{2}\sin(\omega t + 31°)\,\text{V}$$

（3） $\dot{U}_1$、$\dot{U}_2$ 和 $\dot{U}$ 的相量图如图 4-14 所示。

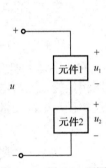

图 4-13　例 4-13 题图

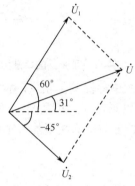

图 4-14　例 4-13 相量图

[**例 4-14**]　如图 4-15 所示，

（1）若已知 $i_1 = 100\sqrt{2}\sin\omega t\,\text{A}$，$i_2 = 150\sqrt{2}\sin(\omega t - 120°)\text{A}$，试求 $i$ 的大小；

（2）若已知 $i = 100\sqrt{2}\sin\omega t\,\text{A}$，$i_2 = 150\sqrt{2}\sin(\omega t - 120°)\text{A}$，试求 $i_1$ 的大小。

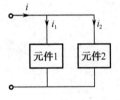

图 4-15　例 4-14 题图

**解：**（1） $\dot{I}_1 = 100\angle 0° = 100\,\text{A}$

$$\dot{I}_2 = 150\angle -120° \approx (-75-\text{j}129.9)\,\text{A}$$

$$\dot{I} = \dot{I}_1 + \dot{I}_2$$

$$= 100\angle 0° + 150\angle -120°$$

$$= 100 - 75 - \text{j}129.9$$

$$= 25 - \text{j}129.9$$

$$\approx 132.3\angle -79.1°\,(\text{A})$$

所以　　　　　　$i = 132.3\sqrt{2}\sin(\omega t - 79.1°)\text{A}$

（2） $\dot{I}_1 = \dot{I} - \dot{I}_2$

$$= 100\angle 0° - 150\angle -120°$$

$$= 100 + 75 + \text{j}129.9$$

$$= 175 + \text{j}129.9$$

$$\approx 217.9\angle 36.6°\,(\text{A})$$

所以

$$i_1 = 217.9\sqrt{2}\sin(\omega t + 36.6°)\text{A}$$

由例 4-13 和例 4-14 可以看出，正弦量和的相量等于各正弦量对应的相量之和；同理，正弦量差的相量等于各正弦量对应的相量之差。但各正弦量有效值之和不等于正弦量和的有效值，即 $I \neq I_1 + I_2$，$U \neq U_1 + U_2$；同理，各正弦量有效值之差不等于正弦量差的有效值。

**随堂练习**

　　在图 4-13 中，若已知 $u_1 = 200\sqrt{2}\sin(100t - 45°)$V，$u_2 = 150\sqrt{2}\sin(100t + 30°)$V，试求两正弦电压之和 $u$，并画出对应的相量图。

## ■【任务解决】

　　正弦交流电是以正弦规律变化的交流电。在我们的日常生活中，日光灯、电视机等使用的电都是正弦交流电。而我们从电视机中所听到的音乐、所看到的图像等信息都可以分解成正弦信号，所以正弦交流电存在于我们生活中的每个角落。

## 任务二　正弦交流电路中的电压、电流及功率

## ■【学习目标】

　　（1）熟练掌握单一参数的交流电路；
　　（2）理解掌握电路复阻抗及其串联与并联；
　　（3）熟练掌握用相量法计算简单正弦交流电路的方法；
　　（4）了解正弦交流电路中元件消耗功率的情况；
　　（5）了解提高感性电路功率因数的方法及其经济意义。

## ■【任务导入】

　　既然正弦交流电存在于我们生活中的每个角落，那么，正弦交流电在电路中工作时其电压、电流之间有何关系？在交流电路中，负载吸收功率情况如何？吸收功率的大小与哪些量有关？

## ■【知识链接】

### 一、单一参数的交流电路

　　电路元件的参数一般有电阻 $R$、电感 $L$ 和电容 $C$ 3 种，所谓单一参数元件是指取元件的主要特性参数，而忽略其他两种次要特性参数的理想化元件。下面着重研究纯电阻、纯电感、纯电容 3 种元件上电压和电流的大小、相位关系，以及其功率消耗情况。

#### 1．电阻元件的正弦交流电路

　1）电压与电流关系

　　如图 4-16 所示，在线性电阻 $R$ 两端加上正弦电压 $u$，电阻中就有正弦电流 $i$ 流过。假设 $u = \sqrt{2}U\sin(\omega t + \psi_u)$，在图示电压和电流的关联参考方向下，电阻元件中流过的电流为

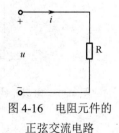

图 4-16　电阻元件的
正弦交流电路

$$i = \frac{u}{R} = \frac{\sqrt{2}U\sin(\omega t + \psi_u)}{R} = \sqrt{2}\frac{U}{R}\sin(\omega t + \psi_u) \tag{4-17}$$

而电流的标准形式为

$$i = \sqrt{2}I\sin(\omega t + \psi_i) \tag{4-18}$$

比较式（4-17）和式（4-18），可得电压有效值与电流有效值之间的关系式为

$$I = \frac{U}{R} \quad 或 \quad U = RI \tag{4-19}$$

由于电压、电流的有效值与最大值之间都是 $\sqrt{2}$ 倍的关系，所以电压幅值与电流幅值之间的关系为

$$I_m = \frac{U_m}{R} \quad 或 \quad U_m = RI_m \tag{4-20}$$

式（4-17）、式（4-19）和式（4-20）分别是正弦量电压和电流的瞬时值、有效值、最大值的欧姆定律形式。由于有效值只是正值，不是代数量，因此式（4-19）只表示电压与电流的大小关系。电压初相位与电流初相位之间的关系为

$$\psi_u = \psi_i \tag{4-21}$$

式（4-21）表明电阻两端电压与流过该电阻的电流同相位，即电阻两端电压和电流是同频率同相位的正弦量，其波形如图 4-17（a）所示。

把电阻两端电压与流过该电阻的电流表示成对应的相量，即 $\dot{U} = U\angle\psi_u$，$\dot{I} = I\angle\psi_i$，则

$$\frac{\dot{U}}{\dot{I}} = \frac{U\angle\psi_u}{I\angle\psi_i} = \frac{U}{I}\angle(\psi_u - \psi_i)$$

而由式（4-19）和式（4-21）已知，$U = RI$，$\psi_u = \psi_i$，所以

$$\frac{\dot{U}}{\dot{I}} = \frac{RI}{I}\angle(\psi_i - \psi_i) = R$$

由此可得

$$\dot{U} = R\dot{I} \quad 或 \quad \dot{I} = \frac{\dot{U}}{R} \tag{4-22}$$

式（4-22）就是电阻元件电压和电流的相量关系式，其相量图如图 4-18 所示。

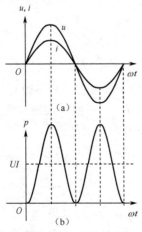

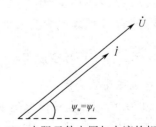

图 4-17　电阻元件的电压、电流波形与功率波形　　　　图 4-18　电阻元件电压与电流的相量图

2）功率

在交流电路中，若电压、电流的参考方向关联，则任意瞬间电阻元件上的电压瞬时值与电

流瞬时值的乘积称为该元件的瞬时功率，以小写字母 $p$ 表示，即

$$p=ui=\sqrt{2}\,U\sin(\omega t+\psi_u)\times\sqrt{2}\,I\sin(\omega t+\psi_i)$$

所以

$$p=2UI\sin^2(\omega t+\psi_u)$$
$$=2UI\frac{1-\cos 2(\omega t+\psi_u)}{2}$$
$$=UI-UI\cos 2(\omega t+\psi_u) \tag{4-23}$$

由式（4-23）可知，瞬时功率在变化过程中始终大于等于零，即 $p \geq 0$，如图 4-17（b）所示。所以电阻元件是一个耗能元件，只吸收功率。

由于瞬时功率是随时间变化的，用它表述电路的功率损耗情况不太方便，所以通常用平均功率表示电阻的耗能情况。所谓平均功率，就是一个时间周期内消耗功率的平均值，又称有功功率，用大写字母 $P$ 来表示。

$$P=\frac{1}{T}\int_0^T p\,\mathrm{d}t=UI \tag{4-24}$$

根据式（4-19）可知，$U=IR$ 或 $I=\dfrac{U}{R}$，所以，功率的计算公式也可写成

$$P=I^2R=\frac{U^2}{R} \tag{4-25}$$

平均功率的单位为瓦（W），工程上常用千瓦（kW）来作为功率单位。一般说来，电器上所标注的功率，如日光灯的功率为 36W、空调的功率为 1000W 等，都是指电器工作于额定电压时消耗的平均功率。

[例 4-15]　一电阻 R 大小为 2kΩ，通过电阻的电流 $i=5\sqrt{2}\sin(\omega t-20°)$mA，试求：

（1）电阻 R 两端的电压有效值 $U$ 及瞬时值 $u$；

（2）电阻 R 消耗的平均功率 $P$；

（3）画出电压、电流的相量图。

**解**：设电压与电流的参考方向相关联。

（1）由于 $i=5\sqrt{2}\sin(\omega t-20°)$mA，故电流相量 $\dot{I}=5\angle-20°$ mA。

电压相量为

$$\dot{U}=\dot{I}R=5\angle-20°\times 2=10\angle-20°\text{（V）}$$

则电压有效值为

$$U=10\text{V}$$

电压瞬时值为

$$u=10\sqrt{2}\sin(\omega t-20°)\text{V}$$

（2）电路平均功率为

$$P=UI=10\times5=50\text{（mW）}\quad 或\quad P=I^2R=5^2\times2=50\text{（mW）}$$

（3）电压与电流的相量图如图 4-19 所示。

画相量图时，先确定角度，再确定长度。再次提醒，假如同一个相量图中有多个电压、电流相量，则所有电压相量长度与电压相量大小成比例，所有电流相量长度与电流相量大小成比例。

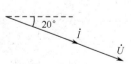

图 4-19　例 4-15 相量图

### 2. 电感元件的正弦交流电路

#### 1）电压与电流的关系

设一电感L中通入正弦电流，其参考方向如图4-20所示。令 $i=\sqrt{2}\,I\sin(\omega t+\psi_i)$，根据 $u=L\dfrac{di}{dt}$

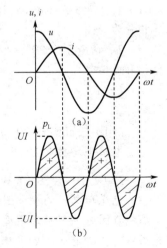

可得

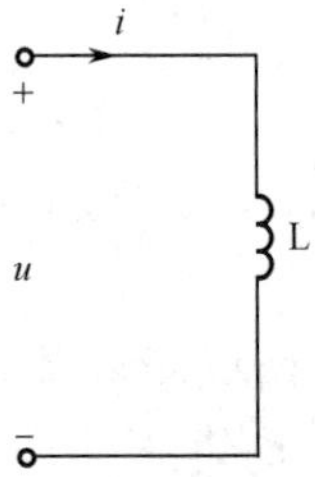

$$u=L\frac{di}{dt}=\sqrt{2}\,I\omega L\cos(\omega t+\psi_i)=\sqrt{2}\,\omega IL\sin(\omega t+\psi_i+90°) \quad (4\text{-}26)$$

而电压的标准形式为

$$u=\sqrt{2}U\sin(\omega t+\psi_u) \quad (4\text{-}27)$$

比较式（4-26）和式（4-27），可得电压有效值与电流有效值之间的关系式为

$$U=\omega LI \quad 或 \quad I=\frac{U}{\omega L} \quad (4\text{-}28)$$

图4-20　电感元件的正弦交流电路

由于电压、电流的有效值与最大值之间都是 $\sqrt{2}$ 倍的关系，所以电压幅值与电流幅值之间的关系为

$$I_m=\frac{U_m}{\omega L} \quad 或 \quad U_m=\omega LI_m \quad (4\text{-}29)$$

令

$$X_L=\omega L=2\pi fL \quad (4\text{-}30)$$

$X_L$ 称为电感的电抗，简称感抗，单位是欧姆。感抗反映了电感元件在正弦交流电路中阻碍电流通过的能力。感抗与频率成正比，当 $\omega\to\infty$ 时，$X_L\to\infty$，即电感相当于开路，因此电感常用作高频扼流线圈。在直流电路中，$\omega=0$，$X_L=0$，电感相当于短路。

因为 $X_L=\omega L=2\pi fL$，所以式（4-28）可写成

$$U=X_LI=\omega LI=2\pi fLI \quad 或 \quad I=\frac{U}{X_L}=\frac{U}{\omega L}=\frac{U}{2\pi fL} \quad (4\text{-}31)$$

式（4-31）反映了电感两端正弦电压、电流有效值的关系，由于有效值只是正值，不是代数量，因此该式只表示电压与电流的大小关系。

比较式（4-26）和式（4-27），可得电压初相位与电流初相位之间的关系式，即

$$\psi_u=\psi_i+90° \quad (4\text{-}32)$$

式（4-32）表明，电感两端的电压相位超前流过该电感的电流相位90°。电感元件的电压 $u$ 与电流 $i$ 的波形如图4-21（a）所示。

把电感两端电压与流过该电感的电流表示成对应的相量，即 $\dot{U}=U\angle\psi_u$，$\dot{I}=I\angle\psi_i$，则

$$\frac{\dot{U}}{\dot{I}}=\frac{U\angle\psi_u}{I\angle\psi_i}=\frac{U}{I}\angle(\psi_u-\psi_i)$$

而由式（4-28）和式（4-32）可知，$U=\omega LI$，$\psi_u=\psi_i+90°$，

图4-21　电感元件的电压、电流与瞬时功率波形

所以

$$\frac{\dot{U}}{\dot{I}} = \frac{\omega L I}{I} \angle(\psi_i + 90^\circ - \psi_i) = \omega L\angle 90^\circ = \omega L \times 1\angle 90^\circ = j\omega L$$

由此可得

$$\dot{U} = j\omega L\dot{I} = jX_L\dot{I} \quad 或 \quad \dot{I} = \frac{\dot{U}}{j\omega L} = \frac{\dot{U}}{jX_L} \qquad (4\text{-}33)$$

式（4-33）表示电感元件两端电压及流过该电感的电流相量形式的伏安关系，其相量图如图 4-22 所示。

[例 4-16] 如图 4-20 所示，把 $L$=51mH 的线圈（其电阻极小，可忽略不计）接在电压为 $u = 220\sqrt{2}\sin(\omega t + 0^\circ)$ V 的交流电路中，假如交流电频率为 50Hz，试求：

（1）电感的 $X_L$；

（2）电流 $i$；

（3）画出电压与电流的相量图；

（4）假如电压大小不变，频率变为 500Hz，重新求（1）、（2）的值。

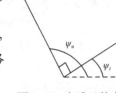

图 4-22　电感元件电压与电流的相量图

**解一：**（1）线圈感抗为

$$X_{L1} = 2\pi f_1 L = 2\times 3.14\times 50\times 51\times 10^{-3} \approx 16(\Omega)$$

（2）电流的有效值为

$$I_1 = \frac{U}{X_{L1}} = \frac{220}{16} = 13.75(A)$$

由于电感电流滞后电压 90°，所以电流的初相位为

$$\psi_i = 0^\circ - 90^\circ = -90^\circ$$

所以

$$i_1 = 13.75\sqrt{2}\sin(\omega t - 90^\circ) A$$

（3）电压和电流的相量图如图 4-23 所示。

（4）当交流电频率变为 500Hz 时，线圈感抗为

$$X_{L2} = 2\pi f_2 L = 2\times 3.14\times 500\times 51\times 10^{-3} \approx 160(\Omega)$$

电流的有效值为

$$I_2 = \frac{U}{X_{L2}} = \frac{220}{160} = 1.375(A)$$

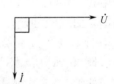

图 4-23　例 4-16 相量图

由于电感电流滞后电压 90°不变，故电流的初相位仍为 $\psi_i = -90^\circ$，于是可得

$$i_2 = 1.375\sqrt{2}\sin(\omega t - 90^\circ) A$$

由此可知，对于同一电感，在相同电源电压作用下，电源频率越高，电感的感抗越大，电路中电流越小。

在求解电压或电流时，可以用相量进行运算，这样可同时得到电压与电流的有效值和初相位。以例 4-16 为例，求解如下。

**解二：**（1）、（3）同解一。

（2）设电压相量为 $\dot{U} = 220\angle 0^\circ$ V，则电流相量为

$$\dot{I}_1 = \frac{\dot{U}}{jX_{L1}} = \frac{220\angle 0^\circ}{j16} = 13.75\angle -90^\circ \text{（A）}$$

则

$$i_1 = 13.75\sqrt{2}\sin(\omega t - 90^\circ)\ \text{A}$$

（4）当交流电频率变为 500Hz 时，线圈感抗为

$$X_{L2} = 2\pi f_2 L \approx 160\,(\Omega)$$

电流有效值为

$$\dot{I}_2 = \frac{\dot{U}}{jX_{L2}} = \frac{220\angle 0^\circ}{j160} = 1.375\angle -90^\circ \text{（A）}$$

则

$$i_2 = 1.375\sqrt{2}\sin(\omega t - 90^\circ)\ \text{A}$$

2）功率

由于电感两端的电压相位超前流过该电感的电流相位 90°，所以，设电流初相位为零，即设 $i = \sqrt{2}\,I\sin\omega t$，则电感元件两端的电压初相位为 90°，其表达式为 $u = \sqrt{2}\,U\sin(\omega t + 90^\circ)$。根据功率的定义可知，电感元件各瞬时消耗的功率由电感元件上瞬时电压与瞬时电流相乘所得，即瞬时功率为

$$p_L = ui = \sqrt{2}U\sin(\omega t + 90^\circ) \times \sqrt{2}I\sin(\omega t) = 2UI\sin(\omega t)\cos(\omega t)$$

所以

$$p_L = UI\sin 2\omega t \tag{4-34}$$

由式（4-34）可知，电感元件的瞬时功率是幅值为 $UI$、角频率为 $2\omega$ 的交变正弦量，其波形如图 4-21（b）所示。

由图 4-21（b）可知，在前半个周期内瞬时功率大于零，电感元件从电源吸收电能，在后半个周期内瞬时功率小于零，电感元件释放电能。在吸收电能的过程中，电感元件把电能转换为磁场能，储存在电感中；在释放电能的过程中，电感元件把储存在电感中的磁场能释放出来，重新转换为电能并返回给电源。在此后的每个周期中都重复上述过程。

电感元件在一个周期内消耗瞬时功率的平均值为

$$P = \frac{1}{T}\int_0^T p_L \mathrm{d}t = 0$$

电感元件的平均功率为零，即纯电感元件不消耗能量。

虽然电感元件消耗的平均功率为零，即电感不消耗电能，但由式（4-34）可知，电源的瞬时功率是不断变化的，即电感不断地与电源交换电能。为了衡量电源与电感元件之间能量交换的规模，常用电感元件瞬时功率的最大值，即电感元件与电源交换能量的最大速率来描述，该最大值被定义为无功功率。由式（4-34）可知，电感消耗的无功功率为电压和电流有效值的乘积，用大写字母 $Q_L$ 表示为

$$Q_L = UI = I^2 X_L = \frac{U^2}{X_L} \tag{4-35}$$

无功功率的单位为乏（Var），常用单位还有千乏（kVar）。

[**例 4-17**] 利用例 4-16，把 $L=51\text{mH}$ 的线圈（其电阻极小，可忽略不计）接在电压为 220V、频率为 50Hz 的交流电路中，求电感消耗的无功功率。

**解**：由例 4-16 可知，$U = 220\,\text{V}$，$I = 13.75\,\text{A}$，无功功率为

$$Q_L = UI = 220 \times 13.75 = 3025\,(\text{Var})$$

### 3. 电容元件的正弦交流电路

1）电压与电流的关系

设在电容 C 两端加上正弦电压，其参考方向如图 4-24 所示。令

$u = \sqrt{2}\,U\sin(\omega t + \psi_u)$，根据 $i = C\dfrac{du}{dt}$ 可得

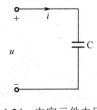

图 4-24　电容元件电压与电流的相量图

$$i = C\frac{du}{dt} = \sqrt{2}\omega CU\cos(\omega t + \psi_u) = \sqrt{2}\omega CU\sin(\omega t + \psi_u + 90°) \tag{4-36}$$

而电流的标准形式为

$$i = \sqrt{2}I\sin(\omega t + \psi_i) \tag{4-37}$$

比较式（4-36）和式（4-37），可得电压有效值与电流有效值之间的关系式为

$$I = \omega CU \quad 或 \quad U = \frac{1}{\omega C}I \tag{4-38}$$

由于电压、电流的有效值与最大值之间都是 $\sqrt{2}$ 倍的关系，所以电压幅值与电流幅值之间的关系为

$$I_m = \omega CU_m \quad 或 \quad U_m = \frac{1}{\omega C}I_m \tag{4-39}$$

令

$$X_C = \frac{1}{\omega C} = \frac{1}{2\pi fC} \tag{4-40}$$

$X_C$ 称为电容的电抗，简称容抗，单位是欧姆。容抗反映了电容元件在正弦交流电路中阻碍电流通过的能力。容抗与频率成反比，当 $\omega \to \infty$ 时，$X_C \to 0$，即电容相当于短路。在直流电路中，$\omega = 0$，$X_C \to \infty$，即电容相当于开路。

因为 $X_C = \dfrac{1}{\omega C} = \dfrac{1}{2\pi fC}$，所以式（4-38）可写成

$$U = X_C I = \frac{1}{\omega C}I = \frac{1}{2\pi fC}I \quad 或 \quad I = \frac{U}{X_C} = \omega CU = 2\pi fCU \tag{4-41}$$

式（4-41）反映了电容两端正弦电压、电流有效值的关系，由于有效值只是正值，不是代数量，因此该式只表示电压与电流的大小关系。

比较式（4-36）和式（4-37），可得电压初相位与电流初相位之间的关系式为

$$\psi_u = \psi_i - 90° \tag{4-42}$$

式（4-42）表明，电容两端电压相位滞后流过该电容的电流相位 90°。电容元件的电压 $u$ 与电流 $i$ 的波形如图 4-25（a）所示。

把电容两端电压与流过该电容的电流表示成对应的相量，即 $\dot{U} = U\angle\psi_u$，$\dot{I} = I\angle\psi_i$，则

$$\frac{\dot{U}}{\dot{I}} = \frac{U\angle\psi_u}{I\angle\psi_i} = \frac{U}{I}\angle(\psi_u - \psi_i)$$

而由式（4-41）和式（4-42）可知，$U = \dfrac{1}{\omega C}I$，$\psi_u = \psi_i - 90°$，所以

$$\frac{\dot{U}}{\dot{I}} = \frac{\dfrac{1}{\omega C}I}{I}\angle(\psi_i - 90° - \psi_i) = \frac{1}{\omega C}\angle -90° = \frac{1}{\omega C}\times 1\angle -90° = -j\frac{1}{\omega C}$$

由此可得

$$\dot{U} = -j\frac{1}{\omega C}\dot{I} = -jX_C\dot{I} \text{ 或 } \dot{I} = j\omega C\dot{U} = \frac{\dot{U}}{-jX_C} \tag{4-43}$$

式（4-43）表示电容元件上电压和电流相量形式的伏安关系，其相量图如图 4-26 所示。

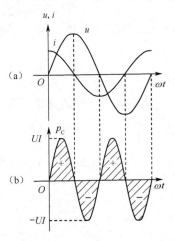

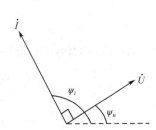

图 4-25　电容元件的电压、电流与瞬时功率波形　　图 4-26　电容元件电压与电流的相量图

**2）功率**

由于电容两端的电压相位滞后流过该电容的电流相位 90°，所以，设电容两端的电压初相位为零，即设 $u = \sqrt{2}U\sin\omega t$，则电容元件电流初相位为 90°，其表达式为 $i = \sqrt{2}I\sin(\omega t + 90°)$。根据功率的定义可知，电容元件各瞬时消耗的功率由电容元件上瞬时电压与瞬时电流相乘所得，即瞬时功率为

$$p_C = ui = \sqrt{2}\,U\sin\omega t\times\sqrt{2}\,I\sin(\omega t+90°)=UI\sin 2\omega t \tag{4-44}$$

由式（4-44）可知，电容元件的瞬时功率是幅值为 $UI$、角频率为 $2\omega$ 的交变正弦量，其波形如图 4-25（b）所示。

由图 4-25（b）可知，电容的瞬时功率与电感的瞬时功率相似，即在前半个周期内瞬时功率大于零，电容元件从电源吸收电能，在后半个周期内瞬时功率小于零，电容元件释放电能。电容在吸收电能的过程中，把电能转换为电场能，储存在电容中；在释放电能的过程中，电容把储存的电场能释放出来，重新转换为电能并返回给电源。在此后的每个周期中都重复上述过程。

电容元件在一个周期内消耗瞬时功率的平均值为

$$P=\frac{1}{T}\int_0^T p_C\mathrm{d}t = 0$$

电容元件的平均功率为零，即纯电容元件不消耗能量。

与电感一样，虽然电容消耗的平均功率为零，但电容不断地与电源交换电能。为了衡量电源与电容元件之间能量交换的规模，常用无功功率来表示，即

$$Q_C = UI = I^2 X_C = \frac{U^2}{X_C} \qquad (4-45)$$

无功功率的单位为乏（Var），常用单位还有千乏（kVar）。

在交流电路中，当纯电感、纯电容元件中流过相同相位的电流时，它们的瞬时功率在相位上是反相的，即当电感在储存磁场能时，电容在释放电场能；反之，当电感在释放磁场能时，电容在储存电场能。为了区别这一特性，有时也将电容元件的无功功率 $Q_C$ 表示为

$$Q_C = -UI = -I^2 X_C = -\frac{U^2}{X_C} \qquad (4-46)$$

其中的负号仅表示容性。当电路中既有电感元件，又有电容元件时，它们的无功功率相互补偿。

[例4-18] 如图4-24所示，将 $C=22\mu F$ 的电容器接在电压为 $u = 220\sqrt{2}\sin(\omega t + 0°)$ V 的交流电路中，假如交流电的频率为50Hz，试求：

（1）电容的 $X_C$;

（2）电流 $i$;

（3）画出电压与电流的相量图；

（4）电容消耗的无功功率；

（5）假如电压大小不变，频率变为500Hz，重新求（1）、（2）、（4）的值。

**解：**（1）当交流电的频率为50Hz时，有

$$X_{C1} = \frac{1}{2\pi f_1 C} = \frac{1}{2 \times 3.14 \times 50 \times 22 \times 10^{-6}} \approx 144.8(\Omega)$$

（2）电压相量为 $\dot{U} = 220\angle 0°$ V，故

$$\dot{I}_1 = \frac{\dot{U}}{-jX_{C1}} = \frac{220\angle 0°}{-j144.8} = \frac{220}{144.8}\angle(0+90°) \approx 1.5\angle 90° \text{（A）}$$

$$i_1 = 1.5\sqrt{2}\sin(\omega t + 90°) \text{ A}$$

（3）电压与电流的相量图如图4-27所示。

（4）$Q_1 = -UI_1 = -220 \times 1.5 = -330$（Var）

（5）当频率变为500Hz时，有

$$X_{C2} = \frac{1}{2\pi f_2 C}$$

图4-27 例4-18相量图

$$= \frac{1}{2 \times 3.14 \times 500 \times 22 \times 10^{-6}} \approx 14.5(\Omega)$$

$$\dot{I}_2 = \frac{\dot{U}}{-jX_{C2}} = \frac{220\angle 0°}{-j14.5} = \frac{220}{14.5}\angle(0+90°) \approx 15.2\angle 90° \text{（A）}$$

$$i_2 = 15.2\sqrt{2}\sin(\omega t + 90°)$$

$$Q_2 = -UI_2 = -220 \times 15.2 = -3344\text{（Var）}$$

由此可知，当频率发生变化时，电容的容抗也随之变化，在电源电压相同的情况下，电流、无功功率也会随之变化。

[例4-19] 有一LC并联电路接在220V的工频交流电源上，已知 $L=2H$、$C=15\mu F$，如图4-28所示。试求：

（1）感抗与容抗；

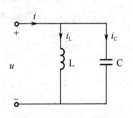

图4-28 例4-19题图

（2）$\dot{I}_\mathrm{L}$、$\dot{I}_\mathrm{C}$ 与总电流 $\dot{I}$；

（3）画出 $\dot{U}$、$\dot{I}$、$\dot{I}_\mathrm{L}$ 和 $\dot{I}_\mathrm{C}$ 的相量图；

（4）$Q_\mathrm{L}$、$Q_\mathrm{C}$ 与总的无功功率。

**解：**（1）感抗 $X_\mathrm{L}=2\pi fL=2\times3.14\times50\times2=628$（Ω）

$$容抗\ X_\mathrm{C}=\frac{1}{2\pi fC}=\frac{1}{2\times3.14\times50\times15\times10^{-6}}\approx212.3（\Omega）$$

（2）$\dot{I}_\mathrm{L}=\dfrac{\dot{U}}{\mathrm{j}X_\mathrm{L}}=\dfrac{220\angle0^\circ}{\mathrm{j}628}\approx0.35\angle-90^\circ$（A）

$\dot{I}_\mathrm{C}=\dfrac{\dot{U}}{-\mathrm{j}X_\mathrm{C}}=\dfrac{220\angle0^\circ}{-\mathrm{j}212.3}\approx1.04\angle90^\circ$（A）

$\dot{I}=\dot{I}_\mathrm{L}+\dot{I}_\mathrm{C}=0.35\angle-90^\circ+1.04\angle90^\circ=0.69\angle90^\circ$（A）

（3）以电压 $\dot{U}$ 为参考作相量图，如图 4-29 所示。

显然，$\dot{I}_\mathrm{L}$ 与 $\dot{I}_\mathrm{C}$ 反相位，总电流 $I=I_\mathrm{C}-I_\mathrm{L}=0.69$（A）。

（4）由相量关系可知，当 L 中电流为正值时，C 中电流必然为负值（总是反相），也就是说，当 L 吸收功率时，C 必然释放功率，反之亦然。故有

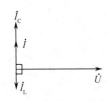

图 4-29　例 4-19 相量图

$$Q_\mathrm{L}=I_\mathrm{L}^2X_\mathrm{L}=UI_\mathrm{L}=77（\mathrm{Var}）$$
$$Q_\mathrm{C}=I_\mathrm{C}^2X_\mathrm{C}=UI_\mathrm{C}=228.8（\mathrm{Var}）$$

总的无功功率为

$$Q=Q_\mathrm{L}-Q_\mathrm{C}=-151.8（\mathrm{Var}）$$

**随堂练习**

1. 在交流电路中，电阻元件电压与电流的相位差为多少？假定电阻两端电压与电流参考方向相关联，试判断下列表达式的正误。

（1）$i=\dfrac{U}{R}$ 　　（2）$I=\dfrac{U}{R}$ 　　（3）$i=\dfrac{U_\mathrm{m}}{R}$ 　　（4）$i=\dfrac{u}{R}$

2. 在交流电路中，纯电感元件电压与电流的相位差为多少？感抗与频率有何关系？假定电感两端电压与电流参考方向相关联，试判断下列表达式的正误。

（1）$i=\dfrac{u}{X_\mathrm{L}}$ 　　（2）$I=\dfrac{U}{\omega L}$ 　　（3）$i=\dfrac{u}{\omega L}$ 　　（4）$I=\dfrac{U_\mathrm{m}}{\omega L}$

（5）$U=\mathrm{j}\omega LI$ 　　（6）$\dot{U}=\mathrm{j}\omega L\dot{I}$ 　　（7）$\dot{I}=-\mathrm{j}\dfrac{1}{\omega L}\dot{U}$

3. 在交流电路中，纯电容元件电压与电流的相位差为多少？容抗与频率有何关系？假定电容两端电压与电流参考方向相关联，试判断下列表达式的正误。

（1）$i=\dfrac{u}{X_\mathrm{C}}$ 　　（2）$I=\dfrac{U}{\omega C}$ 　　（3）$i=\dfrac{u}{\omega C}$ 　　（4）$I=U_\mathrm{m}\omega C$

（5）$\dot{U}=\mathrm{j}\dfrac{1}{\omega C}\dot{I}$ 　　（6）$\dot{U}=-\mathrm{j}\dfrac{1}{\omega C}\dot{I}$ 　　（7）$\dot{U}=\mathrm{j}\omega C\dot{I}$

## 二、RLC 串联电路

### 1. 电压与电流的关系

由电阻 R、电感 L、电容 C 相串联构成的电路称为 RLC 串联电路。

在 RLC 串联电路中，电压、电流的参考方向如图 4-30 所示。根据基尔霍夫电压定律，可以得到瞬时值的关系为

$$u = u_R + u_L + u_C \tag{4-47}$$

相量关系为

$$\dot{U} = \dot{U}_R + \dot{U}_L + \dot{U}_C \tag{4-48}$$

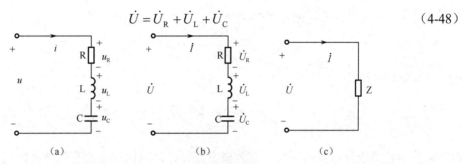

图 4-30　RLC 串联电路

由于电阻、电感、电容元件的电压相量与电流相量之间的关系为

$$\dot{U}_R = \dot{I}R$$

$$\dot{U}_L = jX_L\dot{I}$$

$$\dot{U}_C = -jX_C\dot{I}$$

根据式（4-48）可得

$$\dot{U} = R\dot{I} + jX_L\dot{I} - jX_C\dot{I}$$

$$= [R + j(X_L - X_C)]\dot{I}$$

$$= (R + jX)\dot{I}$$

$$= Z\dot{I} \tag{4-49}$$

即

$$\dot{U} = Z\dot{I} \quad \text{或} \quad \dot{I} = \frac{\dot{U}}{Z} \tag{4-50}$$

式（4-49）反映了 RLC 串联电路相量形式的伏安关系。其中，

$$X = X_L - X_C \tag{4-51}$$

$X$ 为电路的电抗，是电路中感抗与容抗之差，其值可正可负。

$$Z = R + jX = |Z| \angle \varphi_Z \tag{4-52}$$

$Z$ 为电路的复阻抗，简称阻抗。它是一个复数，实部 $R$ 是电路的电阻，虚部 $X$ 是电路的电抗，且

$$|Z| = \sqrt{R^2 + X^2} = \sqrt{R^2 + (X_L - X_C)^2} \tag{4-53}$$

$$\varphi_Z = \arctan \frac{X}{R} = \arctan \frac{X_L - X_C}{R} \tag{4-54}$$

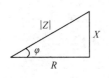

图 4-31　阻抗三角形

$|Z|$为电路阻抗的大小，称为阻抗的模；$\varphi_Z$ 为电路阻抗的阻抗角。在线性电路中，复阻抗 $Z$ 仅取决于电路的参数及电源频率，与电压、电流的大小无关。在电路中，复阻抗可用图 4-30（c）所示的图形符号表示。阻抗 $Z$ 与电抗 $X$ 的单位均为欧姆（Ω）。式（4-53）和式（4-54）的关系可用图 4-31 所示的阻抗三角形表示。注意，复阻抗不是时间的函数，也不是相量，复阻抗上面不能加点。

由式（4-50）可得

$$Z = \frac{\dot{U}}{\dot{I}} \tag{4-55}$$

把 $Z = |Z| \angle \varphi_Z$，$\dot{U} = U \angle \psi_u$，$\dot{I} = I \angle \psi_i$ 代入式（4-55）中，得

$$|Z| \angle \varphi_Z = \frac{U \angle \psi_u}{I \angle \psi_i} = \frac{U}{I} \angle (\psi_u - \psi_i) \tag{4-56}$$

由式（4-56）可知

$$|Z| = \frac{U}{I} \tag{4-57}$$

$$\varphi_Z = \psi_u - \psi_i \tag{4-58}$$

即复阻抗的模等于复阻抗两端电压有效值及流过该复阻抗的电流有效值之比。复阻抗的阻抗角等于复阻抗两端电压相位与流过该复阻抗的电流相位之差。

在 RLC 串联电路中，将电路分为以下 3 种类型。

（1）感性：$X_L - X_C > 0$，即感抗大于容抗，阻抗角 $\varphi_Z > 0$，此时阻抗两端电压超前电流。

（2）容性：$X_L - X_C < 0$，即容抗大于感抗，阻抗角 $\varphi_Z < 0$，此时阻抗两端电压滞后电流。

（3）阻性：$X_L - X_C = 0$，即感抗等于容抗，阻抗角 $\varphi_Z = 0$，此时阻抗两端电压与电流同相。

如图 4-32 所示为 RLC 串联电路电压、电流相量图，分别与以上 3 种类型的电路对应。图中设电流为参考相量，$\dot{U}_X = \dot{U}_L + \dot{U}_C$。

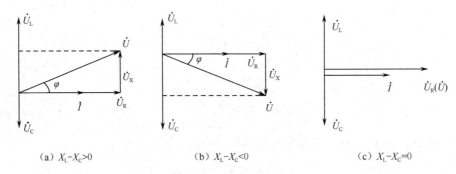

（a）$X_L - X_C > 0$　　　　（b）$X_L - X_C < 0$　　　　（c）$X_L - X_C = 0$

图 4-32　RLC 串联电路电压、电流相量图

由电压三角形可得

$$U = \sqrt{U_R^2 + U_X^2} = \sqrt{U_R^2 + (U_L - U_C)^2} \tag{4-59}$$

$$\varphi = \varphi_Z = \arctan \frac{U_X}{U_R} \tag{4-60}$$

将式（4-59）两边同时除以电流 $I$ 即为式（4-53），将式（4-60）中电压同时除以电流 $I$ 即为式（4-54），所以电压三角形与阻抗直角三角形相似。

[**例 4-20**] 有一个 RLC 串联电路，如图 4-33 所示，$u = 220\sqrt{2}\sin(314t + 30^\circ)$ V，$R=30\Omega$，$L=254$mH，$C=80\mu$F。试求：

（1）感抗、容抗及阻抗；

（2）电流的有效值 $I$ 及瞬时值 $i$；

（3）各元件两端的电压 $\dot{U}_R$、$\dot{U}_L$ 和 $\dot{U}_C$。

（4）画出相量图。

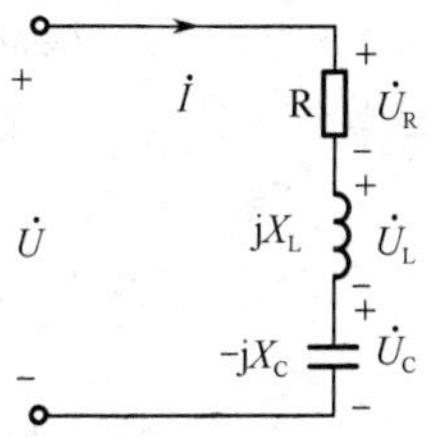

**解**：（1）感抗为

$$X_L = \omega L = 314 \times 254 \times 10^{-3} \approx 80 \ (\Omega)$$

容抗为

$$X_C = \frac{1}{\omega C} = \frac{1}{314 \times 80 \times 10^{-6}} \approx 40 \ (\Omega)$$

阻抗为

$$Z = R + j(X_L - X_C) = 30 + j(80 - 40) \approx 50\angle 53.1^\circ \ (\Omega)$$

（2）电流为

$$\dot{I} = \frac{\dot{U}}{Z} = \frac{220\angle 30^\circ}{50\angle 53.1^\circ} = 4.4\angle -23.1^\circ \ (A)$$

（3）各元件两端的电压分别为

$$\dot{U}_R = \dot{I}R = 4.4\angle -23.1^\circ \times 30 = 132\angle -23.1^\circ \ (V)$$

$$\dot{U}_L = jX_L\dot{I} = j80 \times 4.4\angle -23.1^\circ = 352\angle 66.9^\circ \ (V)$$

$$\dot{U}_C = -jX_C\dot{I} = -j40 \times 4.4\angle -23.1^\circ = 176\angle -113.1^\circ \ (V)$$

（4）相量图如图 4-34 所示。

由例 4-20 的结果可知，电容两端电压有效值可能大于总电源电压有效值，在不同性质元件组成的交流电路中，不能采用有效值的 KVL 形式，即 $U \neq U_R + U_L + U_C$。

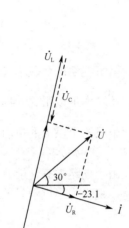

图 4-33 例 4-20 图

图 4-34 例 4-20 相量图

**2. 功率**

**1）瞬时功率**

由 R、L、C 组成的负载阻抗的等效电路如图 4-35 所示。若电路的阻抗角为 $\varphi_Z$，则负载的端电压 $u$ 超前电流 $i$ 的相位角为 $\varphi_Z$。假设电路中的电流为

$$i = \sqrt{2}I\sin\omega t$$

则负载的端电压 $u$ 可表示为

$$u = \sqrt{2}U\sin(\omega t + \varphi_Z)$$

负载的瞬时功率为

$$p = ui = \sqrt{2}U\sin(\omega t + \varphi_Z) \times \sqrt{2}I\sin\omega t = UI\cos\varphi_Z - UI\cos(2\omega t + \varphi_Z) \qquad (4\text{-}61)$$

瞬时功率随时间变化的曲线如图 4-36 所示。

**2）有功功率**

阻抗消耗的平均功率为

$$P = \frac{1}{T}\int_0^T p\mathrm{d}t = UI\cos\varphi_Z \qquad (4\text{-}62)$$

式（4-62）表明，平均功率等于电路端电压有效值 $U$ 和流过负载的电流有效值 $I$ 的乘积，再乘以 $\cos\varphi_z$。其中 $\cos\varphi_z$ 称为电路的功率因数。由于 $\varphi_z$ 是电路阻抗的阻抗角，所以电路的功率因数由负载决定。平均功率是被电路消耗的功率，所以相对于无功功率，平均功率又称有功功率。

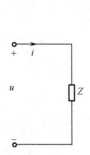

图 4-35　负载阻抗的等效电路　　　　图 4-36　瞬时功率随时间变化的曲线

由于在交流负载中只有电阻元件消耗能量，所以在电路中，如果只有一个电阻 R，则电路的有功功率可以用式（4-62）计算，也可以用 $P = U_R I_R$ 或 $P = I_R^2 R = \dfrac{U_R^2}{R}$ 进行计算；如果电路中有两个或两个以上的电阻，则电路消耗的总有功功率等于各电阻消耗的有功功率之和。

3）无功功率

由于电路中有储能元件，所以电路与电源之间存在能量交换。将阻抗与外部能量交换的最大速率定义为阻抗消耗的无功功率。由于

$$p = ui = UI\cos\varphi_z - UI\cos(2\omega t + \varphi_z)$$
$$= UI\cos\varphi_z(1 + \cos 2\omega t) + UI\sin\varphi_z \sin 2\omega t$$

而 $UI\cos\varphi_z(1 + \cos 2\omega t) \geq 0$，所以二端网络与外部交换的能量为 $UI\sin\varphi_z \sin 2\omega t$，能量交换的最大值（即无功功率）为

$$Q = UI\sin\varphi_z \qquad\qquad\qquad (4\text{-}63)$$

式（4-63）中的 $\varphi_z$ 为电压和电流的相位差，也是等效电路复阻抗的阻抗角。对于感性电路来说，$\varphi_z > 0$，则 $\sin\varphi_z > 0$，无功功率 $Q$ 为正值；对于容性电路来说，$\varphi_z < 0$，则 $\sin\varphi_z < 0$，无功功率 $Q$ 为负值。

当电路中既有电感元件又有电容元件时，无功功率相互补偿，它们在电路内部先相互交换一部分能量，不足部分再与电源进行交换。

4）视在功率

在交流电路中，元件两端电压与电流有效值的乘积称为视在功率，用大写字母 $S$ 表示，即

$$S = UI \qquad\qquad\qquad (4\text{-}64)$$

为了区别于有功功率和无功功率，视在功率的单位用伏安（V·A）或千伏安（kV·A）表示。

视在功率 $S$ 主要用来表示变压器、发电机等电源设备的容量，即表示电源设备可发出的最大功率，该功率一部分转化为有功功率，另一部分转化为无功功率，而转化为有功功率的多少与负载的功率因数有关。对负载而言，视在功率表示其占用电网的容量。

有功功率 $P$、无功功率 $Q$、视在功率 $S$ 之间存在如下关系：

$$\begin{cases} P = UI\cos\varphi \\ Q = UI\sin\varphi \\ S = \sqrt{P^2 + Q^2} = UI \end{cases} \quad （4\text{-}65）$$

式（4-65）可以用如图 4-37 所示的直角三角形来表示，该直角三角形称为功率三角形，它与同电路的电压三角形、阻抗三角形相似。

图 4-37 功率三角形

以上负载消耗功率的计算公式适用于所有单相交流负载功率的计算。

[例 4-21] 求例 4-20 中 RLC 串联电路负载消耗的视在功率 $S$、有功功率 $P$ 及无功功率 $Q$。

**解：** $S = UI = 220 \times 4.4 = 968（\text{V}\cdot\text{A}）$

$P = UI\cos\varphi = S\cos\varphi = 968 \times \cos 53.1^\circ = 580.8（\text{W}）$

$Q = UI\sin\varphi = S\sin\varphi = 968 \times \sin 53.1^\circ = 774.4（\text{Var}）$

或用以下方法求取

$P = I^2 R = 4.4^2 \times 30 = 580.8（\text{W}）$

$Q = Q_L - Q_C = U_L I - U_C I = 352 \times 4.4 - 176 \times 4.4 = 774.4（\text{Var}）$

$S = \sqrt{P^2 + Q^2} = \sqrt{580.8^2 + 774.4^2} = 968（\text{V}\cdot\text{A}）$

**随堂练习**

在如图 4-33 所示的 RLC 串联电路中，已知 $R = 30\Omega$，$L = 40\text{mH}$，$C = 100\mu\text{F}$，$\omega = 1000\,\text{rad/s}$，$U = 100\text{V}$。试求：

（1）电路的阻抗 Z；

（2）电流 $\dot{I}$，电压 $U_R$、$U_L$ 及 $U_C$。

## 三、复阻抗的串联与并联

### 1. 复阻抗的串联电路

两个复阻抗串联的电路如图 4-38（a）所示，电路的总电压相量为 $\dot{U}$，根据基尔霍夫电压定律，总电压相量等于各串联阻抗两端电压相量之和，即

$$\dot{U} = \dot{U}_1 + \dot{U}_2 = Z_1\dot{I} + Z_2\dot{I} = Z\dot{I}$$

电路的等效复阻抗为

$$Z = Z_1 + Z_2 \quad （4\text{-}66）$$

其等效电路如图 4-38（b）所示。

当电路电压一定时，电路中流过的电流为

$$\dot{I} = \frac{\dot{U}}{Z} = \frac{\dot{U}}{Z_1 + Z_2}$$

两个复阻抗串联时的分压公式为

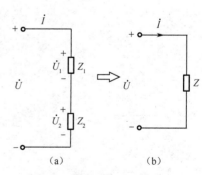

图 4-38 两个复阻抗串联的电路

$$\begin{cases} \dot{U}_1 = \dfrac{Z_1}{Z_1 + Z_2}\dot{U} \\[3mm] \dot{U}_2 = \dfrac{Z_2}{Z_1 + Z_2}\dot{U} \end{cases} \qquad (4\text{-}67)$$

若有 $n$ 个复阻抗串联，则等效复阻抗为

$$Z = Z_1 + Z_2 + \cdots + Z_n \qquad (4\text{-}68)$$

[**例 4-22**]　在图 4-38 中，阻抗 $Z_1 = (6.16 + \mathrm{j}9)\ \Omega$，$Z_2 = (2.5 - \mathrm{j}4)\ \Omega$，电源电压 $\dot{U} = 220\angle 30^\circ\ \mathrm{V}$，试求：

（1）电路中的电流 $\dot{I}$；

（2）各复阻抗两端的电压 $\dot{U}_1$、$\dot{U}_2$；

（3）画出电路的相量图；

（4）求该电路中各阻抗的有功功率、无功功率和视在功率，以及整个电路的有功功率、无功功率和视在功率。

**解：**（1）电路总的复阻抗为

$$Z = Z_1 + Z_2 = (6.16 + 2.5) + \mathrm{j}(9 - 4) = 8.66 + \mathrm{j}5 = 10\angle 30^\circ\ (\Omega)$$

电路电流为

$$\dot{I} = \frac{\dot{U}}{Z} = \frac{220\angle 30^\circ}{10\angle 30^\circ} = 22\angle 0^\circ\ (\mathrm{A})$$

（2）各复阻抗上的电压为

$$\dot{U}_1 = Z_1\dot{I} = (6.16 + \mathrm{j}9) \times 22\angle 0^\circ \approx 10.9\angle 55.6^\circ \times 22\angle 0^\circ = 239.8\angle 55.6^\circ\ (\mathrm{V})$$

$$\dot{U}_2 = Z_2\dot{I} = (2.5 - \mathrm{j}4) \times 22\angle 0^\circ \approx 4.72\angle -58^\circ \times 22\angle 0^\circ \approx 103.8\angle -58^\circ\ (\mathrm{V})$$

或利用分压公式，得

$$\dot{U}_1 = \frac{Z_1}{Z_1 + Z_2}\dot{U} = \frac{6.16 + \mathrm{j}9}{8.66 + \mathrm{j}5} \times 220\angle 30^\circ \approx \frac{10.9\angle 55.6^\circ}{10\angle 30^\circ} \times 220\angle 30^\circ = 239.8\angle 55.6^\circ\ (\mathrm{V})$$

$$\dot{U}_2 = \frac{Z_2}{Z_1 + Z_2}\dot{U} = \frac{2.5 - \mathrm{j}4}{8.66 + \mathrm{j}5} \times 220\angle 30^\circ \approx \frac{4.72\angle -58^\circ}{10\angle 30^\circ} \times 220\angle 30^\circ \approx 103.8\angle -58^\circ\ (\mathrm{V})$$

（3）电路的相量图如图 4-39 所示。

（4）阻抗 $Z_1$ 的有功功率、无功功率和视在功率为

$$S_1 = U_1 I = 239.8 \times 22 = 5275.6\ (\mathrm{V \cdot A})$$

$$P_1 = U_1 I \cos\varphi_1 = 239.8 \times 22 \times \cos 55.6^\circ \approx 2980.5\ (\mathrm{W})$$

$$Q_1 = U_1 I \sin\varphi_1 = 239.8 \times 22 \times \sin 55.6^\circ \approx 4353.0\ (\mathrm{Var})$$

阻抗 $Z_2$ 的有功功率、无功功率和视在功率为

$$S_2 = U_2 I = 103.8 \times 22 = 2283.6\ (\mathrm{V \cdot A})$$

$$P_2 = U_2 I \cos\varphi_2 = 103.8 \times 22 \times \cos(-58^\circ) \approx 1210.1\ (\mathrm{W})$$

$$Q_2 = U_2 I \sin\varphi_2 = 103.8 \times 22 \times \sin(-58^\circ) \approx -1936.5\ (\mathrm{Var})$$

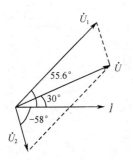

图 4-39　例 4-22 相量图

整个电路的有功功率、无功功率和视在功率为

$$S = UI = 220 \times 22 = 4840\ (\mathrm{V \cdot A})$$

$$P = UI\cos\varphi = 220 \times 22 \times \cos 30^\circ \approx 4191.4\ (\mathrm{W})$$

$$Q = UI\sin\varphi = 220 \times 22 \times \sin 30^\circ = 2420\ (\mathrm{Var})$$

整个电路的功率也可用如下方法求取：

$$P = P_1 + P_2 = 2980.5 + 1210.1 = 4190.6（\text{W}）$$

$$Q = Q_1 + Q_2 = 4353.0 - 1936.5 = 2416.5（\text{Var}）$$

$$S = \sqrt{P^2 + Q^2} = 4837.4（\text{V·A}）$$

由上式计算可得：$S \ne S_1 + S_2$。

**[例 4-23]**　电路如图 4-40 所示，已知电路总电压的有效值为 100V，电感两端电压的有效值为 50V，电源向电路提供功率 P=200W，电路角频率为 1000rad/s。试求 R 和 L。

**解：** 由于电阻与电感串联，流经电阻与电感的电流相同，假设电流的初相位为 0°，则电阻两端电压与电流同相，电感两端电压与电流相位差为 90°，相量图如图 4-41 所示。所以

$$U_R = \sqrt{U^2 - U_L^2} \approx 86.6（\text{V}）$$

由于电路的有功功率被电阻消耗，应用公式 $P = U_R^2 / R$，得

$$R = \frac{U_R^2}{P} = 37.5（\Omega）$$

再根据欧姆定律可得电路中流过的电流为

$$I = \frac{U_R}{R} \approx 2.31（\text{A}）$$

根据电感两端电压与电流的关系 $U_L = \omega L I$，得

$$L = \frac{U_L}{\omega I} = \frac{50}{1000 \times 2.31} \approx 21.6（\text{mH}）$$

即电阻 R 为 37.5Ω，电感 L 为 21.6mH。

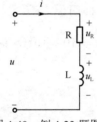

图 4-40　例 4-23 题图

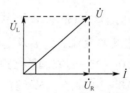

图 4-41　例 4-23 相量图

**2. 复阻抗的并联电路**

两个复阻抗并联的电路如图 4-42（a）所示，电路的总电流相量为 $\dot{I}$，根据基尔霍夫电流定律，总电流相量等于各并联阻抗流过的电流相量之和。

$$\dot{I} = \dot{I}_1 + \dot{I}_2 = \frac{\dot{U}}{Z_1} + \frac{\dot{U}}{Z_2} = \left(\frac{1}{Z_1} + \frac{1}{Z_2}\right)\dot{U} = \frac{\dot{U}}{Z} \quad (4\text{-}69)$$

电路的等效复阻抗为

$$\frac{1}{Z} = \frac{1}{Z_1} + \frac{1}{Z_2} \quad (4\text{-}70)$$

或

$$Z = \frac{Z_1 Z_2}{Z_1 + Z_2} \quad (4\text{-}71)$$

其等效电路如图 4-42（b）所示。

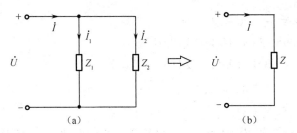

图 4-42　两个复阻抗并联的电路

当电路的总电流一定时，电路两端的电压为

$$\dot{U} = \frac{Z_1 Z_2}{Z_1 + Z_2} \dot{I}$$

两个复阻抗并联时的分流公式为

$$\begin{cases} \dot{I}_1 = \dfrac{Z_2}{Z_1 + Z_2} \dot{I} \\[3mm] \dot{I}_2 = \dfrac{Z_1}{Z_1 + Z_2} \dot{I} \end{cases} \tag{4-72}$$

若有 $n$ 个复阻抗并联，则等效复阻抗为

$$\frac{1}{Z} = \frac{1}{Z_1} + \frac{1}{Z_2} + \cdots + \frac{1}{Z_n} \tag{4-73}$$

或

$$Y = Y_1 + Y_2 + \cdots + Y_n \tag{4-74}$$

式（4-74）中，$Y = \dfrac{1}{Z}$，是阻抗的倒数，称为导纳，单位是西门子（S）。

[例4-24] 在如图4-42所示电路中，$Z_1 = (10 + j20)\,\Omega$，$Z_2 = (10 - j10)\,\Omega$，$u = 220\sqrt{2}\sin\omega t\ \text{V}$，用相量法计算电路中支路电流 $\dot{I}_1$、$\dot{I}_2$ 及总电流 $\dot{I}$。

解：$Z_1 = 10 + j20 \approx 22.36\angle 63.4^\circ\ (\Omega)$

$Z_2 = 10 - j10 \approx 14.14\angle -45^\circ\ (\Omega)$

$$\dot{I}_1 = \frac{\dot{U}}{Z_1} = \frac{220\angle 0^\circ}{22.36\angle 63.4^\circ} \approx 9.84\angle -63.4^\circ\ (\text{A})$$

$$\dot{I}_2 = \frac{\dot{U}}{Z_2} = \frac{220\angle 0^\circ}{14.14\angle -45^\circ} \approx 15.56\angle 45^\circ\ (\text{A})$$

电路总电流为

$\dot{I} = \dot{I}_1 + \dot{I}_2$

$= 9.84\angle -63.4^\circ + 15.56\angle 45^\circ$

$\approx 4.41 - j8.8 + 11 + j11$

$= 15.41 + j2.2$

$\approx 15.6\angle 8.1^\circ\ (\text{A})$

电路的总电流也可用如下方法求取：

$$Z = \frac{Z_1 Z_2}{Z_1 + Z_2} = \frac{(22.36\angle 63.4^\circ) \times (14.14\angle -45^\circ)}{(10 + j20) + (10 - j10)} \approx \frac{316.17\angle 18.4^\circ}{22.36\angle 26.6^\circ} \approx 14.14\angle -8.2^\circ\ (\Omega)$$

总电流的相量为

$$\dot{I} = \frac{\dot{U}}{Z} = \frac{220\angle 0^\circ}{14.14\angle -8.2^\circ} \approx 15.6\angle 8.2^\circ（A）$$

[例4-25]　电路如图4-43所示，已知电流表$A_1$、$A_2$的读数都是10A，求电路中电流表A的读数。

**解：**设端电压$\dot{U} = U\angle 0^\circ$为参考相量，相量图如图4-44所示。由于电阻上电流与电压同相，所以

$$\dot{I}_1 = 10\angle 0^\circ$$

由于纯电感的电流滞后电压90°，所以

$$\dot{I}_2 = 10\angle -90^\circ$$

总电流为

$$\dot{I} = \dot{I}_1 + \dot{I}_2 = 10^\circ\angle 0 + 10\angle -90^\circ = 10 - j10 \approx 14.1\angle -45^\circ（A）$$

所以电流表A的读数是14.1A。该电流也可以根据图4-44所示相量图求取：

$$I = \sqrt{I_1^2 + I_2^2} = \sqrt{10^2 + 10^2} = 10\sqrt{2} \approx 14.1（A）$$

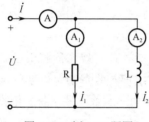
图4-43　例4-25题图

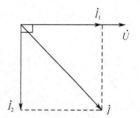
图4-44　例4-25相量图

**随堂练习**

1. 在如图4-45所示电路中，已知$R_1=40\Omega$，$X_L=30\Omega$，$R_2=60\Omega$，$X_C=60\Omega$，接至100V的电源上，试求电流$I_L$、$I_C$和$I$，以及各元件两端的电压。

2. 日光灯电源的电压为220V，频率为50Hz，灯管相当于300Ω的电阻，与灯管串联的镇流器在忽略电阻的情况下相当于500Ω感抗的电感。试求灯管两端的电压和工作电流，画出相量图，并计算日光灯电路的平均功率、视在功率、无功功率和功率因数。

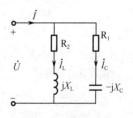
图4-45　随堂练习1

## 四、功率因数的提高

功率因数是指电网中负载所消耗的有功功率与其视在功率的比值，即$\cos\varphi = \dfrac{P}{UI}$。由前面所学知识可知，电网传送的功率分为有功功率和无功功率。对单一电气设备而言，有功功率能把电能进行有效转换，无功功率往往是电气设备能够做功的必备条件。但无功功率的存在会造成一些不利影响，我们从以下两方面来说明这些不利影响。

1）电源设备的容量不能被充分利用

假设某供电变压器的额定电压 $U_N=230V$，额定电流 $I_N=500A$，则其额定容量为

$$S = U_N I_N = 230 \times 500 = 115 \,(\text{kVA})$$

如果负载功率因数等于 1，负载从变压器取用 500A 电流，则变压器可以输出的有功功率为

$$P = U_N I_N \cos\varphi = 230 \times 500 \times 1 = 115 \,(\text{kW})$$

如果负载功率因数等于 0.5，负载同样从变压器取用 500A 电流，则变压器可以输出的有功功率为

$$P = U_N I_N \cos\varphi = 230 \times 500 \times 0.5 = 57.5 \,(\text{kW})$$

可见，负载的功率因数越低，供电变压器输出的有功功率越小，设备的利用越不充分，经济损失越严重。

2）输电线路上的功率损失增加

无功功率虽不直接消耗电源能量，但在远距离的输电线路上必将产生功率损耗。当发电机的输出电压 $U$ 和输出的有功功率 $P$ 一定时，输电线路上的电流为

$$I = \frac{P}{U \cos\varphi}$$

功率因数 $\cos\varphi$ 越小，输电线路上的电流 $I$ 越大，输电线路上的功率损耗 $\Delta P = I^2 r$ 越大。其中，$r$ 为电路及发电机绕组的内阻。

从以上两点可以看出，功率因数 $\cos\varphi$ 的大小与能源是否被充分利用息息相关。从供电局的角度来看，电厂提供的电能是以视在功率来计算的，但是收费却是以实际所做的有用功来收费的，两者之间有一个差值，所以供电局规定用户在功率因数上要达标，根据用户的不同，一般要求功率因数在 0.80 或 0.85 以上。

提高功率因数的首要任务是减小电源与负载之间的无功互换规模，而不改变原负载的工作状态。因此，感性负载需并联容性元件去补偿其无功功率，容性负载则需并联感性元件去补偿其无功功率。

提高功率因数的电路如图 4-46 所示。假设原感性电路用电阻 R 与电感 L 的串联电路等效，电路上的电流为负载电流 $\dot{I}_1$，这时电路的功率因数是 $\cos\varphi_1$，$\varphi_1$ 为负载的阻抗角。电路对应的相量图如图 4-47 所示，此时电流滞后电压 $\varphi_1$。为提高功率因数，在负载两端并联电容，并联后电源电压 $\dot{U}$ 不变，原感性负载工作不受影响，负载中电流不变。但电容支路产生电流，且电容电流 $\dot{I}_C$ 的相位超前电压 $\dot{U}$ 的相位 90°，相量图如图 4-47 所示。此时电路上的总电流为 $\dot{I}_1$ 与 $\dot{I}_C$ 的相量和 $\dot{I}$。由相量图可以看到，电路总电流 $\dot{I}$ 滞后电压 $\dot{U}$ 的角度为 $\varphi$，总阻抗角 $\varphi$ 减小了，因此功率因数提高了。电路总电流 $\dot{I}$ 与负载电流 $\dot{I}_1$ 相比变小了。由于电容只消耗无功功率，因此并联电容后，有功功率并不改变。

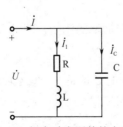

图 4-46　提高功率因数的电路

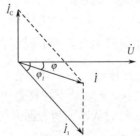

图 4-47　提高功率因数电路相量图

若电容值 $C$ 增大，则电流 $I_C$ 也将增大，$I$ 将进一步减小，但并不是 $C$ 越大 $I$ 越小。再不断增大 $C$，$\dot{I}$ 将超前于 $\dot{U}$，使电路成为容性。一般将电路性质从电感特性补偿为电容特性的情况称为过补偿，过补偿后电路的功率因数又会下降。因此，必须合理地选择补偿电容器的容量。

如果要把电路的功率因数由原先的 $\cos\varphi_1$ 提高到 $\cos\varphi$，其并联电容的大小可按如下方法计算。

由图 4-47 得

$$I_C = I_1\sin\varphi_1 - I\sin\varphi = \frac{P}{U\cos\varphi_1}\sin\varphi_1 - \frac{P}{U\cos\varphi}\sin\varphi = \frac{P}{U}\left(\text{tg}\,\varphi_1 - \text{tg}\,\varphi\right)$$

因为 $I_C = \dfrac{U}{X_C} = \omega CU$，所以

$$\omega CU = \frac{P}{U}\left(\text{tg}\,\varphi_1 - \text{tg}\,\varphi\right)$$

由此得到并联电容 $C$ 的计算公式为

$$C = \frac{P}{\omega U^2}\left(\text{tg}\,\varphi_1 - \text{tg}\,\varphi\right) \tag{4-75}$$

式（4-75）是将原有功率因数 $\cos\varphi_1$ 提高到新的功率因数 $\cos\varphi$ 需要并联的电容 $C$ 的计算公式。

[例 4-26] 一交流电动机，其输入功率 $P = 3\,\text{kW}$，电压 $U = 220\,\text{V}$，功率因数为 0.6，频率 $f = 50\,\text{Hz}$，现将功率因数提高到 0.9，问需与电动机并联多大的电容？

解：因 $\cos\varphi_1 = 0.6$，故 $\varphi_1 = 53°$，$\text{tg}\,\varphi_1 = 1.333$

因 $\cos\varphi = 0.9$，故 $\varphi = 26°$，$\text{tg}\,\varphi = 0.488$

$$C = \frac{P}{\omega U^2}(\text{tg}\,\varphi_1 - \text{tg}\,\varphi) = \frac{3000}{314\times220^2}(1.333 - 0.488) \approx 167\,(\mu\text{F})$$

**随堂练习**

一个工频负载的额定电压为 220V，功率为 10kW，功率因数为 0.7，欲将功率因数提高到 0.9，试求所需并联的电容大小。

**【任务解决】**

在正弦交流电路中，电压、电流之间的关系较直流电路复杂，电路总电压或总电流不能简单地用元件两端电压大小或电流大小进行加、减，而要考虑元件的特性。负载瞬时吸收功率是按正弦规律变化的，通常用有功功率描述，其功率大小不仅与负载的电压、电流有关，还与负载的性质有关。

# 任务三　交流电路的频率特性

**【学习目标】**

（1）了解正弦交流电路中电压、电流与频率的关系；

（2）了解正弦交流电路中串联谐振和并联谐振的条件与特征。

## 【任务导入】

什么是频率特性？怎样的情况下会发生谐振？谐振对电路有何影响？能否利用谐振？

## 【知识链接】

正弦交流电路中的感抗和容抗都与频率有关，当频率发生变化时，电路中各处的电流和电压的幅值与相位也会发生变化，这就是所谓的频率特性。电流和电压幅值与频率的关系称为幅频特性，电流和电压相位与频率的关系称为相频特性，它们在电子技术的应用中具有很重要的意义。

### 一、RC 电路及其频率特性

#### 1. 高通滤波电路

如图 4-48 所示为 RC 高通滤波电路，假设 $\dot{U}_1$ 为频率可以改变的输入信号，则电阻 R 两端的电压为

$$\dot{U}_2 = \frac{R}{R - \mathrm{j}\frac{1}{\omega C}}\dot{U}_1 = \frac{\mathrm{j}\omega RC}{1 + \mathrm{j}\omega RC}\dot{U}_1$$

电压 $\dot{U}_2$ 与电压 $\dot{U}_1$ 之比为

$$\frac{\dot{U}_2}{\dot{U}_1} = \frac{\mathrm{j}\omega RC}{1 + \mathrm{j}\omega RC} = \frac{\omega RC}{\sqrt{1 + (\omega RC)^2}}\angle\arctan\frac{1}{\omega RC} = A(\omega)\angle\varphi(\omega)$$

其中：

$$A(\omega) = \frac{\omega RC}{\sqrt{1 + (\omega RC)^2}} \tag{4-76}$$

$$\varphi(\omega) = \arctan\frac{1}{\omega RC} \tag{4-77}$$

式（4-76）称为输出与输入之间的幅频特性，式（4-77）称为输出与输入之间的相频特性，它们的特性曲线如图 4-49 所示。把 $\dot{U}_1$ 看成输入，当输入信号频率趋近于零时，电容容抗为无穷大，输出电压为零，此时电路输出与输入的相位移趋近于 90°。随着频率的升高，电阻上分得的电压加大，电路的传输能力加强。当频率为无穷大时，电容容抗为零，电源电压全部输出，此时电路输出与输入的相位移为零，即 $\omega \to \infty$ 时，$A(\omega) = 1$，$\varphi(\omega) = 0$。

当电路角频率 $\omega = \frac{1}{RC}$ 时，$A(\omega) = 0.707$，$\varphi(\omega) = \frac{\pi}{4}$，这时 $U_2 = 0.707U_1$。在实际应用中，将输出电压幅值降到最大输出电压幅值的 $1/\sqrt{2}$ 时对应的频率称为截止频率，将其视为信号能否通过电路所对应的频率分界点。本电路中，截止频率为

$$f_{\mathrm{L}} = \frac{1}{2\pi RC} \tag{4-78}$$

在该电路中，低于频率 $f_{\mathrm{L}}$ 的信号，其输出电压都小于 $0.707U_1$，所以此处的截止频率也称下限截止频率。由于该电路具有高频信号容易通过的特点，故称为高通滤波电路。

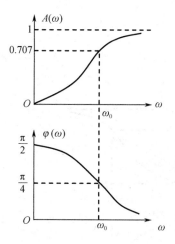

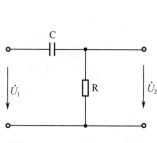

图 4-48　RC 高通滤波电路

图 4-49　高通滤波电路的频率特性曲线

## 2．低通滤波电路

与高通滤波电路相反，易通过低频信号而抑制高频信号的电路称为低通滤波电路。

如图 4-50 所示电路为典型的低通滤波电路。根据电路可得

$$\dot{U}_2 = \frac{-\mathrm{j}\dfrac{1}{\omega C}}{R - \mathrm{j}\dfrac{1}{\omega C}}\dot{U}_1 = \frac{1}{1 + \mathrm{j}\omega RC}\dot{U}_1$$

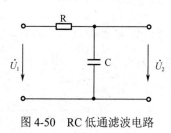

图 4-50　RC 低通滤波电路

电压 $\dot{U}_2$ 与电压 $\dot{U}_1$ 之比为

$$\frac{\dot{U}_2}{\dot{U}_1} = \frac{1}{1 + \mathrm{j}\omega RC} = \frac{1}{\sqrt{1 + (\omega RC)^2}} \angle \arctan(-\omega RC) = A(\omega)\angle\varphi(\omega)$$

其中：

$$A(\omega) = \frac{1}{\sqrt{1 + (\omega RC)^2}} \tag{4-79}$$

$$\varphi(\omega) = \arctan(-\omega RC) \tag{4-80}$$

它们的特性曲线如图 4-51 所示。该电路的上限截止频率为

$$f_\mathrm{H} = \frac{1}{2\pi RC} \tag{4-81}$$

由此可知，如图 4-50 所示电路只能通过频率低于 $f_\mathrm{H}$ 的信号。

## 3．带通滤波电路

既有上限截止频率又有下限截止频率，只允许上、下限截止频率之间频段的信号通过的电路称为带通滤波电路。

如图 4-52（a）所示为 RC 串并联带通滤波电路，其等效电路如图 4-52（b）所示。等效阻抗为

$$Z_1 = R - \mathrm{j}\frac{1}{\omega C} = \frac{1 + \mathrm{j}\omega RC}{\mathrm{j}\omega RC}$$

$$Z_2 = \frac{R + \left(-j\dfrac{1}{\omega C}\right)}{R - j\dfrac{1}{\omega C}} = \frac{R}{1 + j\omega RC}$$

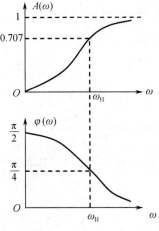

图 4-51  低通滤波电路的频率特性曲线

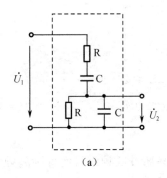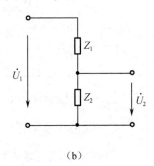

图 4-52  RC 串并联带通滤波电路及其等效电路

电路输出电压 $\dot{U}_2$ 与输入电压 $\dot{U}_1$ 之比为

$$\frac{\dot{U}_2}{\dot{U}_1} = \frac{Z_2}{Z_1 + Z_2} = \frac{\dfrac{R}{1 + j\omega RC}}{\dfrac{1 + j\omega RC}{j\omega RC} + \dfrac{R}{1 + j\omega RC}} = \frac{1}{3 + j\left(\omega RC - \dfrac{1}{\omega RC}\right)}$$

$$= \frac{1}{\sqrt{3^2 + \left(\omega RC - \dfrac{1}{\omega RC}\right)^2}} \angle \arctan\frac{1 - (\omega RC)^2}{3\omega RC} \qquad (4\text{-}82)$$

其中，输出与输入之间的幅频关系为

$$A(\omega) = \frac{1}{\sqrt{3^2 + \left(\omega RC - \dfrac{1}{\omega RC}\right)^2}} \qquad (4\text{-}83)$$

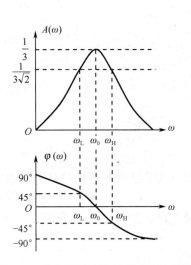

相频关系为

$$\varphi(\omega) = \arctan\frac{1 - (\omega RC)^2}{3\omega RC} \qquad (4\text{-}84)$$

如图 4-53 所示为带通滤波电路的频率特性曲线，由式（4-83）和式（4-84）可知，当

$$\omega = \omega_0 = \frac{1}{RC} \qquad (4\text{-}85)$$

时，$A(\omega_0) = \dfrac{1}{3}$ 为最大值，此时 $\varphi(\omega_0) = 0$，$\dot{U}_2$ 与 $\dot{U}_1$ 同相位。

这里

图 4-53  带通滤波电路的频率特性曲线

$$f = f_0 = \frac{1}{2\pi RC} \qquad (4\text{-}86)$$

式（4-86）称为带通滤波电路的中心频率。电路对应的下限截止频率与上限截止频率分别为 $f_L = 0.303 f_0$ 和 $f_H = 3.303 f_0$，显然

$$B = f_H - f_L = 3 f_0 \qquad (4\text{-}87)$$

$B$ 称为带通滤波电路的通频带宽度。

在电子技术中，RC 串并联电路作为具有良好选频特性的网络常用于振荡电路，此串并联选频网络组成的文氏振荡电路可选出频率为 $f = f_0 = \dfrac{1}{2\pi RC}$ 的正弦信号。

## 二、RLC 谐振电路及其频率特性

在物理学中，当策动力的频率和系统的固有频率相等时，系统受迫振动的振幅最大，这种现象称为共振。电路中的谐振其实也是这个意思，当电路激励的频率等于电路的固有频率时，电路电磁振荡的振幅也将达到最大值。实际上，共振和谐振表达的是同一种现象，只是两种具有相同实质的现象在不同的领域里的不同叫法而已。

含有电感和电容元件的无源二端网络，在一定的条件下，其电压与电流同相位，这种工作状态称为谐振。在工程技术中，工作在谐振状态下的电路常称为谐振电路，如图 4-54 所示。谐振电路在电子技术中有着广泛的应用。例如，在收音机中，利用谐振电路的特性来选择所需的电台信号；在电子测量仪器中，利用谐振电路的特性测量线圈和电容器的参数等。谐振电路又分为串联谐振电路和并联谐振电路。

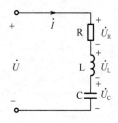

图 4-54　RLC 串联谐振电路

### 1. RLC 串联谐振电路

当角频率为 $\omega$ 的正弦电压作用于 RLC 串联电路时，电路的复阻抗为

$$Z = R + j\left(\omega L - \frac{1}{\omega C}\right) = R + j(X_L - X_C)$$

当 $X_L = X_C$ 时，$Z = R$，电流为

$$\dot{I} = \frac{\dot{U}}{Z} = \frac{\dot{U}}{R}$$

电压与电流同相位，这时称电路发生了串联谐振。谐振时阻抗角 $\varphi = \arctan\dfrac{X_L - X_C}{R} = 0$，电路呈现电阻性。

由以上分析可知，RLC 串联谐振电路发生谐振的条件为

$$X_L = X_C \qquad (4\text{-}88)$$

即

$$\omega L = \frac{1}{\omega C} \qquad (4\text{-}89)$$

若电路参数 $L$、$C$ 一定，改变电源的频率使电路发生谐振，此时电源的角频率称为谐振角频率，用 $\omega_0$ 表示，即

$$\omega_0 = \frac{1}{\sqrt{LC}} \qquad (4\text{-}90)$$

相应的谐振频率为

$$f_0 = \frac{1}{2\pi\sqrt{LC}}$$

（4-91）

由于谐振时的角频率和频率仅取决于电路的电感量和电容量，所以 $f_0$ 和 $\omega_0$ 常称为电路的固有频率和固有角频率。当电源频率等于电路的固有频率时，电路处于谐振状态。电路谐振时的电流称为谐振电流，用 $I_0$ 表示，即

$$\dot{I}_0 = \frac{\dot{U}}{R}$$

串联谐振时，各元件上的电压分别为

$$\dot{U}_R = R\dot{I}_0 = R \times \frac{\dot{U}}{R} = \dot{U}$$

$$\dot{U}_L = j\omega_0 L\dot{I}_0 = j\omega_0 L \times \frac{\dot{U}}{R} = j\frac{\omega_0 L}{R}\dot{U}$$

$$\dot{U}_C = -j\frac{1}{\omega_0 C}\dot{I}_0 = -j\omega_0 L \times \frac{\dot{U}}{R} = -j\frac{\omega_0 L}{R}\dot{U}$$

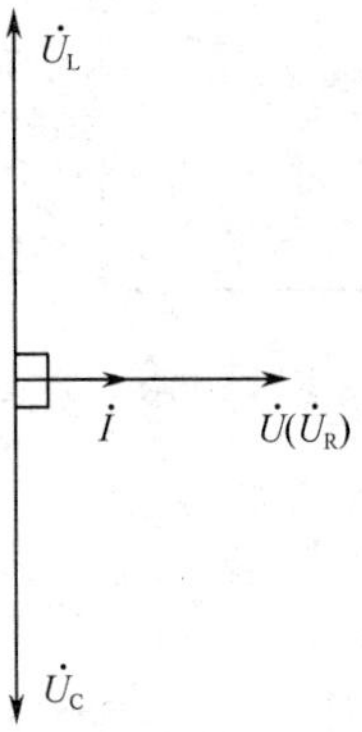

图4-55　RLC 串联谐振时的电压、电流相量图

RLC 串联谐振时的电压、电流相量图如图 4-55 所示。电阻上的电压等于电源电压 $\dot{U}$，电感与电容两端的电压大小相等，相位相反，$\dot{U}_C = -\dot{U}_L$，即 $\dot{U}_C + \dot{U}_L = 0$。

令 $Q = \frac{\omega_0 L}{R}$，$Q$ 称为谐振电路的品质因数，则电感与电容上的电压是电源电压的 $Q$ 倍，即 $U_{L0} = U_{C0} = QU$，故串联谐振也称电压谐振。品质因数是一个仅与电路参数有关的常数，一般谐振电路中的电阻较小，所以电路的品质因数可达几十或以上。

综上所述，RLC 串联电路处于谐振状态时，其特点如下所述。

（1）电路复阻抗 $Z$ 等于电路中的电阻 $R$，电路呈电阻性，复阻抗的模达到最小值。

（2）在一定电压 $U$ 的作用下，电路中的电流 $I$ 达到最大值。

（3）电阻元件上的电压为电源电压，电感与电容两端的电压大小相等，是电源电压的 $Q$ 倍，但相位相反。

对于一个 RLC 串联电路来说，电路阻抗为

$$|Z| = \sqrt{R^2 + \left(\omega L - \frac{1}{\omega C}\right)^2}$$

电路电流为

$$I = \frac{U}{\sqrt{R^2 + \left(\omega L - \frac{1}{\omega C}\right)^2}}$$

$$= \frac{U}{R\sqrt{1+\left(\dfrac{\omega_0 L}{R}\right)^2\left(\dfrac{\omega}{\omega_0}-\dfrac{\omega_0}{\omega}\right)^2}}$$

$$= \frac{I_0}{\sqrt{1+Q^2\left(\dfrac{\omega}{\omega_0}-\dfrac{\omega_0}{\omega}\right)^2}} \tag{4-92}$$

在串联谐振电路中，若电源电压大小一定，则电流有效值的大小随电源频率变化的曲线称为电流谐振曲线。串联谐振电路的电流谐振曲线如图 4-56 所示，其通频带为

$$B=f_H - f_L \tag{4-93}$$

其中，$f_H$ 为上限截止频率，$f_L$ 为下限截止频率，

由式（4-92）可以得出，当品质因数 $Q$ 值变化时，电路电流 $I$ 的特性曲线也会随之变化。$Q$ 值越大，其对应的电流谐振曲线越尖锐，通频带越窄，其频率选择性就越高，即抑制其他频率信号的能力就越强。反之，$Q$ 值越小，其通频带越宽，频率选择性就越差。

串联谐振电路用于频率选择的典型例子便是收音机选台用的接收电路，如图 4-57 所示。其作用是将由天线接收到的无线电信号，经铁芯耦合到电感 $L_2$ 与可变电容 C 的串联电路中，调节电容 $C$ 的值，使电路的谐振频率与要选择的电台信号频率相同，该谐振信号在 C 两端获得的电压为 $QU$，而其他频率的信号因为没有发生谐振，所以电流很小，被电路抑制掉，于是 $f=f_0$ 的电台信号便被选出。

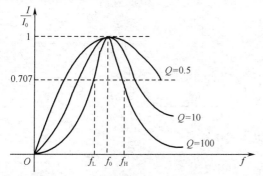

图 4-56　串联谐振电路的电流谐振曲线

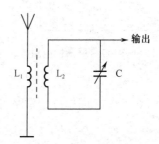

图 4-57　收音机的接收电路

[例 4-27]　在 RLC 串联电路中，已知 $R=0.1\Omega$，$L=2$mH，$C=5\mu$F，电源电压为 10mV。改变电源频率，使电路产生串联谐振，试求电路此时的频率 $f_0$、品质因数 $Q$ 及电感上的电压 $U_{L0}$。

**解：** $f_0 = \dfrac{1}{2\pi\sqrt{LC}} = \dfrac{1}{2\times3.14\times\sqrt{2\times10^{-3}\times5\times10^{-6}}} \approx 1592.3$（Hz）

$$Q = \frac{\omega_0 L}{R} = \frac{2\times3.14\times1592.3\times2\times10^{-3}}{0.1} \approx 200$$

$$U_{L0} = U_{C0} = QU = 200\times10\times10^{-3} = 2 \text{（V）}$$

[例 4-28] 某收音机的输入回路可等效为 RLC 串联电路，其中电感 $L=0.3$mH，电阻 $R=10\Omega$，可变电容 $C$ 可在 32～310pF 范围内调节，求此电路的谐振频率范围。若输入电压为 $2\mu$V，频率为 990kHz，试求电路的品质因数以及谐振时电路中的电流和电容两端的电压。

**解：** $f_{01} = \dfrac{1}{2\pi\sqrt{LC_1}} = \dfrac{1}{2\times3.14\times\sqrt{0.3\times10^{-3}\times32\times10^{-12}}} \approx 1625\,(\text{kHz})$

$f_{02} = \dfrac{1}{2\pi\sqrt{LC_2}} = \dfrac{1}{2\times3.14\times\sqrt{0.3\times10^{-3}\times310\times10^{-12}}} \approx 522\,(\text{kHz})$

所以电路的谐振频率范围为 522 ~ 1625 kHz。

品质因数为

$$Q = \frac{\omega_0 L}{R} = \frac{2\pi f_0 L}{R} = \frac{2\times3.14\times990\times10^3\times0.3\times10^{-3}}{10} \approx 186.5$$

电流为

$$I = \frac{U}{R} = \frac{2\times10^{-6}}{10} = 0.2(\mu A)$$

电容两端的电压为

$$U_C = QU = 186.5\times2\times10^{-6} = 0.373\,(\text{mV})$$

### 2. RLC 并联谐振电路

在电容和电感并联情况下发生的谐振称为并联谐振。实用的并联谐振电路如图 4-58 所示。

由 KCL 得

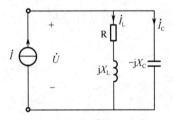

图 4-58　RLC 并联谐振电路

$$\dot{I} = \dot{I}_L + \dot{I}_C = \frac{\dot{U}}{R+j\omega L} + \frac{\dot{U}}{-j\dfrac{1}{\omega C}}$$

$$= \dot{U}\left[\frac{R}{R^2+\omega^2 L^2} - j\left(\frac{\omega L}{R^2+\omega^2 L^2} - \omega C\right)\right]$$

电路输入端电流 $\dot{I}$ 与输入端电压 $\dot{U}$ 之比为

$$\frac{\dot{I}}{\dot{U}} = \frac{R}{R^2+\omega^2 L^2} - j\left(\frac{\omega L}{R^2+\omega^2 L^2} - \omega C\right)$$

谐振时，$\dot{I}$ 与 $\dot{U}$ 同相位，电路呈电阻性，所以上式中虚部

$$\frac{\omega L}{R^2+\omega^2 L^2} - \omega C = 0 \tag{4-94}$$

由式（4-94）可得谐振频率为

$$\omega_0 = \sqrt{\frac{1}{LC} - \frac{R^2}{L^2}} \quad \text{或} \quad f_0 = \frac{1}{2\pi}\sqrt{\frac{1}{LC} - \frac{R^2}{L^2}} \tag{4-95}$$

在电子技术中，$R$ 一般只是电感线圈的内阻，$R \ll \omega_0 L$，故式（4-95）中的 $\dfrac{R^2}{L^2}$ 项可以忽略，则

$$\omega_0 \approx \frac{1}{\sqrt{LC}} \quad \text{或} \quad f_0 \approx \frac{1}{2\pi\sqrt{LC}} \tag{4-96}$$

这就是实用并联谐振电路的谐振频率（或谐振条件）。

并联谐振电路谐振时的阻抗为

$$Z = \frac{\dot{U}}{\dot{I}_S} = \frac{R^2+\omega^2 L^2}{R} \tag{4-97}$$

又由式（4-94）虚部得

$$R^2 + \omega^2 L^2 = \frac{L}{C} \qquad (4\text{-}98)$$

将式（4-98）代入式（4-97）得谐振时阻抗为

$$Z = \frac{L}{RC} \qquad (4\text{-}99)$$

综上所述，RLC 并联电路处于谐振状态时，其特点如下所述。

（1）电路复阻抗 $Z$ 呈纯电阻性，复阻抗的模达到最大值。

（2）在一定电流 $I$ 的作用下，电路中的电压 $U$ 达到最大值。

（3）当 $R \ll \omega_0 L$ 时，可近似认为 $\dot{I}_\text{L} \approx -\dot{I}_\text{C}$，即电感支路电流与电容支路电流近似相等，并且支路电流大小为电路总电流的 $Q$ 倍。由于电路中的谐振量是电流，故并联谐振又称电流谐振。

并联谐振电路在电子技术中也常用于选频。正弦波信号发生器就是利用此电路来选择频率的。

 **随堂练习**

1. 有一 RLC 串联交流电路，已知 $R = X_\text{L} = X_\text{C} = 10\Omega$，$I = 1\text{A}$，试求电路总阻抗 $Z$ 和电压 $U$、$U_\text{R}$、$U_\text{L}$、$U_\text{C}$。

2. 有一 RLC 串联电路，它在电源频率 $f = 500\text{Hz}$ 时发生谐振，谐振时电流为 0.2A，容抗 $X_\text{C}$ 为 $314\Omega$，测得电容电压 $U_\text{C}$ 为电源电压 $U$ 的 20 倍。试求该电路的电阻 $R$ 和电感 $L$。

## ■【任务解决】

当电路中电源的大小不变，只有频率发生改变时，电路中各处的电流和电压的幅值与相位都可能发生变化。当含有电感和电容元件的电路两端电压与电流出现同相位时称该电路发生谐振。谐振时电感与电容上的电压或电流可达电源电压或电流的几十倍，所以，谐振有时会造成电路损坏或事故。但在无线电接收电路中我们又利用谐振来获取需要的信号，所以谐振也能被利用。

# 小　结

正弦交流电是大小和方向按正弦规律变化的交流电。任意交流电由幅值、频率和初相位这 3 个特征量确定，这 3 个量称为正弦量的三要素。可以用瞬时值、三角函数式、波形图、相量式（及相量图）等方式来表示正弦交流电。

由于在同一正弦交流电路中，信号频率相同，所以只要确定正弦交流电的幅值和初相位，即可确定其瞬时值。因此，可以用具有振幅（有效值）和初相位的相量（复数）来表示正弦量的瞬时值。在电工技术中，常用有效值来表示正弦量的大小。

正弦量用相量表示后，可以根据复数的运算关系进行运算，即将正弦量的运算转换成复数的运算。

相量还可以用相量图来表示。相量图能形象、直观地表示各相量的大小和相位关系。利用相量图的几何关系可以求解电路。注意，只有同频率的正弦量才能画在同一个相量图中。

单一参数的交流电路是分析交流电路的前提。在假定元件两端电压与电流参考方向相关联的情况下，单一参数交流电路电压和电流的关系参见表4-1。

表4-1　单一参数交流电路电压和电流的关系

| 电路元件 | | 电阻 R | 电感 L | 电容 C |
|---|---|---|---|---|
| 元件性质 | | R 为耗能元件，电能转换为热能 | L 为储能元件，电能与磁场能相互转换 | C 为储能元件，电能与电场能相互转换 |
| 频率特性 | | R 与频率无关 | 感抗与频率成正比 | 容抗与频率成反比 |
| 电压与电流的关系 | 瞬时值 | $u_R=R\,i_R$ | $u_L=L\dfrac{di_L}{dt}$ | $i_C=C\dfrac{du_C}{dt}$ |
| | 有效值 | $U_R=R\,I_R$ | $U_L=X_L I_L$ | $U_C=X_C I_C$ |
| | 相位关系 | $\psi_u=\psi_i$ | $\psi_u=\psi_i+90°$ | $\psi_u=\psi_i-90°$ |
| | 相量关系 | $\dot U_R=R\dot I_R$ | $\dot U_L=jX_L\dot I_L$ | $\dot U_C=-jX_C\dot I_C$ |
| 有功功率 | | $P=U_R I_R=I_R^2 R$ | 0 | 0 |
| 无功功率 | | 0 | $Q_L=I_L^2 X_L$ | $Q_C=-I_C^2 X_C$ |

在交流电路中，阻抗 $Z$ 可表示为

$$Z=\frac{\dot U}{\dot I}=R+jX=|Z|\angle\varphi$$

其中，$R$ 为电路的等效电阻，$X$ 为电路的等效电抗，复阻抗的模 $|Z|$ 为电路阻抗的大小，辐角 $\varphi$ 为阻抗角，它是电路总电压与电流之间的相位差。当 $\varphi>0$ 时，电路呈感性；当 $\varphi<0$ 时，电路呈容性；当 $\varphi=0$ 时，电路呈阻性。

正弦交流电路吸收的有功功率 $P=UI\cos\varphi$，$\cos\varphi$ 称为功率因数。反映电路与电源之间能量交换规模的物理量是无功功率 $Q$，$Q=UI\sin\varphi$。表示电源容量的物理量是视在功率 $S$，$S=UI=\sqrt{P^2+Q^2}$。

功率因数 $\cos\varphi$ 的大小取决于负载本身的性质，但功率因数的大小与能源能否被充分利用息息相关。提高电路的功率因数对充分发挥电源设备的潜力、减少电路的损耗有重要意义。在感性负载两端并联适当的电容元件可以提高电路的功率因数。

在含有电感元件和电容元件的电路中，当总电压相量和总电流相量同相时，电路发生谐振。按发生谐振的电路不同，可分为串联谐振电路和并联谐振电路。

## 思考题与习题

4-1　已知正弦交流电压 $u=311\sin\left(314t+\dfrac{\pi}{4}\right)$V，电流 $i=20\sin(628t+260°)$mA。求：角频率、频率、周期、幅值、有效值和初相角；当 $t=0$ 时，$u$、$i$ 的值；当 $t=0.01$s 时，$u$、$i$ 的值。

4-2　判断下列各组正弦量中哪个交流电超前，哪个交流电滞后？相位差各等于多少？

（1）$i_1=6\sin(\omega t+20°)$A，$i_2=8\sin(\omega t+45°)$A；

（2）$u_1 = U_{1m} \sin(\omega t - 20°) \text{V}$，$u_2 = U_{2m} \sin(\omega t - 70°) \text{V}$；

（3）$u = -8\sin(\omega t + 50°) \text{V}$，$i = 10\sin(\omega t + 45°) \text{A}$；

（4）$u = 3\sqrt{2} \cos(\omega t + 50°) \text{V}$，$i = 10\sqrt{2} \sin(\omega t + 120°) \text{A}$。

4-3　将下列各正弦量用有效值相量形式表示。

（1）$u = 220\sin 314t \text{ V}$；

（2）$u = 50\sqrt{2} \sin(300t + 50°) \text{V}$；

（3）$i = 10\sin(500t - 60°) \text{A}$；

（4）$i = 20\sqrt{2} \sin(6280t + 90°) \text{A}$。

4-4　把下列各电压有效值相量和电流有效值相量转换为瞬时值表达式。

（1）$\dot{U} = 80\,e^{-j45°} \text{ V}$，$\dot{I} = 2\,e^{j30°} \text{ A}$（$f=50\text{Hz}$）；

（2）$\dot{U} = 100\angle 75° \text{ V}$，$\dot{I} = 5\sqrt{2} \angle 60° \text{ A}$（$f=100\text{Hz}$）；

（3）$\dot{U} = (40+j30) \text{V}$，$\dot{I} = (1-j2) \text{A}$（$\omega = 1000\text{rad/s}$）。

4-5　试用相量法求下列两正弦电流之和 $i = i_1 + i_2$ 及之差 $i = i_1 - i_2$，并画出对应的相量图。

（1）$i_1 = 50\sqrt{2} \sin\left(\omega t + \dfrac{\pi}{6}\right) \text{V}$；

（2）$i_2 = 100\sqrt{2} \sin\left(\omega t - \dfrac{\pi}{3}\right) \text{V}$。

4-6　在 $50\Omega$ 的电阻上加上 $u=220\sqrt{2} \sin(314t+30°) \text{V}$ 的电压，$u$、$i$ 参考方向一致，写出通过电阻的电流瞬时值表达式，求电阻消耗功率的大小，并画出电压和电流的相量图。

4-7　在 $100\text{mH}$ 电感两端加上 $u=220\sqrt{2} \sin 314t \text{ V}$ 的电压，$u$、$i$ 参考方向一致，写出电流的解析式，求电感消耗的无功功率，并画出电流与电压的相量图。

4-8　把 $L=51\text{mH}$ 的线圈（其电阻忽略不计）接在电压为 $u=220\sqrt{2} \sin(314t+20°) \text{V}$ 的交流电路中，试求：

（1）感抗 $X_L$；

（2）电流 $I$ 的有效值；

（3）写出电流 $i$ 的瞬时值表达式；

（4）画出相量图；

（5）若电源电压不变，而频率变为 $100\text{Hz}$，重新求取上述（1）～（4）题的结果。

4-9　已知一线圈通过 $50\text{Hz}$ 电流时，其感抗为 $10\Omega$，试问当电源频率为 $10\text{kHz}$ 时，其感抗为多少？

4-10　将 $C=12.5\mu\text{F}$ 的电容器接在电压为 $u=10\sqrt{2} \sin(1000t+40°) \text{mV}$ 的交流电路中，试求：

（1）容抗 $X_C$；

（2）电流 $I$ 的有效值；

（3）写出电流 $i$ 的瞬时值表达式；

（4）画出相量图；

（5）若电源电压不变，而角频率变为 $10000\text{rad/s}$，重新求取上述（1）～（4）题的结果。

4-11　在如图 4-30 所示 RLC 串联电路中，已知 $R=10\Omega$，$L=0.1\text{H}$，$C=200\mu\text{F}$，电源电压

$U=100\text{V}$，频率 $f=50\text{Hz}$，试求：

（1）阻抗 $Z$；

（2）电路电流；

（3）各元件两端电压；

（4）画出所有电压、电流相量图。

4-12  在如图 4-30 所示 RLC 串联电路中，已知 $R=30\Omega$，$L=40\text{mH}$，$C=100\mu\text{F}$，$\omega=1000\text{rad/s}$，$\dot{U}_\text{L}=10\angle0^\circ\text{V}$，试求：

（1）电路的阻抗 $Z$；

（2）电流 $\dot{I}$ 和电压 $\dot{U}_\text{R}$、$\dot{U}_\text{C}$ 及 $\dot{U}$。

4-13  在如图 4-30 所示 RLC 串联电路中，$R=10\Omega$，$X_\text{L}=15\Omega$，$X_\text{C}=5\Omega$，其中电流 $\dot{I}=2\angle30^\circ\text{A}$，试求：

（1）总电压 $\dot{U}$；

（2）电路的功率因数 $\cos\varphi$；

（3）该电路消耗的功率 $P$、$Q$、$S$。

4-14  如题 4-14 图所示，已知 $u=10\sin(\omega t-180^\circ)\text{V}, R=4\Omega, \omega L=3\Omega$，试求电感元件上的电压 $u_\text{L}$。

4-15  如题 4-15 图所示，已知 $R=30\Omega$，$C=25\mu\text{F}$，且 $i_\text{S}=10\sin(1000t-30^\circ)\text{A}$，试求：

（1）电路的复阻抗；

（2）$U_\text{R}$、$U_\text{C}$、$U$ 及 $\dot{U}_\text{R}$、$\dot{U}_\text{C}$、$\dot{U}$；

（3）画出相量图；

（4）各元件的功率。

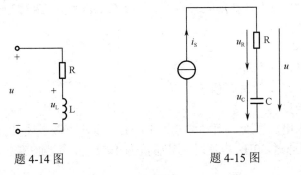

题 4-14 图　　　　　　　　题 4-15 图

4-16  在 RLC 串联电路中，已知端口电压为 10V，电流为 4A，$U_\text{R}=8\text{V}$，$U_\text{L}=12\text{V}$，$\omega=10\text{rad/s}$，试求电容电压与 $R$、$C$ 的值。

4-17  将具有 4Ω电阻和 25.5mH 电感的线圈接到频率为 50Hz、电压为 115V 的正弦电源上，求通过线圈的电流是多少？如果将该线圈接到电压为 115V 的直流电源上，则电流又是多少？

4-18  有一个具有电阻和电感的线圈，当把它接在直流电路中时，测得线圈中通过的电流是 8A，线圈两端的电压是 48V；当把它接在频率为 50Hz 的交流电路中时，测得线圈中通过的电流是 12A，加在线圈两端的电压有效值是 120V。试绘出电路图，并计算线圈的电阻和电感。

4-19 如题 4-19 图所示，部分电压表、电流表的读数已知，试用相量图求图中未标注数值的电压表、电流表的读数。

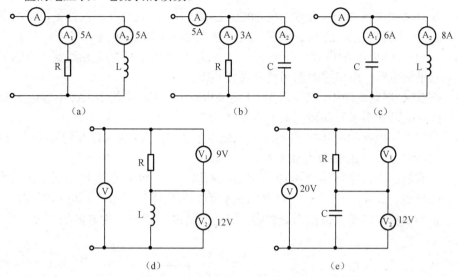

题 4-19 图

4-20 如题 4-20 图所示，已知 $I_1 = 30A$ ， $I_2 = 40A$ ，试用相量图求解：

（1）设 $Z_1 = R$ ， $Z_2 = -jX_C$ ，则 $I$ 应是多大？

（2）设 $Z_1 = R$ ， $Z_2$ 为何种参数才能使 $I$ 最大？最大值应是多少？

（3）设 $Z_1 = jX_L$ ， $Z_2$ 为何种参数才能使 $I$ 最小？最小值应是多少？

4-21 如题 4-21 图所示，已知 $\omega=2rad/s$ ，求电路的总阻抗 $Z_{ab}$ 。

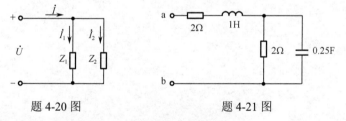

题 4-20 图          题 4-21 图

4-22 如题 4-22 图所示，已知 $R_1 = 40\Omega$ ， $X_L = 157\Omega$ ， $R_2 = 20\Omega$ ， $X_C = 114\Omega$ ，电源电压 $\dot{U} = 220 \angle 0°$ V，频率 $f=50Hz$ 。试求支路电流 $\dot{I}_1$ 、 $\dot{I}_2$ 和总电流 $\dot{I}$ ，并画出它们的相量图。

4-23 如题 4-23 图所示，已知 $u_S=10\sin314t$ V， $R_1=2\Omega$ ， $R_2=1\Omega$ ， $L=6.37mH$ ， $C=637\mu F$ ，求电流 $i_1$ 、 $i_2$ 和电压 $u_C$ 。

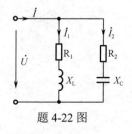
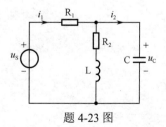

题 4-22 图          题 4-23 图

4-24 有一单相交流电动机，其输入功率 $P = 3\,kW$，电压 $U = 220\,V$，功率因数 $\cos\varphi = 0.6$，频率 $f = 50Hz$，现将 $\cos\varphi$ 提高到 0.9，问需与电动机并联多大的电容？

4-25 在 RLC 串联电路中，已知 $R = 500\Omega$，$L = 60mH$，$C = 0.22\mu F$。试计算电路的谐振频率 $f_0$；若电源电压为 220V，则谐振时的复阻抗 $Z_0$ 和电流 $I_0$ 各为多少？

4-26 有一个 1000pF 的电容、一个 $5\Omega$ 的电阻及一个 0.2mH 的电感线圈，将它们接成串联谐振电路，求谐振时的阻抗和谐振频率。

4-27 在 RLC 串联电路中，已知谐振时，电源电压 $U = 10V$，电流 $I = 1A$，电容电压 $U_C = 80V$，试问电阻 $R$ 多大？品质因数 $Q$ 又是多大？

4-28 串联谐振电路如题 4-28 图所示，已知电压表 $V_1$、$V_2$ 的读数分别为 150V 和 120V，试问电压表 V 的读数为多少？

4-29 收音机的调谐电路如题 4-29 图所示，利用改变电容 C 的容值出现谐振来达到选台的目的。已知 $L_2 = 0.3mH$，可变电容 C 的容值变化范围为 7～20pF，$C_1$ 为微调电容，是为调整波段覆盖范围而设置的，设 $C_1 = 20\,pF$，试求该收音机的波段覆盖范围。

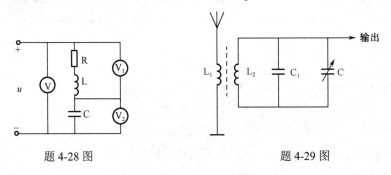

题 4-28 图                                    题 4-29 图

# 项目五　三相交流电路

## ■【学习目标】

（1）了解三相交流电压及其表示方法；
（2）了解三相交流电源的连接方法；
（3）理解相电压、线电压的意义及其相互关系。

## ■【任务导入】

三相交流电源有何特点？是如何产生的？我们通常使用的 220V 电压与 380V 电压之间有何关联？

## ■【知识链接】

### 一、三相对称电源

三相交流电与单相交流电相比，有很多优越性。在用电方面，三相电动机比单相电动机结构简单，价格低，性能好；在输送电方面，采用三相制，在相同条件下比单相输电节约输电线用铜量。因此，三相交流电得到了广泛的应用。三相电源是由 3 个具有同频率而不同相位的正弦交流电压源按特定方式连接而成的电源系统；单相电源则是取三相电源的一相。

三相交流电源由三相发电机产生，如图 5-1 所示为三相交流发电机示意图。发电机主要由定子和转子两部分构成。定子铁芯固定在机座里，其内圆表面冲有均匀分布的槽。定子槽内对称嵌放着参数相同的三个绕组 A-X、B-Y、C-Z，各相绕组的始端 A、B、C（末端 X、Y、Z）彼此间隔 120°，称为三相对称绕组。图 5-1 所示转子的磁极形状是为产生正弦磁场而设计的，向磁极绕组通入直流电励磁，当转子由原动机带动，以角速度 ω 旋转时，3 个绕组依次切割旋转磁极的磁力线而产生交变感应电动势。由于 3 个绕组参数相同，切割磁力线的速度也相同，所以绕组中产生的感应电压幅值相等、频率相同。在相位上，由图 5-1 可知，A 相绕组处于磁极 N-S 之下，此时受磁力线的切割最甚，因而 A 相绕组的感应电动势最大。经过 120° 后，B 相绕组处于 N-S 之下，此时 B 相绕组的感应电动势最大。同理，再经过 120° 后，C 相绕组的感应电动势最大，所以三相绕组中感应电压的相位依次相差120°。综上可知，发电机发出的是三相幅值相等、频率相同、只在相位上相差 120° 的三相交变电压，也称三相对称电源，其等效电路如图 5-2 所示。

若以图 5-1 中 A-X 线圈产生的交流电为参考，则三相对称电源电压的瞬时值表达式为

$$\begin{cases} u_A = U_m \sin(\omega t) \\ u_B = U_m \sin(\omega t - 120^\circ) \\ u_C = U_m \sin(\omega t - 240^\circ) = U_m \sin(\omega t + 120^\circ) \end{cases} \quad (5\text{-}1)$$

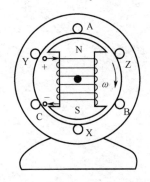

图 5-1　三相交流发电机示意图

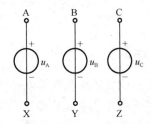

图 5-2　三相对称电源等效电路

三相对称电源电压 $u_A$、$u_B$、$u_C$ 的波形如图 5-3 所示。把三相对称电源电压表示成相量形式，则

$$\begin{cases} \dot{U}_A = U\angle 0^\circ \\ \dot{U}_B = U\angle -120^\circ \\ \dot{U}_C = U\angle +120^\circ \end{cases} \quad (5\text{-}2)$$

其对应的相量图如图 5-4 所示。由相量图很容易得出

$$\dot{U}_A + \dot{U}_B + \dot{U}_C = 0 \quad (5\text{-}3)$$

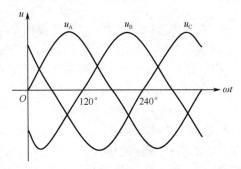

图 5-3　三相对称电源电压的波形

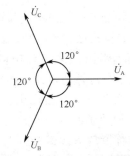

图 5-4　三相对称电源电压相量图

由于相量与瞬时值一一对应，依据式（5-3）可以推断，任意时刻瞬时值 $u_A$、$u_B$、$u_C$ 存在如下关系：

$$u_A + u_B + u_C = 0 \quad (5\text{-}4)$$

即任意瞬间三相电源电压的代数和均为零。

　　由于各相电压达到最大值的时刻不同，所以我们把三相电压依次达到最大值的先后次序称为相序。上述 A、B、C 三相电压中的任何一相均在相位上超前于后一相 120°。如 A 相超前于 B 相 120°，B 相超前于 C 相 120°，C 相超前于 A 相 120°，则相序 A-B-C 通常称为正序或顺序，而相序 A-C-B 则称为反序或逆序。若无特别说明，通常将三相电压默认为正序，电力系统一般采用正序。在实际应用中，常用不同颜色标注各相接线及端子。我国采用在三相母线上涂黄、绿、红 3 种颜色来区分 A 相、B 相、C 相。有些特殊的设备在接线时有相序要求，但大部分设备在接线时无相序要求。

在三相交流电路中，除了三相对称电压，常见的还有三相对称电流、三相对称电动势，这些幅值相等、频率相同，只在相位上相差120°的三相正弦交流电统称为三相对称正弦交流电。此外，还有三相对称负载，但值得注意的是三相对称负载的大小和阻抗角是相同的。

[例5-1] 已知三相对称电源中的 $\dot{U}_C=220\angle 50° \text{ V}$，试写出另外两相电压的相量式及瞬时值表达式，并画出电压相量图。设电源频率为50Hz。

解：因为 $\dot{U}_A$、$\dot{U}_B$、$\dot{U}_C$ 是三相对称电压，已知 $U=220\text{V}$，$\varphi_C=50°$，题目没说明相序，则默认采用正序，所以

$$\varphi_B=\varphi_C+120°=50°+120°=170°$$
$$\varphi_A=\varphi_B+120°=170°+120°=290°$$

由于通常把初相位限制为 $-180°\sim+180°$，所以A相的初相位为

$$\varphi_A=\varphi_B-240°=170°-240°=-70°$$

则另外两相电压的相量式为

$$\dot{U}_A=220\angle-70° \text{ V}$$
$$\dot{U}_B=220\angle170° \text{ V}$$

由于电源频率 $f=50\text{Hz}$，对应的角频率为

$$\omega=2\pi f=2\times3.14\times50=314\,(\text{rad/s})$$

所以电源电压对应的瞬时值表达式为

$$u_A=220\sqrt{2}\sin(314t-70°)\text{V}$$
$$u_B=220\sqrt{2}\sin(314t+170°)\text{V}$$
$$u_C=220\sqrt{2}\sin(314t+50°)\text{V}$$

三相电压的相量图如图5-5所示。

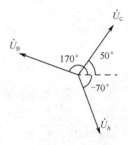

图5-5 例5-1相量图

**随堂练习**

已知三相对称电源中的 $\dot{U}_B=100\angle60° \text{ V}$，试写出另外两相电压的相量式及瞬时值表达式，并画出电压相量图。

## 二、三相对称电源的连接

在实际应用中，根据负载的要求不同，通常将三相对称电源按一定的方式进行组合连接，再对用户供电，以节约供电成本。三相对称电源的连接方式有星形连接（Y形）和三角形连接（△形）两种。

### 1. 三相对称电源的星形连接

实际使用的低压三相电源大多采用星形连接，其连接方法如图5-6所示。连接时，电源的3个末端X、Y、Z连在一起，连接点称为中性点或零点，用N表示。由中性点引出的线称为中性线，俗称零线。3个首端A、B、C分别引出3根输电线，称为端线或相线，俗称火线。电网用三根相线与一根中性线供电的方式称为三相四线制；只用三根相线进行供电，没有中性线供电的方式称为三相三线制。

三相四线制的电源可以产生两种电压，即相电压和线电压。所谓相电压，就是发电机每相

绕组两端的电压，也就是每根相线与中线之间的电压，如图 5-6 中的 $\dot{U}_A$、$\dot{U}_B$、$\dot{U}_C$，由于三相绕组的电压大小相同，所以星形连接电路的相电压大小也相同；所谓线电压，就是每两根端线之间的电压，如图 5-6 中的 $\dot{U}_{AB}$、$\dot{U}_{BC}$、$\dot{U}_{CA}$。

由图 5-6 可知，相电压即为电源电压。由于三相绕组的电压大小相同，相位互差 120°，所以三相相电压为

$$\begin{cases} \dot{U}_A = U_P \angle 0^\circ \\ \dot{U}_B = U_P \angle -120^\circ \\ \dot{U}_C = U_P \angle +120^\circ \end{cases} \tag{5-5}$$

其中，$U_P$ 为相电压的有效值，电源线电压为

$$\begin{cases} \dot{U}_{AB} = \dot{U}_A - \dot{U}_B \\ \dot{U}_{BC} = \dot{U}_B - \dot{U}_C \\ \dot{U}_{CA} = \dot{U}_C - \dot{U}_A \end{cases} \tag{5-6}$$

将式（5-5）代入式（5-6），得

$$\begin{cases} \dot{U}_{AB} = \sqrt{3}U_P \angle 30^\circ = \sqrt{3}\dot{U}_A \angle 30^\circ \\ \dot{U}_{BC} = \sqrt{3}U_P \angle -90^\circ = \sqrt{3}\dot{U}_B \angle 30^\circ \\ \dot{U}_{CA} = \sqrt{3}U_P \angle 150^\circ = \sqrt{3}\dot{U}_C \angle 30^\circ \end{cases} \tag{5-7}$$

各相电压、线电压的相量图如图 5-7 所示。可见，相电压对称，线电压也对称，将线电压有效值用 $U_L$ 表示，则线电压与相电压的有效值满足

$$U_L = \sqrt{3}U_P \tag{5-8}$$

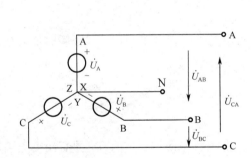

图 5-6　三相电源的星形连接

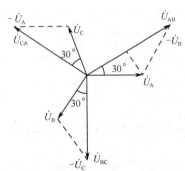

图 5-7　星形连接电压相量图

即三相对称电源星形连接时线电压 $U_L$ 是相电压 $U_P$ 的 $\sqrt{3}$ 倍。在相位上，线电压超前对应的相电压 30°，即 $\dot{U}_{AB}$ 超前于相电压 $\dot{U}_A$ 30°，$\dot{U}_{BC}$ 超前于相电压 $\dot{U}_B$ 30°，$\dot{U}_{CA}$ 超前于相电压 $\dot{U}_C$ 30°。记作

$$\dot{U}_L = \sqrt{3}\dot{U}_P \angle 30^\circ \tag{5-9}$$

一般工程上所说的三相电源都是指对称电源,若不特别说明,三相电源的电压都指线电压。在低压供电系统中，通常采用线电压为 380V、相电压为 220V 的 380/220V 三相四线制交流电压；在安全条件要求较高的场所，照明电路多采用线电压为 220V、相电压为 127V 的 220/127V 三相四线制交流电压；对于大容量电动机，常采用线电压为 6kV 或 10kV 的电压供电。

[例 5-2]　已知三相对称电源的 A 相电源电压为 $\dot{U}_\mathrm{A} = 220\angle 70°$ V，试写出三相电源线电压的相量。

解：由于线电压有效值是相电压有效值的 $\sqrt{3}$ 倍，所以线电压的大小为

$$U_\mathrm{L} = 220\sqrt{3} \approx 380\mathrm{V}$$

在相位上，线电压超前相应相电压 30°，故对应 A 相的线电压 $\dot{U}_\mathrm{AB}$ 的相位为

$$70° + 30° = 100°$$

可知，线电压 $\dot{U}_\mathrm{AB}$ 为

$$\dot{U}_\mathrm{AB} = 380\angle 100°\ \mathrm{V}$$

由于三相线电压大小相等，相位互差 120°，所以线电压 $\dot{U}_\mathrm{BC}$、$\dot{U}_\mathrm{CA}$ 分别为

$$\dot{U}_\mathrm{BC} = 380\angle -20°\ \mathrm{V}$$

$$\dot{U}_\mathrm{CA} = 380\angle -140°\ \mathrm{V}$$

**2. 三相对称电源的三角形连接**

如果将三相对称电源的 3 个绕组首尾相连，形成一个闭合的三角形，从绕组的首端 A、B、C 向外引出 3 条端线，这种连接方式称为三相电源的三角形连接，如图 5-8 所示。

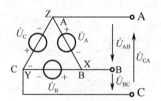

图 5-8　三相电源的三角形连接

由于三相对称电压 $\dot{U}_\mathrm{A} + \dot{U}_\mathrm{B} + \dot{U}_\mathrm{C} = 0$，所以只要连接正确，3 个电压形成的闭合回路中不会产生环流。如果某一相接反了（如 C 相），则

$$\dot{U}_\mathrm{A} + \dot{U}_\mathrm{B} - \dot{U}_\mathrm{C} = -2\dot{U}_\mathrm{C}$$

即三角形回路电源电压变为两倍的相电压，由于电源的内阻很小，故将使电源回路中的环流很大，进而造成严重后果。

三相绕组采用三角形连接时同样有相电压与线电压之分，其相电压指每相电源绕组两端的电压，线电压指两根端线之间的电压。显然，三相电源采用三角形连接时，线电压与相应相电压相等，即

$$\begin{cases} \dot{U}_\mathrm{AB} = \dot{U}_\mathrm{A} \\ \dot{U}_\mathrm{BC} = \dot{U}_\mathrm{B} \\ \dot{U}_\mathrm{CA} = \dot{U}_\mathrm{C} \end{cases} \tag{5-10}$$

需要注意的是，三相绕组采用三角形连接时，没有中性点，也就没有中性线，因此三相绕组采用三角形连接时只有三相三线制供电方式，只能提供一种电压。

**【任务解决】**

三相交流电通常由同一台发电机产生，具有幅值相等、频率相同、相位互差 120° 的特点。三相电源根据连接方式不同可以产生不同的电压。我们通常使用的 380/220V 电源，是指三相

交流电源连接成三相四线制后，电源的线电压是 380V，相电压是 220V。

# 任务二  三相负载及其工作方式

## ■【学习目标】

（1）掌握三相交流电路中三相负载的正确接法；
（2）掌握三相对称交流电路中电压、电流的计算方法；
（3）了解三相不对称负载的概念和中性线的作用。

## ■【任务导入】

在三相交流电路中接入负载时，负载是如何与电源连接的？接入三相交流电路后的负载，其工作电流、工作电压有何特点？

## ■【知识链接】

三相电路的负载由 3 部分组成，其中每一部分称为一相负载。如果三相负载阻抗大小相等且阻抗角相同，即 $Z_A = Z_B = Z_C = Z$，则称三相负载是对称的，称为三相对称负载。例如，生产上广泛使用的三相交流电动机、三相电阻炉等，就是三相对称负载。三相对称电路是指将三相对称负载接到三相对称电源的电路。

三相负载的连接方式也有两种，即星形连接和三角形连接，两种连接方式都较为常用。

### 一、三相对称负载的星形连接

三相对称负载的星形连接电路如图 5-9 所示。三相负载分别为 $Z_A$、$Z_B$、$Z_C$，且负载对称 $Z_A = Z_B = Z_C = Z$。将负载的末端连在一起，称为负载中性点，用 N′ 表示，其引出线称为负载的中性线。从负载首端分别引出负载端线。工作时，将负载端线接到电源的相线上，将负载中性线接到电源的中性线上。

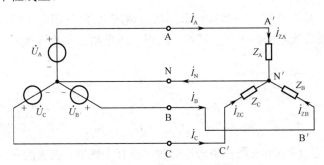

图 5-9  三相对称负载的星形连接电路

对三相对称负载而言，也有相电压与线电压之分。每相负载两端承受的电压称为负载的相电压，端线与端线之间的电压称为负载的线电压。由图 5-9 可知，当三相对称负载为星形连接且有中性线时，负载的相电压即为电源的相电压，即

$$\begin{cases} \dot{U}_{A'N'} = \dot{U}_{AN} = U\angle 0° \\ \dot{U}_{B'N'} = \dot{U}_{BN} = U\angle -120° \\ \dot{U}_{C'N'} = \dot{U}_{CN} = U\angle 120° \end{cases} \tag{5-11}$$

负载的线电压即为电源的线电压，即

$$\begin{cases} \dot{U}_{A'B'} = \dot{U}_{AB} = \sqrt{3}\,U_P\angle 30° = \sqrt{3}\,\dot{U}_{A'N'}\angle 30° \\ \dot{U}_{B'C'} = \dot{U}_{BC} = \sqrt{3}\,U_P\angle -90° = \sqrt{3}\,\dot{U}_{B'N'}\angle 30° \\ \dot{U}_{C'A'} = \dot{U}_{CA} = \sqrt{3}\,U_P\angle 150° = \sqrt{3}\,\dot{U}_{C'N'}\angle 30° \end{cases} \tag{5-12}$$

在三相对称负载星形连接电路中，负载的线电压是负载相电压的 $\sqrt{3}$ 倍，在相位上，线电压超前对应的相电压 30°，记作 $\dot{U}_L = \sqrt{3}\dot{U}_P\angle 30°$。

对应于相电压与线电压，在三相电路中还有相电流和线电流。三相电路中流过各相负载的电流称为相电流，如图 5-9 中的 $\dot{I}_{ZA}$、$\dot{I}_{ZB}$、$\dot{I}_{ZC}$。流过各端线的电流称为线电流，如图 5-9 中的 $\dot{I}_A$、$\dot{I}_B$、$\dot{I}_C$。显然，三相负载作星形连接时，不论负载是否相同（对称），负载的相电流就是对应的线电流，即相电流等于线电流，在图 5-9 中，$\dot{I}_A = \dot{I}_{ZA}$、$\dot{I}_B = \dot{I}_{ZB}$、$\dot{I}_C = \dot{I}_{ZC}$。

各相负载的相电流（或线电流）为

$$\begin{cases} \dot{I}_A = \dot{I}_{ZA} = \dfrac{\dot{U}_{A'N'}}{Z_A} \\[2mm] \dot{I}_B = \dot{I}_{ZB} = \dfrac{\dot{U}_{B'N'}}{Z_B} \\[2mm] \dot{I}_C = \dot{I}_{ZC} = \dfrac{\dot{U}_{C'N'}}{Z_C} \end{cases} \tag{5-13}$$

由于电压对称，当三相电路中负载对称时，$\dot{I}_A$、$\dot{I}_B$、$\dot{I}_C$ 是一组对称的三相电流。

三相对称负载电路中流过中性线的电流称为中线电流，用 $\dot{I}_N$ 表示，其参考方向为从负载中性点 N′ 指向电源中性点 N，如图 5-9 所示。根据 KCL 可得

$$\dot{I}_N = \dot{I}_A + \dot{I}_B + \dot{I}_C \tag{5-14}$$

把式（5-13）代入式（5-14），得中线电流为

$$\begin{aligned} \dot{I}_N &= \frac{\dot{U}_{A'N'}}{Z_A} + \frac{\dot{U}_{B'N'}}{Z_B} + \frac{\dot{U}_{C'N'}}{Z_C} \\[2mm] &= \frac{\dot{U}_A}{Z} + \frac{\dot{U}_B}{Z} + \frac{\dot{U}_C}{Z} \\[2mm] &= \frac{\dot{U}_A + \dot{U}_B + \dot{U}_C}{Z} \end{aligned}$$

因为三相电源 $\dot{U}_A$、$\dot{U}_B$、$\dot{U}_C$ 是对称三相电压，恒有 $\dot{U}_A + \dot{U}_B + \dot{U}_C = 0$，所以

$$\dot{I}_N = \dot{I}_A + \dot{I}_B + \dot{I}_C = 0$$

即在三相对称负载电路中，中线电流为零。

在分析和计算三相对称电路时，可把三相电路简化成单相电路进行计算，如图 5-10 所示。计算顺序如下：已知电源

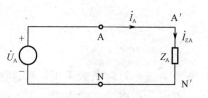

图 5-10 等效后的单相电路

线电压→A相负载的相电压$\dot{U}_{\text{A'N'}}$→A相负载的相电流（即线电流）→由对称关系直接写出$\dot{U}_{\text{B'N'}}$、$\dot{U}_{\text{C'N'}}$和$\dot{I}_{\text{B}}$、$\dot{I}_{\text{C}}$。计算公式如下：

$$\begin{cases} \dot{U}_{\text{A'N'}} = \dfrac{\dot{U}_{\text{AB}}}{\sqrt{3}} \angle -30^{\circ} \\[4mm] \dot{I}_{\text{ZA}} = \dfrac{\dot{U}_{\text{A'N'}}}{Z} \\[4mm] \dot{I}_{\text{A}} = \dot{I}_{\text{ZA}} \end{cases} \qquad (5\text{-}15)$$

对于三相三线制电路来说，当负载对称时，由于其工作情况与有中性线时完全相同，所以电路的计算方法与有中性线电路的计算方法相同。

**[例5-3]** 在如图5-9所示的三相对称电路中，三相对称负载作星形连接，每相负载阻抗$Z = (15 + j20)\Omega$，接至三相对称电源上。已知电源电压为380V，试求各相负载相电压及相电流、线电流，并画出相量图。

**解：** 由于电源线电压为380V，设线电压$\dot{U}_{\text{AB}} = 380\angle 0^{\circ}$ V。又由于对称负载作星形连接，于是负载相电压是负载线电压的$1/\sqrt{3}$，相位滞后线电压$30^{\circ}$，即

$$\dot{U}_{\text{A'N'}} = \frac{380\angle 0^{\circ}}{\sqrt{3}} \angle -30^{\circ} = 220\angle -30^{\circ} \text{（V）}$$

$$\dot{U}_{\text{B'N'}} = 220\angle(-30^{\circ}-120^{\circ}) = 220\angle -150^{\circ} \text{（V）}$$

$$\dot{U}_{\text{C'N'}} = 220\angle(-30^{\circ}+120^{\circ}) = 220\angle 90^{\circ} \text{（V）}$$

由于$Z = (15 + j20)\Omega = 25\angle 53^{\circ}$，并且线电流等于相电流，所以

$$\dot{I}_{\text{A}} = \dot{I}_{\text{ZA}} = \frac{\dot{U}_{\text{A'N'}}}{Z} = \frac{220\angle -30^{\circ}}{25\angle 53^{\circ}} = 8.8\angle -83^{\circ} \text{（A）}$$

$$\dot{I}_{\text{B}} = \dot{I}_{\text{ZB}} = 8.8\angle(-83^{\circ}-120^{\circ}) = 8.8\angle -203^{\circ} = 8.8\angle 157^{\circ} \text{（A）}$$

$$\dot{I}_{\text{C}} = \dot{I}_{\text{ZC}} = 8.8\angle(-83^{\circ}+120^{\circ}) = 8.8\angle 37^{\circ} \text{（A）}$$

相量图如图5-11所示。

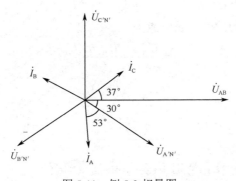

图5-11 例5-3相量图

**随堂练习**

三相对称负载采用星形连接时，每相阻抗$Z = (16 + j12)\Omega$，线电压为380V。试求各相电压、相电流、线电流。

## 二、三相对称负载的三角形连接

三相负载的三角形连接电路如图 5-12 所示。由图 5-12 可知，负载的相电压等于负载的线电压，即

$$\begin{cases} \dot{U}_{A'B'} = \dot{U}_{AB} \\ \dot{U}_{B'C'} = \dot{U}_{BC} \\ \dot{U}_{C'A'} = \dot{U}_{CA} \end{cases}$$

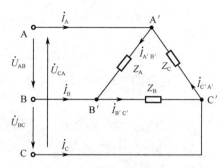

图 5-12　三相负载的三角形连接电路

在三相负载三角形连接电路中，不论负载是否对称，相电压与相应的线电压必定相等。由于每一相负载都直接接电源的两根端线，所以三相负载三角形连接的线电压（相电压）就等于电源的线电压。

需要注意的是，三相负载采用三角形连接时，线电流不等于相电流，各相负载的相电流为各相负载两端的电压除以各相负载的阻抗，即

$$\begin{cases} \dot{I}_{A'B'} = \dfrac{\dot{U}_{A'B'}}{Z_A} \\[2mm] \dot{I}_{B'C'} = \dfrac{\dot{U}_{B'C'}}{Z_B} \\[2mm] \dot{I}_{C'A'} = \dfrac{\dot{U}_{C'A'}}{Z_C} \end{cases}$$

由于负载的相电压（线电压）对称，所以当负载对称时，其相电流也对称，即三相负载中电流大小相等，频率相同，相位互差 120°。若设电流大小为 $I_P$，$\dot{I}_{A'B'}$ 的初相位为 0°，则

$$\begin{cases} \dot{I}_{A'B'} = I_P\angle 0° \\ \dot{I}_{B'C'} = I_P\angle -120° \\ \dot{I}_{C'A'} = I_P\angle +120° \end{cases}$$

根据 KCL 定律，得线电流：

$$\begin{cases} \dot{I}_A = \dot{I}_{A'B'} - \dot{I}_{C'A'} \\ \dot{I}_B = \dot{I}_{B'C'} - \dot{I}_{A'B'} \\ \dot{I}_C = \dot{I}_{C'A'} - \dot{I}_{B'C'} \end{cases}$$

三相对称负载三角形连接的电流相量图如图 5-13 所示。

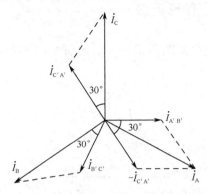

图 5-13　三相对称负载三角形连接的电流相量图

由相量图可知，线电流也是一组对称的三相电流，线电流是相电流的 $\sqrt{3}$ 倍。在相位上，线电流滞后相应的相电流 $30°$ ，即

$$\begin{cases} \dot{I}_A = \sqrt{3}I_P\angle -30° = \sqrt{3}\,\dot{I}_{A'B'}\angle -30° \\ \dot{I}_B = \sqrt{3}I_P\angle -150° = \sqrt{3}\,\dot{I}_{B'C'}\angle -30° \\ \dot{I}_C = \sqrt{3}I_P\angle +90° = \sqrt{3}\,\dot{I}_{C'A'}\angle -30° \end{cases} \tag{5-16}$$

记为

$$\dot{I}_L = \sqrt{3}\dot{I}_P\angle -30° \tag{5-17}$$

如果将三角形连接的三相负载看成一个广义节点，由 KCL 定律可知，$\dot{I}_A + \dot{I}_B + \dot{I}_C = 0$ 恒成立，与电流的对称与否无关。

计算三相对称电路时，计算顺序如下：电源线电压→A 相负载的相电压 $\dot{U}_{A'B'}$ →A 相负载的相电流 $\dot{I}_{A'B'}$ →A 相线电流 $\dot{I}_A$ →由对称关系直接写出 $\dot{I}_{B'C'}$、$\dot{I}_{C'A'}$ 和 $\dot{I}_B$、$\dot{I}_C$。计算公式如下：

$$\begin{cases} \dot{U}_{A'B'} = \dot{U}_{AB} \\ \dot{I}_{A'B'} = \dfrac{\dot{U}_{A'B'}}{Z} \\ \dot{I}_A = \sqrt{3}\dot{I}_{A'B'}\angle -30° \end{cases} \tag{5-18}$$

**[例 5-4]**　如图 5-12 所示，三相对称负载作三角形连接，每相复阻抗 $Z = (15 + j20)\Omega$ ，接在线电压为 380V 的三相对称电源上，试求各相负载的相电流及电路的线电流。

**解：** 已知电源线电压为 380V，设线电压 $\dot{U}_{AB} = 380\angle 0° \text{ V}$ ，则负载相电压为

$$\dot{U}_{A'B'} = \dot{U}_{AB} = 380\angle 0° \text{ V}$$

负载相电流为

$$\dot{I}_{A'B'} = \frac{\dot{U}_{A'B'}}{Z} = \frac{380\angle 0°}{15 + j20} = \frac{380\angle 0°}{25\angle 53°} = 15.2\angle -53° \text{（A）}$$

负载线电流为

$$\dot{I}_A = \sqrt{3}\dot{I}_{A'B'}\angle -30° = \sqrt{3}\times 15.2\angle -53° \times \angle -30° \approx 26.4\angle -83° \text{（A）}$$

由对称性直接写出其余两相相电流为

$$\dot{I}_{B'C'} = 15.2\angle -173° \text{ A}$$

$$\dot{I}_{C'A'} = 15.2\angle 67° \text{ A}$$

由对称性直接写出其余两相线电流为

$$\dot{I}_B = 26.4\angle 157° \text{ A}$$

$$\dot{I}_C = 26.4\angle 37° \text{ A}$$

**[例5-5]** 一台三相异步电动机正常运行时作三角形连接，为了减小启动电流，启动时先把它作星形连接，转动后再改成三角形连接。试求星形连接启动和三角形连接启动两种情况下线电流的比值。注：电网的电压固定。

**解：** 假设电网的线电压为$U_L$，每相负载的阻抗模为$|Z_P|$。

负载作星形连接时，实际加在各相负载两端的相电压为

$$U_P = \frac{1}{\sqrt{3}}U_L$$

相电流为

$$I_{PY} = \frac{\frac{1}{\sqrt{3}}U_L}{|Z_P|} = \frac{U_L}{\sqrt{3}|Z_P|}$$

而星形连接时，线电流等于相电流，所以

$$I_{LY} = I_{PY} = \frac{U_L}{\sqrt{3}|Z_P|}$$

负载作三角形连接时，实际加在各相负载两端的相电压就是电源线电压，因此

$$U_P = U_L$$

相电流为

$$I_{P\triangle} = \frac{U_P}{|Z_P|} = \frac{U_L}{|Z_P|}$$

而三角形连接时线电流等于相电流的$\sqrt{3}$倍，所以

$$I_{L\triangle} = \sqrt{3}I_{P\triangle} = \frac{\sqrt{3}U_L}{Z_P}$$

两种情况下线电流的比值为

$$\frac{I_{L\triangle}}{I_{LY}} = \frac{\frac{\sqrt{3}U_L}{|Z_P|}}{\frac{U_L}{\sqrt{3}|Z_P|}} = \frac{\sqrt{3}U_L}{|Z_P|} \times \frac{\sqrt{3}|Z_P|}{U_L} = 3$$

即三角形连接启动和星形连接降压启动这两种情况下线电流的比值是3，即三角形连接的启动电流是星形连接启动电流的3倍。

---

**随堂练习**

1. 三相对称负载星形连接时，每相阻抗$Z = (16 + j12)\Omega$，线电压为380V。试求各相电压、相电流、线电流。

2. 三相对称负载三角形连接时，每相阻抗$Z = (16 + j12)\Omega$，线电压为380V。试求各相电压、相电流、线电流。

### 三、三相不对称电路的概念

三相负载不完全相同时，即三相阻抗中只要有一相阻抗的阻抗模或阻抗角与其他两相不同，则称三相负载为不对称负载。三相不对称负载多见于由单相负载组合构成的三相电路中或三相对称电路出现故障的情况下。三相不对称负载也有星形连接与三角形连接两种连接方式。因不对称负载星形连接较常见，所以下面只对不对称负载星形连接电路进行讨论。

通常，照明等民用电路采用的是一根火线加一根零线的单相供电方式，该供电电路的接线方式如图 5-14 所示。

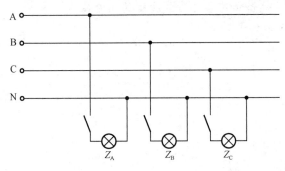

图 5-14  三相不对称负载的星形连接

因为三相负载越平衡，发电机等供电设备的工作状态越好，所以居民小区、企事业单位等凡使用单相电器的地方都尽量使用电设备均匀地接入三相电源。但由于单相负载的性质决定了用户不可能同时开启相同的负载，所以该三相负载为不对称负载。

如图 5-14 所示，三相不对称负载在三相四线制供电情况下，各相电压及线电压仍保持在额定值，其电路原理与图 5-9 相同，可以对各相分别进行电路分析，但显然 3 个电流不再对称，且 $\dot{I}_{N} = \dot{I}_{A} + \dot{I}_{B} + \dot{I}_{C} \neq 0$，此时中性线不可省去。在负载不对称时，无中性线的情况属于故障现象。下面通过例题说明中性线的作用。

[**例 5-6**]  在如图 5-9 所示三相四线制供电电路中，假设三相负载为纯电阻，阻抗 $Z_{A} = Z_{B} = 10\Omega$，$Z_{C} = 20\Omega$，接在线电压为 380V 的三相对称电源上，试求：

（1）各相负载的相电压、相（线）电流及中线电流；

（2）若中性线因故断开，此时负载的相电压与相电流；

（3）若中性线断开，A 相无负载（即开路），$Z_{B} = 10\Omega$，$Z_{C} = 180\Omega$，此时 B、C 两相负载的相电压。

**解：**（1）因为电源线电压为 380V，所以电源相电压为

$$U_{P} = \frac{U_{L}}{\sqrt{3}} = \frac{380}{\sqrt{3}} = 220（V）$$

设 A 相电源电压 $\dot{U}_{AN} = 220\angle 0°$，则 B 相 $\dot{U}_{BN} = 220\angle -120°$，C 相 $\dot{U}_{CN} = 220\angle 120°$。因有中性线存在，使负载相电压等于电源相电压，所以

$$\dot{U}_{A'N'} = 220\angle 0°，$$

$$\dot{U}_{B'N'} = 220\angle -120°$$

$$\dot{U}_{C'N'} = 220\angle 120°$$

负载相电流为

$$\dot{I}_A = \frac{\dot{U}_{A'N'}}{Z_A} = \frac{220\angle 0°}{10} = 22\angle 0° \text{（A）}$$

$$\dot{I}_B = \frac{\dot{U}_{B'N'}}{Z_B} = \frac{220\angle -120°}{10} = 22\angle -120° \text{（A）}$$

$$\dot{I}_C = \frac{\dot{U}_{C'N'}}{Z_C} = \frac{220\angle 120°}{20} = 11\angle 120° \text{（A）}$$

画出电压、电流相量图，如图 5-15（a）所示。

由相量图可知

$$\dot{I}_N = \dot{I}_A + \dot{I}_B + \dot{I}_C = 11\angle -60° \text{（A）}$$

（2）若中性线因故断开，则等效电路如图 5-15（b）所示，此时 N 与 N′ 不再等电位。利用弥尔曼定理得两点之间的电压为

$$\dot{U}_{N'N} = \frac{\dfrac{\dot{U}_A}{Z_A} + \dfrac{\dot{U}_B}{Z_B} + \dfrac{\dot{U}_C}{Z_C}}{\dfrac{1}{Z_A} + \dfrac{1}{Z_B} + \dfrac{1}{Z_C}}$$

$$= \frac{\dfrac{220\angle 0°}{10} + \dfrac{220\angle -120°}{10} + \dfrac{220\angle 120°}{20}}{\dfrac{1}{10} + \dfrac{1}{10} + \dfrac{1}{20}}$$

$$= 88\angle 0° + 88\angle -120° + 44\angle 120°$$

$$= 44\angle -60° \text{（V）}$$

由 KVL 可得，各相负载的相电压为

$$\dot{U}_{A'N'} = \dot{U}_A - \dot{U}_{N'N} = 220\angle 0° - 44\angle -60° \approx 202\angle 11°$$

$$\dot{U}_{B'N'} = \dot{U}_B - \dot{U}_{N'N} = 220\angle -120° - 44\angle -60° \approx 202\angle -131°$$

$$\dot{U}_{C'N'} = \dot{U}_C - \dot{U}_{N'N} = 220\angle 120° - 44\angle -60° \approx 264\angle 120°$$

此时负载中性点与电源中性点发生偏离，使各相负载电压不等于电源相电压，即负载不在额定电压下工作，会出现欠压与过压故障。出现该情况时，负载不仅不能正常工作，而且将会被损坏。

（3）若中线断开，A 相开路，B、C 两相负载又相差很大，则三相不对称负载工作时的等效电路如图 5-15（c）所示。电路中 B、C 两相负载相当于串联后接入电压为 380V 的电源，所以两相负载进行分压，根据分压公式很容易得到

$$U_{B'N'} = \frac{Z_B}{Z_B + Z_C} U_{BC} = \frac{10}{10+180} \times 380 = 20 \text{（V）}$$

$$U_{C'N'} = \frac{Z_C}{Z_B + Z_C} U_{BC} = \frac{180}{10+180} \times 380 = 360 \text{（V）}$$

由此可见，负载不对称、无中性线时可能产生严重的过压事故，负载的不平衡情况越严重，无中性线时产生的欠压与过压现象就越严重。因此，中性线的作用是为了保证负载的相电压对称，或者说保证负载均工作在额定电压下。在实际应用中，中性线必须牢固，不允许在中性线上接熔断器或开关。

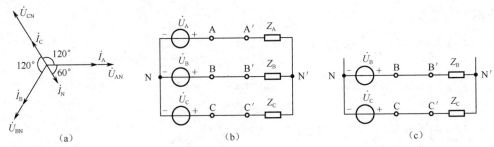

图 5-15  例 5-6 相量图及电路图

在三相交流电路中，你能说出哪些是对称负载，哪些是不对称负载吗？在三相四线制不对称负载中，中性线有何作用？

## 【任务解决】

在三相交流电路中，负载既可以采用星形连接后与电源相接，也可以采用三角形连接后与电源相接。如果三相负载对称，则负载中的电压和电流都对称。如果三相负载不对称，则采用星形连接方式时中性线必须可靠连接。

# 任务三  三相对称电路功率

## 【学习目标】

（1）掌握三相对称电路功率的计算方法；
（2）了解三相交流电路功率的测量方法。

## 【任务导入】

如何计算三相交流电路的功率？是不是必须分别测量每相电路的功率，才能得到电路的总功率？三相交流电路的功率常用怎样的方法进行测量？

## 【知识链接】

### 一、三相对称电路功率的计算

#### 1. 瞬时功率

为了研究问题的方便，在此仅讨论三相对称电路的瞬时功率。三相对称电路总的瞬时功率等于各相电路的瞬时功率之和。

首先，以星形连接为例讨论三相电路负载的瞬时功率。设各相负载在时域中的相电压分别为

$$u_A = \sqrt{2}U_P \sin \omega t$$
$$u_B = \sqrt{2}U_P \sin (\omega t - 120°)$$

$$u_C = \sqrt{2}U_P \sin(\omega t + 120°)$$

假设负载 $Z = |Z|\angle\varphi$，相电流滞后相电压 $\varphi$，可得

$$i_{ZA} = \sqrt{2}I_P \sin(\omega t - \varphi)$$

$$i_{ZB} = \sqrt{2}I_P \sin(\omega t - 120° - \varphi)$$

$$i_{ZC} = \sqrt{2}I_P \sin(\omega t + 120° - \varphi)$$

其中，$I_P$ 是相电流的有效值。各相负载的瞬时功率为

$$p_A = u_A i_{ZA} = \sqrt{2}U_P \sin\omega t \cdot \sqrt{2}I_P \sin(\omega t - \varphi)$$
$$= U_P I_P[\cos\varphi - \cos(2\omega t - \varphi)]$$
$$p_B = u_B i_{ZB} = \sqrt{2}U_P \sin(\omega t - 120°) \cdot \sqrt{2}I_P \sin(\omega t - 120° - \varphi)$$
$$= U_P I_P[\cos\varphi - \cos(2\omega t - 240° - \varphi)]$$
$$= U_P I_P[\cos\varphi - \cos(2\omega t + 120° - \varphi)]$$
$$p_C = u_C i_{ZC} = \sqrt{2}U_P \sin(\omega t + 120°) \cdot \sqrt{2}I_P \sin(\omega t + 120° - \varphi)$$
$$= U_P I_P[\cos\varphi - \cos(2\omega t - 480° - \varphi)]$$
$$= U_P I_P[\cos\varphi - \cos(2\omega t - 120° - \varphi)]$$

各相负载的瞬时功率之和为

$$p = p_A + p_B + p_C = 3U_P I_P \cos\varphi \qquad (5\text{-}19)$$

因此，三相对称电路的总瞬时功率是一个常数，等于三相电路的平均功率，这个结论对负载星形连接和三角形连接都适用，这也是三相电路的优点之一。对于三相电动机，它的瞬时功率为一个常数，这就意味着它们的机械转矩是恒定的，从而避免运转时出现振动，使运行更加平稳。

### 2. 有功功率

三相负载的有功功率也等于各相负载有功功率之和。假设 A、B、C 三相负载相电压的有效值分别为 $U_{PA}$、$U_{PB}$、$U_{PC}$，三相负载电流的有效值为 $I_{PA}$、$I_{PB}$、$I_{PC}$，A、B、C 三相负载相电压与相电流的相位差分别为 $\varphi_A$、$\varphi_B$、$\varphi_C$，则三相电路的平均功率可表示为

$$P = P_A + P_B + P_C = U_{PA}I_{PA}\cos\varphi_A + U_{PB}I_{PB}\cos\varphi_B + U_{PC}I_{PC}\cos\varphi_C$$

在三相对称电路中，$U_{PA} = U_{PB} = U_{PC} = U_P$，$I_{PA} = I_{PB} = I_{PC} = I_P$，$\varphi_A = \varphi_B = \varphi_C = \varphi$，所以

$$P = 3U_P I_P \cos\varphi \qquad (5\text{-}20)$$

式（5-20）与瞬时功率中推得的总功率公式相同。

当三相对称负载作星形连接时，负载的相电压是线电压的 $\dfrac{1}{\sqrt{3}}$，相电流等于线电流，即

$$U_P = \frac{1}{\sqrt{3}}U_L, \quad I_P = I_L$$

把它们代入式（5-20），得三相对称负载星形连接时消耗的功率为

$$P = 3 \times \frac{1}{\sqrt{3}}U_L \times I_L \times \cos\varphi = \sqrt{3}U_L I_L \cos\varphi$$

当三相对称负载作三角形连接时，负载的相电压等于线电压，相电流等于线电流的 $\dfrac{1}{\sqrt{3}}$，即

$$U_\mathrm{P} = U_\mathrm{L}, \quad I_\mathrm{P} = \frac{1}{\sqrt{3}}I_\mathrm{L}$$

把它们代入式（5-20），得三相对称负载三角形连接时消耗的功率为

$$P = 3 \times U_\mathrm{L} \times \frac{1}{\sqrt{3}}I_\mathrm{L} \times \cos\varphi = \sqrt{3}U_\mathrm{L}I_\mathrm{L}\cos\varphi$$

由以上分析可知，三相对称负载无论采用星形连接方式还是三角形连接方式，其消耗的有功功率都可表示为

$$P = \sqrt{3}U_\mathrm{L}I_\mathrm{L}\cos\varphi \tag{5-21}$$

式（5-20）与式（5-21）都是三相对称交流负载功率的计算公式。式（5-21）中，$\varphi$ 仍指负载的阻抗角，即相电压与相电流之间的相位差，不是线电压与线电流之间的相位差。有功功率单位为瓦特（W）。

3．无功功率

用三相对称负载有功功率的推导方法，可以得到无功功率的计算公式为

$$Q = 3U_\mathrm{P}I_\mathrm{P}\sin\varphi = \sqrt{3}U_\mathrm{L}I_\mathrm{L}\sin\varphi \tag{5-22}$$

无功功率的单位为乏（Var）

4．视在功率

三相交流电路的视在功率 $S$ 的定义为

$$S = \sqrt{P^2 + Q^2} \tag{5-23}$$

即三相交流电路的有功功率 $P$、无功功率 $Q$、视在功率 $S$ 符合功率三角形的关系。当三相电路对称时，有

$$S = 3U_\mathrm{P}I_\mathrm{P} = \sqrt{3}\,U_\mathrm{L}\,I_\mathrm{L} \tag{5-24}$$

将三相交流电路的功率因数定义为

$$\cos\varphi' = \frac{P}{S} \tag{5-25}$$

在三相对称电路中，$\cos\varphi'$ 即为每相负载的功率因数 $\cos\varphi$，而在三相不对称电路中，$\cos\varphi'$ 没有实际意义。

一般来说，电气设备在三相电路中给出的额定电压、额定电流均指线电压、线电流的额定值，线电压、线电流的测量也比较方便。因此，三相对称电路中常用的功率计算公式为式（5-21）、式（5-22）、式（5-23）和式（5-24）。

[例 5-7] 有一三相负载，其每相负载的等效复阻抗 $Z = (60 + j80)\Omega$，电源线电压为 380V。求当三相负载分别采用星形和三角形连接时，电路的有功功率、无功功率和视在功率。

**解：** $Z = 60 + j80 = 100\angle 53°(\Omega)$

（1）负载采用星形连接时，负载的相电压等于线电压的 $\frac{1}{\sqrt{3}}$，即

$$U_\mathrm{P} = \frac{U_\mathrm{L}}{\sqrt{3}} = \frac{380}{\sqrt{3}} = 220（\mathrm{V}）$$

则

$$I_L = I_P = \frac{U_P}{|Z|} = \frac{220}{100} = 2.2（A）$$

$$P = \sqrt{3}\, U_L I_L \cos\varphi = \sqrt{3} \times 380 \times 2.2\cos53° \approx 868.8（W）$$

$$Q = \sqrt{3}\, U_L I_L \sin\varphi = \sqrt{3} \times 380 \times 2.2\sin53° \approx 1158.4（Var）$$

$$S = \sqrt{3}\, U_L I_L = \sqrt{3} \times 380 \times 2.2 = 1448.0（V·A）$$

（2）负载采用三角形连接时，负载的相电压等于电源的线电压，即

$$U_P = U_L = 380V$$

则

$$I_P = \frac{U_P}{|Z|} = \frac{380}{100} = 3.8（A）$$

$$I_L = \sqrt{3}\, I_P = \sqrt{3} \times 3.8 = 6.6（A）$$

$$P = \sqrt{3}\, U_L I_L \cos\varphi = \sqrt{3} \times 380 \times 6.6 \times \cos53° = 2606.4（W）$$

$$Q = \sqrt{3}\, U_L I_L \sin\varphi = \sqrt{3} \times 380 \times 6.6 \times \sin53° = 3475.2（Var）$$

$$S = \sqrt{3}\, U_L I_L = \sqrt{3} \times 380 \times 6.6 = 4344.0（V·A）$$

**随堂练习**

1. 采用星形连接的三相对称负载每相阻抗 $Z = (40 + j30)\Omega$，线电压为380V。试计算电路消耗的有功功率、无功功率和视在功率。
2. 采用三角形连接的三相对称负载每相阻抗 $Z = (40 + j30)\Omega$，线电压为380V。试计算电路消耗的有功功率、无功功率和视在功率。

## 二、三相电路功率的测量

### 1. 三相四线制电路

在三相四线制电路中，当负载不对称时必须用三台单相功率表（瓦特表）测量三相负载的功率，如图5-16所示。测得各相负载消耗的功率后，再把功率相加，即

$$P = P_A + P_B + P_C \tag{5-26}$$

这种测量方法称为三瓦计法。在三相四线制电路中，当负载对称时，只需要用一台单相功率表测量三相负载的功率，图5-16所示电路中的任意一台功率表都可以测量，此时电路总功率可表示为

$$P = 3P_A = 3P_B = 3P_C \tag{5-27}$$

即电路总功率是任意一相功率表测得功率的3倍，该测量方法称为一瓦计法。

### 2. 三相三线制电路

对于三相三线制电路，无论负载对称还是不对称，是星形连接还是三角形连接，都可以用两台单相功率表测量三相负载的功率，如图5-17所示。这种测量方法称为二瓦计法，单独一台功率表的读数是没有意义的。二瓦计法接线特点是两台功率表的电流线圈分别串接于两端线之中，电压线圈采用前接方式，即电压线圈一端接于电流线圈前，另一端跨接到剩下没有串接电流线圈的端线上。

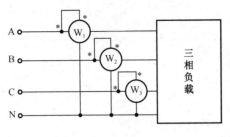

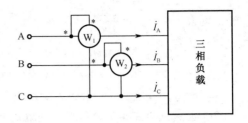

图 5-16　三瓦计法测功率　　　　　　　　图 5-17　二瓦计法测功率

若功率表的读数分别为 $P_1$ 和 $P_2$，则三相负载的总功率为

$$P = P_1 + P_2 \tag{5-28}$$

在三相对称电路中，若负载为纯电阻，负载的阻抗角 $\varphi = 0°$，则 $P_1 = P_2$，两台功率表读数相同；若负载的阻抗角 $\varphi = 60°$，则 $P_2 = 0$；若 $\varphi = -60°$，则 $P_1 = 0$；若 $\varphi > 60°$，则 $P_2 < 0$；若 $\varphi < -60°$，则 $P_1 < 0$。由此可见，当 $|\varphi| = 60°$ 时，两台功率表中有一台读数为零，另一台功率表的读数就是三相功率；当 $|\varphi| > 60°$ 时，两台功率表中的一台读数为负值，其指针反转，这时应该将功率表电流线圈的两个端子接头换接，从而得到读数。注意，这时功率表读数应取负值，即三相功率是两功率表读数的差值。

## ■【任务解决】

对三相对称交流电路来说，可以单独计算每相功率，再相加得到总功率，也可以用负载端口的线电流和线电压计算。三相电路功率可以用三台功率表单独测量，再得到电路总功率，而最常用的方法是用两台功率表进行三相电路功率测量。

# 小　　结

三相对称电源的特点是各相电压幅值相等、频率相同、相位互差 120°，并且在任意瞬时三相电压代数和恒等于零。

三相电源的连接方式有星形连接和三角形连接两种。星形连接时线电压 $U_L$ 是相电压 $U_P$ 的 $\sqrt{3}$ 倍，且线电压在相位上超前相应相电压 30°，所以星形连接时可提供两种电压。三角形连接时线电压等于相电压，只能提供一种电压。

三相负载的连接方式也有星形连接和三角形连接两种。采用星形连接时，不论负载对称与否，有无中性线，线电流恒等于相应的相电流；当负载对称时，线电压 $U_L$ 是相电压 $U_P$ 的 $\sqrt{3}$ 倍，线电压在相位上超前相应相电压 30°。采用三角形连接时，相电压恒等于线电压；当负载对称时，线电流与相电流的关系为 $I_L = \sqrt{3}\,I_P$，线电流在相位上落后相应的相电流 30°。

分析三相对称电路时，只分析其中的一相即可，利用对称关系可以直接写出其他两相的电压或电流。

三相电路的功率分有有功功率、无功功率与视在功率，若负载对称，则可用下列公式计算。

$$P = 3U_P I_P \cos\varphi = \sqrt{3} U_L I_L \cos\varphi$$

$$Q = 3U_P I_P \sin\varphi = \sqrt{3} U_L I_L \sin\varphi$$

$$S = 3U_P I_P = \sqrt{3} U_L I_L$$

# 思考题与习题

5-1 三相对称电源星形连接如题 5-1 图所示，已知 $u_{AB} = 537.4\cos(\omega t + 60^\circ)\text{V}$，求线电压 $\dot{U}_{AB}$、$\dot{U}_{BC}$、$\dot{U}_{CA}$ 和相电压 $\dot{U}_{AN}$、$\dot{U}_{BN}$、$\dot{U}_{CN}$，并画出相量图。

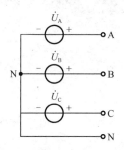

题 5-1 图

5-2 每相阻抗为 $(21+\text{j}28)\Omega$ 的对称负载作三角形连接，接到 380V 的三相电源上，求负载的线电压、相电压、相电流、线电流。

5-3 有一台三角形连接的三相异步电动机，满载时每相电阻 $R=10\Omega$，电抗 $X_L=5\Omega$。由线电压为 380V 的三相电源供电，试求电动机的相电流和线电流。

5-4 三相对称负载作星形连接，每相负载为电阻 $R=4\Omega$、感抗 $X_L=3\Omega$ 的串联，接于线电压为 $U_L=380\text{V}$ 的三相对称电源上，试求负载的线电压、相电压、相电流、线电流及有功功率、无功功率、视在功率；若将负载作三角形连接，再求负载的线电压、相电压、相电流、线电流及有功功率、无功功率、视在功率。

5-5 三相对称电路如题 5-5 图所示，电源相电压为 220V，负载阻抗 $Z = (30 + \text{j}20)\Omega$。试求：
(1) 图中电流表 A 的读数；
(2) 三相负载吸收的功率。

5-6 三相对称电路的线电压 $U_L = 220\text{V}$，负载阻抗 $Z = (24 + \text{j}32)\Omega$，试求：
(1) 负载星形连接时的线电流及吸收的总功率；
(2) 负载三角形连接时的相电流、线电流及吸收的总功率。

5-7 如题 5-7 图所示，$Z=(12+\text{j}16)\Omega$，电流表读数为 32.9A，求电压表的读数。

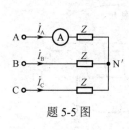

题 5-5 图

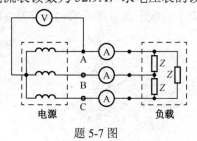

题 5-7 图

# 项目六　磁路与变压器

## 任务一　认识磁路与铁磁性材料

■【学习目标】

（1）了解磁场的基本物理量；

（2）了解铁磁性材料的磁滞回线和磁化曲线；

（3）了解交流铁芯线圈中磁通与线圈电压之间的关系。

■【任务导入】

什么材料能够导磁？铁磁性材料有哪些特性？电与磁之间有何关系？

■【知识链接】

变化的电流能产生磁场，磁场在一定的条件下又能产生电流，二者密不可分。许多电气设备的工作原理均基于电磁的相互作用，如变压器、电动机、电磁铁及电工测量仪表，这其中不仅涉及电路的知识，同时涉及磁路的知识。

由物理学可知，将电流通入线圈，在线圈内部及周围就会产生磁场，磁场在空间的分布情况可以用磁力线描述。在电磁铁、变压器及电动机等电气设备中，常用铁磁性材料（铁、镍、钴等）制成一定形状的铁芯。

### 一、磁场的基本物理量

1. 磁感应强度

磁感应强度是用来描述磁场内某点磁场强弱和方向的物理量，是一个矢量。磁感应强度的方向与产生磁场的电流方向之间满足右手螺旋定则。

为了形象地描绘磁场，引入了磁感应线，也称磁力线，磁力线是无头无尾的闭合曲线。如图 6-1 所示给出了直线电流及螺线管电流产生的磁力线。

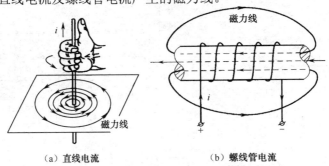

（a）直线电流　　　　　　　（b）螺线管电流

图 6-1　电流磁场中的磁力线

通常用通电导体在磁场中某点受到的电磁力 $F$ 与导体中电流 $I$ 和导体有效长度 $l$ 乘积的比值来表示该点磁场的强弱，称为该点的磁感应强度 $B$，国际单位为特斯拉，简称特（T）。

$$B = \frac{F}{lI} \tag{6-1}$$

如果磁场内各点磁感应强度 $B$ 的大小相等，方向相同，则称为均匀磁场。在均匀磁场中，$B$ 的大小可用通过垂直于磁场方向的单位截面上的磁力线的多少来表示。

### 2. 磁通

磁感应强度 $B$ 与垂直于磁场方向的面积 $S$ 的乘积称为该面积的磁通 $\Phi$，即

$$\Phi = BS \tag{6-2}$$

磁通 $\Phi$ 也表示垂直穿过某截面 $S$ 的磁力线根数，式（6-2）可写成

$$B = \frac{\Phi}{S} \tag{6-3}$$

磁感应强度在数值上可以看成是与磁场方向垂直的单位面积所通过的磁通，故又称磁通密度。磁通的国际单位为韦伯（Wb）。

### 3. 磁场强度

磁场强度 $H$ 是为了简化磁场的安培环路定理形式而引入的辅助物理量。磁场强度与产生该磁场的电流之间的关系可以由安培环路定理确定，即

$$\oint H \cdot \mathrm{d}l = \sum I \tag{6-4}$$

即磁场强度沿任意闭合路径 $l$ 的线积分等于此闭合路径所包围的电流的代数和。磁场强度的方向与磁感应强度 $B$ 的方向相同。磁场强度 $H$ 的国际单位是安培/米（A/m）。

### 4. 磁导率

磁介质中磁感应强度与磁场强度之比称为磁导率或绝对磁导率，即

$$\mu = \frac{B}{H} \tag{6-5}$$

磁导率是表征磁介质导磁性能的物理量，其单位为亨/米（H/m）。真空的磁导率 $\mu_0$ 是一个常数，其值为 $\mu_0 = 4\pi \times 10^{-7}$ H/m。为了便于比较不同磁介质的导磁性能，常把它们的磁导率 $\mu$ 与真空的磁导率 $\mu_0$ 相比较，其比值称为相对磁导率，用 $\mu_r$ 表示，即

$$\mu_r = \frac{\mu}{\mu_0} = \frac{\mu H}{\mu_0 H} = \frac{B}{B_0} \tag{6-6}$$

式（6-6）说明，在同样电流的情况下，磁场空间某点的磁感应强度与该点磁介质的磁导率有关。

自然界的所有物质根据磁导率的大小可分为磁性材料和非磁性材料两大类。磁性材料，如铁、钴等，其相对磁导率 $\mu_r \gg 1$，导磁性能远比真空好，常用来制作铁芯；非磁性材料，如各种气体、非金属材料等，其相对磁导率 $\mu_r \approx 1$，导磁性能与真空接近。常温下几种常用磁性材料的磁导率参见表 6-1。

表6-1　常温下几种常用磁性材料的相对磁导率

| 材料名称 | 铸铁 | 硅钢片 | 镍锌铁氧体 | 锰锌铁氧体 | 坡莫合金 |
|---|---|---|---|---|---|
| 相对磁导率 $\mu_r$ | 200～400 | 7000～10000 | 10～1000 | 300～5000 | $2\times10^4\sim2\times10^5$ |

## 二、铁磁性材料性能

在磁性材料中，应用较广的是以铁、镍、钴及其合金为代表的铁磁性材料，铁磁性材料具有以下磁性能。

### 1. 高导磁性

铁磁性材料的磁导率很高，这就使它们具有被强烈磁化（呈现磁性）的特性。

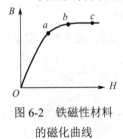

图6-2　铁磁性材料的磁化曲线

铁磁性材料的磁化曲线可用磁感应强度 $B$ 随外磁场强度 $H$ 变化的关系来表征。如图 6-2 所示的 $B = f(H)$ 曲线，该曲线大致分为 3 段：$Oa$ 段、$ab$ 段和 $bc$ 段。

在图 6-2 中，$Oa$ 段为高导磁性材料段。正是由于铁磁性材料具有高导磁性，许多电气设备的线圈都绕制在铁磁性材料上，以便用小的励磁电流（与 $H$ 有关）产生较大的磁场和磁通。例如，变压器、电动机与发电机的铁芯都由高导磁性材料制成，以减小设备的体积与质量。

### 2. 磁饱和性

图 6-2 中的 $bc$ 段呈磁饱和性，在 $bc$ 段由于磁化所产生的磁场不会随着外磁场的增强而无限地增强。当外磁场（或励磁电流）增大到一定值时，全部磁畴的磁场方向都转向，与外磁场的方向一致，这时磁场的磁感应强度 $B$ 达到饱和值。

### 3. 磁滞性

在铁芯线圈中通入交流电，铁芯将被交变的磁场反复磁化，当电流变化时，磁感应强度 $B$

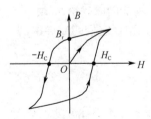

图6-3　磁滞回线

随磁场强度 $H$ 变化的关系曲线如图 6-3 所示。由图 6-3 可知，磁感应强度 $B$ 的变化滞后于磁场强度 $H$ 的变化，这种磁感应强度滞后于磁场强度变化的性质称为磁滞性，图 6-3 中的 $B$-$H$ 曲线称为磁滞回线。

当线圈中电流减小到零（即 $H=0$）时，铁芯在磁化时所获得的磁性还未完全消失。这时铁芯中所保留的磁感应强度 $B_r$ 称为剩磁，永久磁铁的磁性就是由剩磁产生的。

如果要使铁芯的剩磁消失，可通过改变线圈中励磁电流的方向，也就是改变磁场强度 $H$ 的方向来进行反向磁化。使磁感应强度 $B=0$ 的磁场强度 $H_C$ 称为矫顽磁力或矫顽力。

## 三、铁磁性材料的分类

按磁化特性不同，铁磁性材料可以分为以下 3 种类型。

### 1. 软磁材料

软磁材料具有较小的矫顽力，磁滞回线较窄，一般用来制造电动机、变压器等的铁芯。常用的软磁材料有铸铁、硅钢、坡莫合金及铁氧体等。铁氧体在电子技术中的应用很广泛，可用于制作计算机的磁芯、磁鼓及录音机的磁带、磁头等。

### 2. 硬磁材料

硬磁材料具有较大的矫顽力，磁滞回线较宽。一般用来制造永久磁铁，所以也称永磁材料。常用的硬磁材料有碳钢、钴钢及铁镍铝钴合金等。

### 3. 矩磁材料

矩磁材料具有较小的矫顽力和较大的剩磁，磁滞回线接近矩形，稳定性较好。在计算机和自动控制系统中可用作记忆元件、开关元件和逻辑元件。常用的矩磁材料有镁锰铁氧体及铁镍合金。

## 四、磁滞损耗和涡流损耗

### 1. 磁滞损耗

铁磁性材料在交变磁场的作用下反复磁化，磁畴之间不停地互相摩擦，消耗能量，因此引起能量损耗，这种能量损耗称为磁滞损耗。磁滞回线面积越大，能量损耗越大。磁滞损耗是导致铁磁性材料发热的原因之一，对电动机、变压器等电气设备的运行不利。因此，常采用磁滞损耗小的硅钢片制作电动机、变压器的铁芯。

### 2. 涡流损耗

当通过铁芯的磁通发生交变时，根据电磁感应定律，在铁芯中将产生感应电动势，并引起环流。这些环流在铁芯内部围绕磁通呈旋涡状流动，称为涡流，如图6-4所示。涡流在铁芯中引起的能量损耗，称为涡流损耗。

在电动机和变压器中，通常把磁滞损耗和涡流损耗合在一起，称为铁芯损耗，简称铁耗。

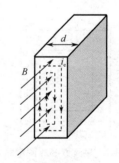

图6-4 硅钢片中的涡流

## 五、磁路定律

为了使较小的励磁电流产生足够大的磁通（或磁感应强度），在电动机、变压器中常用铁磁性材料制成一定形状的铁芯。由于铁芯的磁导率比周围空气或其他物质的磁导率高得多，因此绝大部分磁通经过铁芯形成一个闭合通路。这种人为造成的磁通路径，称为磁路。

### 1. 安培环路定理

在前文介绍磁场强度 $H$ 时曾提到过安培环路定理，这里对其进行详细说明。在磁路中，磁场强度沿任意闭合路径 $l$ 的线积分等于该闭合路径所包围的电流的代数和，其表达式为式（6-4）。在计算电流代数和时，与绕行方向符合右手螺旋定则的电流取正号，反之取负号。若闭合回路上各点的磁场强度相等，且其方向与闭合回路的切线方向一致，则

$$Hl = \sum I = NI = F \tag{6-7}$$

式（6-7）中，$F=NI$，称为磁动势，单位是安培（A）。

### 2. 磁路欧姆定律

设一段磁路长为 $l$，磁路面积为 $S$，磁力线均匀分布于横截面上，这时 $B$、$H$ 与 $\mu$ 之间的关系为

$$H = \frac{B}{\mu} \qquad B = \frac{\Phi}{S}$$

根据安培环路定理得磁路的欧姆定律为

$$Hl = \frac{B}{\mu}L = \frac{\Phi}{\mu S}l \text{ 或 } \Phi = \frac{Hl}{\dfrac{l}{\mu S}} = \frac{F}{R_{\mathrm{m}}} \tag{6-8}$$

式（6-8）中，$F = Hl$ 为磁动势，$R_{\mathrm{m}} = \dfrac{l}{\mu S}$ 称为磁路的磁阻，是表示磁路对磁通阻碍作用的物理量，它与磁路的几何尺寸、磁介质的磁导率有关，单位为 $\mathrm{H}^{-1}$。

式（6-8）与电路的欧姆定律在形式上相似，所以称为磁路的欧姆定律。它是磁路进行分析与计算所要遵循的基本定律。它表明，当磁阻 $R_{\mathrm{m}}$ 一定时，磁动势 $F$ 越大，所激发的磁通量 $\Phi$ 也越大；当磁动势 $F$ 一定时，磁阻 $R_{\mathrm{m}}$ 越大，则产生的磁通量 $\Phi$ 越小。

## 六、交流铁芯线圈

线圈又称绕组，线圈由导线缠绕而成，缠绕一圈称为一匝。这里的导线不是裸线，而是包有绝缘层的铜线或铝线，因此，线圈的匝与匝之间是彼此绝缘的。

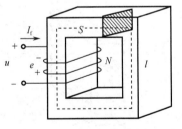

变压器、交流电动机及各种交流电器的铁芯线圈都是通过通入交流电来励磁的。如图 6-5 所示为交流铁芯线圈电路，线圈的匝数为 $N$，线圈的电阻为 $R$，当在线圈两端加上交流电压时，由磁动势产生的磁通大部分通过铁芯而闭合，只有很少的一部分磁通经过空气或其他非导磁介质而闭合，这部分磁通称为漏磁通。

图 6-5　交流铁芯线圈电路

在交流电路系统中，电压和磁通的波形非常接近于时间的正弦函数。可采用闭合铁芯磁路作为模型来描述磁性材料稳态交流工作的励磁特性。如图 6-5 所示，磁路长度为 $l$，贯穿铁芯长度的横截面积为 $S$，假设铁芯磁通 $\Phi$ 以正弦规律变化，则

$$\Phi = \Phi_{\mathrm{m}} \sin \omega t = B_{\mathrm{m}} S \sin \omega t$$

其中，$\Phi_{\mathrm{m}}$ 为铁芯磁通的幅值；$B_{\mathrm{m}}$ 为磁感应强度的幅值；$\omega$ 为角频率。在 $N$ 匝绕组中产生的感应电动势为

$$e = -N\frac{\mathrm{d}\Phi}{\mathrm{d}t} = -\omega N\Phi_{\mathrm{m}}\cos\omega t = -2\pi f N\Phi_{\mathrm{m}}\sin(\omega t + 90°) \tag{6-9}$$

由于电源电压等于主磁通变化产生的感应电动势、线圈压降、漏磁通变化产生的感应电动势之和，而在大多数情况下，线圈的电阻 $R$ 很小，漏磁通较小，可以忽略不计，故

$$u = -e$$

所以电压与磁通的关系为

$$u = 2\pi f N \Phi_\text{m} \sin(\omega t + 90°)$$

电压的有效值为

$$U = \frac{2\pi}{\sqrt{2}} f N \Phi_\text{m} \approx 4.44 f N \Phi_\text{m}$$

由此可知，当铁芯线圈上加以正弦交流电压时，铁芯线圈中的磁通也是按正弦规律变化的；在相位上，电压超前于磁通 $90°$；在数值上，电压的有效值为 $U \approx 4.44 f N \Phi_\text{m}$。

### ■【任务解决】

铁磁性材料的导磁性能良好，能把分散的磁场集中起来，使绝大部分磁力线通过铁芯形成闭合的磁路。铁磁性材料具有高导磁性、磁饱和性和磁滞性。将电流通入线圈，在线圈内部及周围就会产生磁场，变化的磁场可以产生感应电动势。

# 任务二　变　压　器

### ■【学习目标】

（1）了解变压器的结构和工作原理；

（2）了解理想变压器的电压变换作用、电流变换作用和阻抗变换作用。

### ■【任务导入】

目前，我国交流电的电压最高已达 500kV。如此高的电压，无论从发电机的安全运行方面考虑还是从制造成本方面考虑，都不允许由发电机直接产生。发电机的输出电压一般有 3.15kV、6.3kV、10.5kV、15.75kV 等几种，因此需要用变压器将电压升高后再进行远距离输送。

当电能输送到用电区域后，为了适应用电设备的电压要求，还需通过各级变电站（所）利用变压器将电压降低为各类电器所需要的电压值。

那么，变压器的结构是什么样的呢？它是如何实现电压升高或降低的呢？

### ■【知识链接】

变压器是利用电磁感应原理来改变交流电压的装置，其主要功能包括电压变换、电流变换、阻抗变换、隔离、稳压（磁饱和变压器）等。按用途不同可以分为电力变压器、开关变压器、功放变压器、仪用变压器、单相变压器、电炉变压器、整流变压器等。变压器在电力系统和电子电路中得到了广泛的应用。

## 一、变压器的基本结构

尽管变压器的种类很多，并且用途、电压等级和容量又各不相同，但其基本结构是相同的。变压器主要由两个或两个以上的绕组（线圈）绕在一个公共铁芯柱上组成，铁芯和绕组组合成变压器的主体。如图 6-6 所示为电力变压器的外形。变压器的内部基本结构如图 6-7 所示。

图 6-6　电力变压器的外形

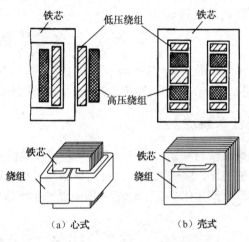

图 6-7　变压器的内部基本结构

### 1. 铁芯

铁芯一般由导磁性能较好的硅钢片叠制而成，在硅钢片的表面涂有绝缘漆，为了减少涡流损耗，一般由 0.35～0.55mm 表面绝缘的硅钢片交错叠压而成。

铁芯的基本结构有心式和壳式两种。心式变压器的绕组装在铁芯的两个铁芯柱上，其结构比较简单，有较大的绝缘空间，电力变压器大多采用心式结构；壳式变压器的铁芯包围着绕组的上下和两侧，这种变压器机械强度较好，铁芯散热条件好，但工艺复杂，用钢量较大。

### 2. 绕组

变压器的线圈即绕组，它由绝缘导线绕制而成。一般说来，变压器有两个或两个以上的绕组，与电源相接的绕组称为原边绕组（或称初级绕组、一次侧绕组），与负载相接的绕组称为副边绕组（或称次级绕组、二次侧绕组）。

### 3. 其他

变压器一般都有一个外壳，用来保护绕组、散热和屏蔽。变压器工作时，铁芯和绕组都要发热，为防止变压器过热，必须采用适当的冷却方式。小容量的变压器可以直接散热到空气中，称为空气自冷式。较大容量的变压器，还具有油箱、储油柜、防爆管、瓦斯报警器、高压绝缘管套及继电保护装置等。

## 二、变压器的工作原理

如图 6-8 所示为变压器的空载变压原理图，为便于讨论变压器的工作原理和基本作用，图中把原边绕组和副边绕组分别画在铁芯的两侧，采用理想变压器模型，即假设变压器漏磁、铜损（导线电阻产生的功率损耗）、铁损（铁芯的磁滞损耗与涡流损耗）均忽略不计，并且当空载（二次侧不接负载）运行时，原边绕组中的电流为零。

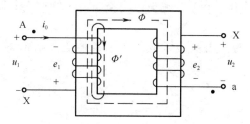

图 6-8　变压器的空载变压原理图

### 1. 电压变换作用

设电路原边绕组、副边绕组的匝数分别为 $N_1$、$N_2$。

根据电磁感应定律，原边绕组、副边绕组中的感应电动势分别为

$$E_1 = 4.44 f \Phi_m N_1, \quad E_2 = 4.44 f \Phi_m N_2$$

得到

$$\frac{E_1}{E_2} = \frac{N_1}{N_2} = k$$

根据 KVL 得，$E_1 = U_1$，$E_2 = U_2$，所以

$$\frac{U_1}{U_2} = \frac{N_1}{N_2} = k \tag{6-10}$$

式（6-10）中的 $k$ 称为变压器的变压比，简称变比，等于变压器原边绕组与副边绕组的匝数比。当 $k>1$ 时，$U_1 > U_2$，变压器起降压作用，称此变压器为降压变压器；当 $k<1$ 时，$U_1 < U_2$，变压器起升压作用，称此变压器为升压变压器。

### 2. 电流变换作用

如图 6-9 所示，对于理想变压器，由于忽略其内部损耗，则原边绕组的容量与副边绕组的容量相等，即

$$U_1 I_1 = U_2 I_2$$

所以

$$\frac{I_1}{I_2} = \frac{U_2}{U_1} = \frac{N_2}{N_1} = \frac{1}{k} \tag{6-11}$$

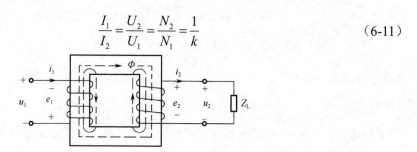

图 6-9　变压器的有载变流原理图

由此可见，理想变压器原边绕组、副边绕组中的电流之比等于匝数的反比。也就是说，"高"压绕组通过"小"电流，"低"压绕组通过"大"电流。因此外观上，变压器的高压线圈匝数多，

通过的电流小，以较细的导线绕制；低压线圈匝数少，通过的电流大，要用较粗的导线绕制。

### 3. 阻抗变换作用

变压器不仅可以变换电压和电流，还可以变换阻抗。在电子技术中为了获得最大功率，常用变压器来变换阻抗。

理想变压器变换阻抗的作用可通过输入电阻的概念分析得到。设 $|Z_{\mathrm{L}}|$ 为负载阻抗，由图 6-9 所示可知

$$|Z_{\mathrm{L}}| = \frac{U_2}{I_2}$$

从电源端把整个变压器看成负载，则负载阻抗为

$$|Z_{\mathrm{L}}'| = \frac{U_1}{I_1}$$

所以变压器的输入阻抗为

$$|Z_{\mathrm{L}}'| = \frac{U_1}{I_1} = \frac{kU_2}{\dfrac{I_2}{k}} = k^2 \frac{U_2}{I_2} = k^2 |Z_{\mathrm{L}}| \qquad (6\text{-}12)$$

由此可见，当变压器工作时，其原边绕组输入阻抗为实际负载阻抗的 $k^2$ 倍，也就是说，负载阻抗折算到电源侧的阻抗值为 $k^2 |Z_{\mathrm{L}}|$。

变压器的阻抗变换作用在电子线路中有重要应用。例如，在晶体管收音机中，可实现阻抗匹配，从而获得最大功率输出。

[例 6-1] 有一台电压为 220/36V 的降压变压器，若变压器的原边绕组 $N_1 = 1100$ 匝，试确定副边绕组匝数应是多少？

**解：** 由式（6-10）可以求出副边绕组的匝数为

$$N_2 = \frac{U_2}{U_1} N_1 = \frac{36}{220} \times 1100 = 180（匝）$$

[例 6-2] 有一台电压为 220/12V 的降压变压器，当副边绕组接 12V/24W 的纯电阻负载时，求变压器原边绕组、副边绕组的电流各为多少？

**解：** 副边绕组的电流为

$$I_2 = \frac{P_2}{U_2} = \frac{24}{12} = 2（A）$$

变压比为

$$k = \frac{N_1}{N_2} = \frac{U_1}{U_2} = \frac{220}{12} \approx 18.33$$

原边绕组的电流为

$$I_1 = \frac{I_2}{k} = \frac{2}{18.33} \approx 0.11（A）$$

[例 6-3] 有一电压比为 220/36V 的降压变压器，如果副边绕组接上 $10\Omega$ 的电阻，求变压器原边绕组的输入阻抗。

**解一：** 副边绕组的电流为

$$I_2 = \frac{U_2}{|Z_2|} = \frac{36}{10} = 3.6\,(\text{A})$$

变压比为

$$k = \frac{N_1}{N_2} = \frac{U_1}{U_2} = \frac{220}{36} \approx 6.1$$

原边绕组的电流为

$$I_1 = \frac{I_2}{k} = \frac{3.6}{6.1} \approx 0.6\,(\text{A})$$

输入阻抗为

$$|Z_1| = \frac{U_1}{I_1} = \frac{220}{0.6} \approx 366\,(\Omega)$$

**解二：** 变压比为

$$k = \frac{N_1}{N_2} = \frac{U_1}{U_2} = \frac{220}{36} \approx 6.1$$

输入阻抗为

$$|Z_1| = \left(\frac{N_1}{N_2}\right)^2 |Z_2| = k^2\,|Z_2| = 6.1^2 \times 10 = 372.1\,(\Omega)$$

## 三、实际变压器的外特性与效率

变压器原边绕组接入额定电压 $U_1$，副边绕组开路时的开路电压为 $U_{20}$。变压器副边绕组接入负载后，有电流 $I_2$ 输出，副边绕组中产生电抗压降，输出电压 $U_2$ 随输出电流 $I_2$ 的变化而变化，即 $U_2 = f(I_2)$，该关系称为变压器的外特性，如图 6-10 所示。图中表明，对于阻性负载和感性负载，$U_2$ 随 $I_2$ 的增加而下降，且感性负载比阻性负载下降更明显；对于容性负载，$U_2$ 随 $I_2$ 的增加而上升。

从空载到额定负载，副边绕组输出电压 $U_2$ 随输出电流 $I_2$ 的增加而下降（或上升）的程度用电压调整率 $\Delta U$ 表示，即

$$\Delta U = \frac{|U_{20} - U_2|}{U_{20}} \times 100\% \tag{6-13}$$

电压调整率 $\Delta U$ 越小，变压器的稳定性越好。

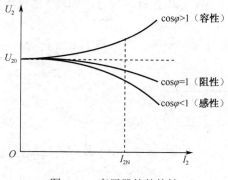

图 6-10　变压器的外特性

在额定功率时，变压器的输出功率 $P_2$ 和输入功率 $P_1$ 的比值称为变压器的效率。

$$\eta = \frac{P_2}{P_1} \times 100\% \qquad\qquad (6\text{-}14)$$

变压器属于静止电器，是效率比较高的电器。但变压器在传输电能时总要产生损耗，这种损耗主要有铜损和铁损。

铜损是指变压器线圈电阻所引起的损耗。当电流通过线圈电阻时，一部分电能将转换为热能而被损耗掉。由于线圈一般由带绝缘的铜线缠绕而成，因此将这部分损耗称为铜损。

变压器的铁损包括两个方面：一方面是磁滞损耗，当交流电流通过变压器时，通过变压器硅钢片的磁力线的方向和大小随之变化，使得硅钢片内部分子相互摩擦，放出热能，从而损耗了一部分电能，这便是磁滞损耗。另一方面是涡流损耗，当变压器工作时，铁芯中有磁力线穿过，在与磁力线垂直的平面上就会产生涡流。涡流的存在使铁芯发热，消耗能量，这种损耗称为涡流损耗。

变压器的效率与变压器的功率等级有着密切关系。通常，功率越大，损耗与输出功率之比就越小，效率越高；反之，功率越小，效率越低。

### 四、变压器同名端的判断

在使用多绕组变压器时，需要弄清楚各绕组引出线的同名端或异名端，这是将线圈正确并联或串联的基础。

同名端的定义为：当电流（$i_1$、$i_2$）从两个线圈的某一对端子流入时，若两线圈中产生的磁通是相互增强的，则这对端子称为同名端。例如，在图 6-11 中，当 $i_1$ 从线圈 1 的"1"端流入，$i_2$ 从线圈 2 的"2"端流入时，产生的磁通是相互增强的，所以"1"和"2"这一对端子就称为电感的同名端。请注意，未标记的一对端子"1'"和"2'"也是同名端。同名端只和线圈的绕向有关，和线圈中电流的方向无关。我们也把"1"和"2'"称为异名端。

同名端也可定义为：当一个变大的电流从第一个线圈的一端流入时，在另一个线圈中会产生感应电动势，则感应电动势高的一端为第一个线圈电流流入端的同名端。因此，同名端也可以通过实验的方法测得。

按照如图 6-12 所示电路接线，任找一个绕组线圈接上 1.5～3V 电池，将另一绕组抽头分别接在直流毫伏表或直流毫安表的正、负接线柱上。电路连接无误后，闭合电源开关 S。在接通电源的瞬间，电表的指针会很快摆动一下，如果指针向正方向偏转，则接电池正极的抽头与接电表正接线柱的抽头为同名端；如果指针向反方向偏转，则接电池正极的抽头与接电表负接线柱的抽头为同名端。在图 6-12 所示电路中，在 S 闭合瞬间，如果电表指针正向偏转，说明 1 和 2 是同名端；如果电表指针反向偏转，则 1 和 2' 是同名端。

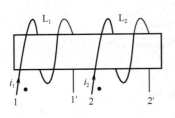

图 6-11　同名端

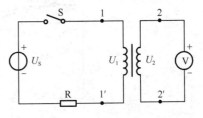

图 6-12　同名端的测定

在测定时应注意以下两点。

（1）若变压器的高压绕组（即匝数较多的绕组）接电池，则电表应选用最小量程，使指针摆动幅度较大，以利于观察；若变压器的低压绕组（即匝数较少的绕组）接电池，则电表应选用较大量程，以免损坏电表。

（2）在接通电源瞬间，指针会向某一个方向偏转；在断开电源时，由于自感作用，指针将向相反方向偏转。如果接通和断开电源的间隔时间太短，很可能只看到断开时指针的偏转方向，从而把测量结果搞错。因此，接通电源后要等待几秒再断开电源，也可以多测几次，以保证测量结果的准确。

 **随堂练习**

试标出如图 6-13 所示耦合电感的同名端

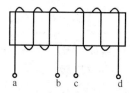

图 6-13　随堂练习

## 五、特殊变压器

### 1. 自耦变压器

自耦变压器是一种常用的交流调压设备，分可调和固定抽头两种形式。如图 6-14 所示为常见的自耦变压器。可调式自耦变压器的电路原理如图 6-15 所示。自耦变压器的特点是副边绕组是原边绕组的一部分，原边绕组与副边绕组不但有磁的联系，也有电的联系。

与普通变压器一样，如果原边绕组加上电压，则可以得到副边绕组电压，且原边绕组、副边绕组电压和它们的匝数成正比，即

$$\frac{U_1}{U_2} = \frac{N_1}{N_2} = k$$

有载时，原边绕组、副边绕组的电流和它们的匝数成反比，即

$$\frac{I_1}{I_2} = \frac{U_2}{U_1} = \frac{N_2}{N_1} = \frac{1}{k}$$

图 6-14　常见的自耦变压器

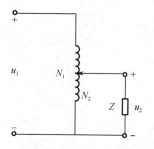

图 6-15　可调式自耦变压器的电路原理

自耦变压器不仅可以降压，还可以升压。在使用自耦变压器时，要把原边绕组、副边绕组的公共端接零。

### 2. 仪用互感器

仪用互感器是电力系统中用于测量和保护的重要设备，它可以把高电压转换成低电压，把大电流转换成小电流。仪用互感器能够很好地使测量仪表和继电器与高压装置在电气方面隔离，从而保证工作人员的安全；同时使测量仪表标准化、小型化，可采用小截面的电缆进行远距离测量。此外，当电路发生短路时，仪用互感器使仪表和电流线圈不受冲击电流的影响。

1）电流互感器

电流互感器用于将大电流转换为小电流。电流互感器原边绕组线径较粗，匝数很少，与被测电路负载串联；副边绕组线径较细，匝数很多，与电流表、功率表、电度表、继电器的电流线圈串联。使用时，副边绕组电路不允许开路。

2）电压互感器

电压互感器用于将高电压转换成低电压。电压互感器的原边绕组匝数很多，并联于待测电路两端；副边绕组匝数较少，与电压表、电度表、功率表、继电器的电压线圈并联。使用时，副绕组不允许短路。

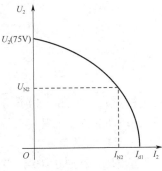

图 6-16　电焊变压器的外特性

### 3. 电焊变压器

电焊变压器是为焊接金属工件而设计的特殊变压器。为了适应焊接工艺的需要，电焊变压器必须满足如下基本要求：空载时应有足够的电弧引燃电压（一般为 55～80V），以便引燃电弧；电弧产生后，电压应迅速下降，在额定焊接电流时，电压为 30～40V；在短路时（焊条与工件接触），短路电流不能超过额定电流的 1.5 倍；具有良好的调节特性，能在大范围内调节焊接电流的大小，以适应不同规格的焊条和不同焊接工艺的要求。

为满足上述要求，电焊变压器必须具有陡降的外特性，如图 6-16 所示。为获得陡降外特性和保证电弧稳定燃烧，电焊变压器应具有较大的电抗。

### ■【任务解决】

变压器的基本结构包括铁芯和线圈。控制变压器绕组的匝数比，不仅可以实现电压的升高或降低，还可以实现电流变换与阻抗变换。

# 小　结

磁感应强度 $B$ 是用来描述磁场内某点磁场强弱和方向的物理量。磁通 $\phi$ 是磁场中垂直穿过某截面 $S$ 的磁力线根数。磁场强度 $H$ 是为了简化磁场的安培定理形式而引入的辅助物理量。磁导率 $\mu$ 是表征磁介质导磁性能的物理量。真空的磁导率 $\mu_0$ 是一个常数，其值为 $\mu_0 = 4\pi \times 10^{-7}$ H/m。常用相对磁导率 $\mu_r$ 来比较不同磁介质的导磁性能。

铁磁性材料具有高导磁性、磁饱和性和磁滞性。

在磁路的基本定律中，安培环路定理是计算磁路的基础。磁路欧姆定律常用来对磁路作定性分析，一般不用来作定量计算。

交流铁芯线圈是非线性元件，当不考虑线圈的电阻及漏磁通时，其端电压、感应电动势与磁通的关系为 $U \approx 4.44 f N \Phi_m$

变压器的基本组成是铁芯和绕组，变压器利用电磁感应实现电压变换、电流变换及阻抗变换，即

$$\frac{U_1}{U_2} = \frac{N_1}{N_2} = k \qquad \frac{I_1}{I_2} = \frac{N_2}{N_1} = \frac{1}{k} \qquad |Z'_L| = k^2 |Z_L|$$

## 思考题与习题

6-1　电动机和变压器的磁路常采用什么材料制成？这些材料各有哪些主要特性？

6-2　为什么变压器的铁芯要用硅钢片叠压而成？假如用整块的铁芯能否正常工作？

6-3　某变压器原边绕组电压 $U_1 = 220V$，副边绕组电压为 $U_2 = 24V$。若原边绕组匝数 $N_1 = 440$ 匝，求副边绕组的匝数为多少？

6-4　已知某单相变压器的原边绕组电压为 3000V，副边绕组电压为 220V，负载是一台 220V/25kW 的电阻炉，试求原边绕组、副边绕组的电流各为多少？

6-5　有一台单相照明用变压器，容量为 10kVA，额定电压为 3300V/220V。欲在副边绕组上接 60W/220V 的白炽灯，如果变压器在额定状况下运行，则这种白炽灯可以接多少个？并求原边绕组、副边绕组的额定电流。

6-6　额定容量 $S_N = 2kV \cdot A$ 的单相变压器，原边绕组、副边绕组的额定电压分别为 $U_{1N} = 220V$、$U_{2N} = 110V$，求原边绕组、副边绕组的额定电流各为多少？

6-7　某晶体管收音机输出变压器的原边绕组匝数为 $N_1 = 300$ 匝，副边绕组匝数 $N_2 = 80$ 匝。原配 6Ω 的扬声器，现欲改接 10Ω 的扬声器，若原边绕组匝数不变，问副边绕组匝数应如何变动才能使阻抗匹配？

6-8　有一电压比为 220V/110V 的降压变压器，如果副边绕组接上 55Ω 的电阻，求变压器原边绕组的输入阻抗。

# 项目七 功率电动机

## 任务一 认识三相交流异步电动机

### 【学习目标】

（1）了解三相交流异步电动机的结构与工作原理；

（2）了解三相交流异步电动机的机械特性。

### 【任务导入】

在生活中，我们经常需要使用动力，如上下楼梯时，我们总希望有电梯为我们代步。那么，电梯为何能载着我们轻松地上下移动呢？

### 【知识链接】

#### 一、三相交流异步电动机的结构

图 7-1 电动机的外形

电动机简称电机，其外形如图 7-1 所示。它的主要作用是将电能转换为机械能，作为用电器或机械的动力源，电动机在工业、农业、国防、日常生活和医疗器械中的应用非常广泛。随着电气化和自动化程度的不断提高，电动机的使用也越来越多。

电动机有多种类型。根据电动机工作电源的不同，电动机可分为直流电动机和交流电动机。其中交流电动机还分为单相电动机和三相电动机。三相交流电动机按结构及工作原理可分为异步电动机和同步电动机。异步电动机按转子的结构分类又可分为笼型异步电动机和绕线型异步电动机。电动机还可以按启动与运行方式或用途进行分类。

电动机
├─ 直流电动机
└─ 交流电动机
   ├─ 单相电动机
   └─ 三相电动机
      ├─ 同步电动机
      └─ 异步电动机
         ├─ 按系列分：J/J02/J03/JR/Y（国产/体积小/质量轻/节能）等系列
         ├─ 按转子结构分：绕线型和笼型电动机
         ├─ 按工作方式分：连续/短时/间断等工作制电动机
         ├─ 按防护方式分：开启/防护/封闭/防爆/潜水电动机
         └─ 按尺寸大小分：大型/中型/小型/微型电动机

在各种电动机中应用最广的是三相交流异步电动机，它使用方便、运行可靠、价格低廉、结构牢固，但功率因数较低，调速也较困难。

三相交流异步电动机由定子（固定部分）和转子（转动部分）两个基本部分组成，它们之间由气隙分开。三相交流异步电动机分为笼型和绕线型两种。

188

### 1. 定子（静止部分）

如图 7-2 所示，定子是电动机的静止部分，包括机座、定子铁芯和定子绕组等部件。

（1）机座。用铸铁或铸钢制成，起支撑作用。

（2）定子铁芯。如图 7-3 所示，它由内圆周表面均匀冲有线槽的圆环形硅钢片叠压而成，该线槽用来放置定子绕组。

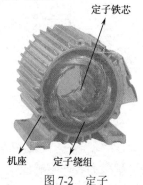

图 7-2 定子　　　　　　　　　　图 7-3 定子铁芯

（3）定子绕组。用漆包铜线绕成匝数相同的线圈，再分 3 组按一定的规律将线圈对称地放置在定子铁芯的轴向线槽内，其中每一组称为一相绕组。定子绕组的作用是产生旋转磁场，并从电网中吸收电能。

### 2. 转子（旋转部分）

转子是电动机的旋转部分，包括转轴、转子铁芯和转子绕组等部件。

（1）转轴。用于传递转矩及支撑转子，一般由中碳钢或合金钢制成。

（2）转子铁芯。由外圆周表面冲有线槽的硅钢片叠压而成，形状为圆柱体，装在转轴上。转子铁芯是电动机磁路的一部分，用来放置转子绕组。

（3）转子绕组。放置在转子铁芯槽内。转子绕组的作用是切割定子旋转磁场产生感应电动势及电流，并形成电磁转矩使电动机旋转。根据构造的不同，转子绕组分为鼠笼式转子绕组和绕线式转子绕组。

① 鼠笼式转子绕组。在转子铁芯的每个槽中放一根铜条，在铁芯两端槽口处，用两个导电的铜环分别把所有槽里的铜条短接成一个回路，然后抽掉铁芯，得到形状像"鼠笼"的转子绕组。鼠笼式转子绕组如图 7-4 所示。

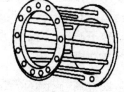

② 绕线式转子绕组。与定子绕组相似，绕线式转子绕组是对称的三相绕组。这种转子绕组可以串联外接启动电阻或调速电阻。

图 7-4 鼠笼式转子绕组

**随堂练习**

三相交流异步电动机由哪些主要部件组成？各主要部件的作用是什么？

## 二、三相交流异步电动机的转动原理

### 1. 异步电动机转动实验

首先来做一个实验。在一个马蹄形磁铁的上面安装一个手柄，并用支架固定好。在马蹄形磁铁内侧支撑起一个笼子,如图7-5所示,笼子的挡条用可导电金属材料制成,挡条的两端用导电体连接,笼子可以绕轴转动。当摇动马蹄形磁铁的手柄时,会发现笼子跟着转动,并且马蹄形磁铁的手柄转动越快,内侧放置的笼子转动也越快;当马蹄形磁铁的手柄反向转动时,内侧放置的笼子也跟着反向转动。

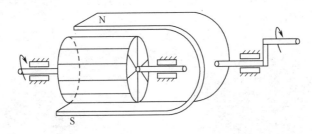

图7-5  异步电动机转动实验

上述笼子转动现象可解释如下。从左侧向右看,如图7-6所示,当旋转磁场按逆时针方向

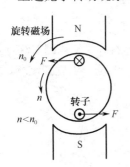

图7-6  异步电动机转动原理

旋转时,转子金属导电条切割磁力线产生感应电动势,其方向可用右手定则来判定。转子上半部导体中的电动势方向向右,对应图7-6中是垂直进入纸面,用⊗来表示,下半部导体中的电动势方向向左,对应图7-6中是垂直穿出纸面,用⊙表示。在金属导电条回路闭合的情况下,金属导电条中有电流流通。转子回路导体由于有电流流过,在旋转磁场中将受到电磁力$F$的作用,导体所受电磁力的方向可用左手定则来判定,如图7-6所示。转子上各导电条受到逆时针的电磁转矩,在电磁转矩的作用下转子按逆时针方向旋转,其旋转方向与旋转磁场方向相同。当磁场转速加快时,金属导电条切割磁场的速度加快,导体所受的磁场力加大,所以笼子的转速也加快。

异步电动机就是利用这一原理制成的。三相交流异步电动机的定子中装有三相对称绕组,当接至三相交流电源时,流入定子绕组的三相对称电流在异步电动机气隙内产生一个旋转磁场。而上述笼子相当于异步电动机的转子绕组,转子绕组在定子绕组产生的旋转磁场的作用下带动转子旋转。由于异步电动机的转子导体电流是通过电磁感应产生的,所以异步电动机也称感应电动机。

### 2. 旋转磁场的形成、转速和方向

当三相交流异步电动机定子中的3个对称绕组通入对称的三相交流电时,就产生一个旋转磁场。下面以二极电动机为例说明旋转磁场是如何形成的。

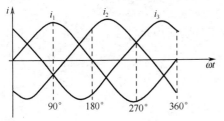

图7-7  三相交流电流的波形

假设三相交流电流为

$$i_1 = i_U = I_m \sin \omega t$$
$$i_2 = i_V = I_m \sin(\omega t - 120°)$$
$$i_3 = i_W = I_m \sin(\omega t + 120°)$$

三相交流电流的波形如图7-7所示。

把如图7-7所示的三相交流电流对应加入三相交流异步电动机的三个绕组 $U_1$ 与 $U_2$、$V_1$ 与 $V_2$、$W_1$ 与 $W_2$

中，在不同时刻产生的合成磁场的方向如图 7-8 所示。

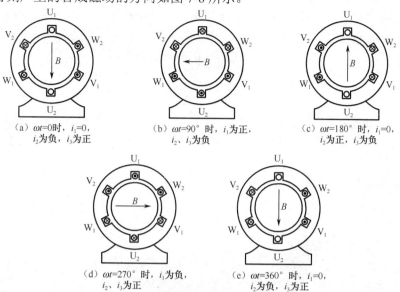

(a) $\omega t=0$时，$i_1=0$，
$i_2$为负，$i_3$为正

(b) $\omega t=90°$ 时，$i_1$为正，
$i_2$、$i_3$为负

(c) $\omega t=180°$ 时，$i_1=0$，
$i_2$为正，$i_3$为负

(d) $\omega t=270°$ 时，$i_1$为负，
$i_3$为正

(e) $\omega t=360°$ 时，$i_1=0$，
$i_2$为负，$i_3$为正

图 7-8　两极旋转磁场的形成

由图 7-8 可知，对于两极旋转磁场来说，电流变化一周，磁场旋转一周。若交流电的频率为 $f$，两极旋转磁场的转速为 $n_0$（r/min），则 $n_0=60f$。旋转磁场的转速 $n_0$ 称为同步转速。对于 $p$ 对磁极的电动机，电流变化一周，旋转磁场只转过 $1/p$ 周。

由此可知，旋转磁场的转速 $n_0$ 与电流的频率 $f$ 成正比，与电动机的磁极对数成反比，即

$$n_0 = \frac{60f}{p} \tag{7-1}$$

式中，$n_0$——旋转磁场的转速，也称同步转速，单位为转/分钟（r/min）；

　　　$f$——三相交流电的频率，单位为赫兹（Hz）；

　　　$p$——旋转磁场的磁极对数。

电动机的转向与旋转磁场的方向相同，任意对调两相电源线即可改变磁场的旋转方向，也就改变了电动机的转向。

[**例 7-1**] 加入三相异步电动机定子绕组中的交流电频率 $f=50$Hz，试分别求二极电动机、四极电动机、六极电动机、八极电动机旋转磁场的转速 $n_0$。

**解**：二极电动机的磁极对数 $p=1$，对应的旋转磁场同步转速 $n_0=\dfrac{60\times50}{1}=3000$（r/min）；

　　四极电动机的磁极对数 $p=2$，对应的旋转磁场同步转速 $n_0=\dfrac{60\times50}{2}=1500$（r/min）；

　　六极电动机的磁极对数 $p=3$，对应的旋转磁场同步转速 $n_0=\dfrac{60\times50}{3}=1000$（r/min）；

　　八极电动机的磁极对数 $p=4$，对应的旋转磁场同步转速 $n_0=\dfrac{60\times50}{4}=750$（r/min）。

## 3. 三相交流异步电动机转差率

如果电动机转速 $n$ 达到电动机定子绕组产生的磁场转速 $n_0$，则电动机转子绕组与旋转磁场

没有相对运动，绕组不切割磁力线，也就不受磁场力作用，转子转速就会下降，使转子转速低于定子旋转磁场的转速。所以，电动机总是以略低于旋转磁场的转速转动，即 $n<n_0$。三相交流异步电动机的同步转速 $n_0$ 与转子转速 $n$ 之差，即 $n_0-n$，称为三相交流异步电动机的转速差。转速差与同步转速之比称为三相交流异步电动机的转差率，用 $s$ 表示，即

$$s=\frac{n_0-n}{n_0} \tag{7-2}$$

转差率是三相交流异步电动机的一个重要参数，电动机的转速、转矩等参数都与它有关。一般情况下，三相交流异步电动机的转差率变化不大，空载转差率在 0.5%以下，满载转差率在 5%以下。

三相交流异步电动机的转差率是决定电动机运行性能的一个重要参数，通过转差率可以判断电动机的运行状态。三相交流异步电动机的转速、转差率与运行状态的关系可归纳如下。

（1）当 $n<n_0$ 时，$0<s<1$，异步电动机处于电动运行状态（以后若无特别说明，对异步动机的分析均在此范围内进行）。

（2）当 $n=0$ 时，$s=1$，异步电动机处于堵转状态或启动的瞬间。

（3）当 $n=n_0$ 时，$s=0$，异步电动机处于理想空载运行状态。

（4）当 $n>n_0$ 时，$s<0$，异步电动机处于发电制动状态。

（5）当 $n<0$ 时，$s>1$，异步电动机处于反接制动状态。

[例 7-2]　有一台异步电动机，已知电动机的额定转速 $n_N=1446\,\mathrm{r/min}$，定子回路交流电源频率 $f_N=50\,\mathrm{Hz}$，试求该电动机的磁极对数 $P$、同步转速 $n_0$ 和额定转差率 $s_N$。

**解：** 由于电动机正常工作时，转差率 $s_N$ 在 5%以下，根据式（7-2）可得

$$n_0=\frac{n_N}{1-s}<\frac{1446}{1-0.05}\approx1522\,（\mathrm{r/min}）$$

而电动机定子绕组产生的旋转磁场同步转速是分挡的，即只有 3000 r/min、1500 r/min、1000 r/min 等几种，所以可以推断，电动机的同步转速 $n_0=1500\,\mathrm{r/min}$。

由式（7-1）可得

$$p=\frac{60f}{n_0}=\frac{60\times50}{1500}=2$$

即电动机的磁极对数是 2，电动机是四极电动机。

由式（7-2）可得，电动机额定转差率为

$$s_N=\frac{n_0-n_N}{n_0}=\frac{1500-1446}{1500}=0.036=3.6\%$$

**随堂练习**

1. 试述三相交流异步电动机的工作原理。
2. 什么是异步电动机的转差率？
3. 有一台四极三相交流异步电动机，电源频率为 50Hz，带负载运行时的转差率为 0.03，求电动机的同步转速和实际转速。
4. 在额定状态下工作的三相交流异步电动机，已知其转速为 960r/min，试问电动机的同步转速是多少？磁极对数是多少？转差率是多大？

### 三、三相交流异步电动机的特性

三相交流异步电动机是将电能转换成机械能的驱动机械,它从电网吸收电功率,在进行能量转换的过程中还会产生各种损耗,最后以转矩和转速的形态输出机械功率。

#### 1. 三相交流异步电动机的功率和损耗

如图 7-9 所示为三相交流异步电动机的功率流程图。图中,$P_1$ 为输入功率,是电动机从电网上吸收的功率,即 $P_1 = \sqrt{3}U_1 I_1 \cos\varphi$。$P_2$ 为输出功率,是电动机轴上对外提供的功率。另外,$P_e$ 为通过气隙从定子传送到转子的电磁功率,$P_m$ 为转子机械总功率,也称内部机械功率或内机械功率。此外,还有 4 部分损耗:定子铜损耗$\Delta P_{Cu1}$,铁芯损耗$\Delta P_{Fe1}$,转子铜损耗$\Delta P_{Cu2}$,机械总损耗$\Delta P_\Delta$。这些损耗都难以计算,通常根据经验估计,一般认为这部分的值为异步电动机额定功率 $P_N$ 的 0.5%。

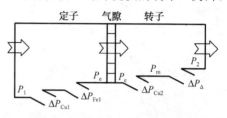

图 7-9 三相交流异步电动机的功率流程图

通过上述对功率流程图的分析,可以得出三相交流异步电动机的运行效率为

$$\eta = \frac{P_2}{P_1} \times 100\% \tag{7-3}$$

[**例 7-3**] 一台三相交流异步电动机的额定功率 $P_N = 15\text{kW}$,额定电压 $U_N = 380\text{V}$,额定功率因数 $\cos\varphi_N = 0.88$,额定功率 $\eta_N = 0.88$,额定转速 $n_N = 2930\text{r/min}$,请计算额定电流是多少?

**解:** 因为 $P_N = P_2 = P_1 \cdot \eta = \sqrt{3} U_N I_N \cos\varphi_N \cdot \eta_N$

所以额定电流为

$$I_N = \frac{P_N}{\sqrt{3}U_N \cos\varphi_N \eta_N} = \frac{15 \times 10^3}{\sqrt{3} \times 380 \times 0.88 \times 0.88} \approx 29.4 \ (\text{A})$$

#### 2. 三相交流异步电动机的电磁转矩

三相交流异步电动机的电磁转矩 $T$ 是由旋转磁场对应的每极磁通 $\Phi$ 与转子回路电流 $I_2$ 相互作用而产生的,故电磁转矩与转子电流的有功分量 $I_2 \cos\varphi_2$ 及定子旋转磁场的每极磁通 $\Phi$ 成正比,即

$$T = K_T \Phi I_2 \cos\varphi_2 \tag{7-4}$$

式中,$K_T$ 是一个与电动机结构有关的常数。将 $I_2$、$\cos\varphi_2$ 的表达式及 $\Phi$ 与 $U_1$ 的关系式代入式(7-4),得三相交流异步电动机电磁转矩公式的另一个表示式为

$$T = K \frac{sR_2 U_1^2}{R_2^2 + (sX_{20})^2} \tag{7-5}$$

式(7-5)中,$K$ 是一个常数。$U_1$ 是每相电源电压,$R_2$ 是转子回路电阻,$X_{20}$ 是转子转速为零时对应的转子电抗,由式(7-5)可知,电磁转矩 $T$ 与定子回路每相电压 $U_1$ 的平方成正比,所以电源电压对转矩影响较大。此外,电磁转矩 $T$ 与转差率 $s$ 有关,同时还受到转子电阻 $R_2$ 的影响。

### 3．三相交流异步电动机的机械特性

若保持电源电压 $U_1$ 不变，将 $s$ 的不同值代入式（7-4），可以计算出对应的电磁转矩 $T$ 的值。将 $T$、$s$ 对应的值用坐标表示，就可以得到三相交流异步电动机的 $T\text{-}s$ 曲线，如图 7-10 所示。

由于频率一定时，转差率 $s$ 与转速 $n$ 之间存在固定的关系。因此，三相交流异步电动机的 $T\text{-}s$ 曲线也称为三相交流异步电动机的机械特性曲线。不过，严格来说，机械特性曲线是指电动机的输出转矩与转速之间的关系曲线，即 $T\text{-}n$ 曲线。而且，机械特性曲线中纵坐标为 $n$，横坐标为 $T$。对于三相交流异步电动机来说，将 $T\text{-}s$ 曲线的 $s$ 坐标换成 $n$，就可以得到如图 7-11 所示的机械特性曲线。

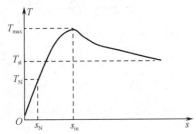
图 7-10　三相交流异步电动机的 $T\text{-}s$ 曲线

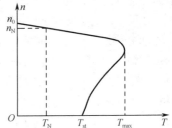
图 7-11　三相交流异步电动机的机械特性曲线

在三相交流异步电动机的电源电压和频率为额定值，电动机本身各参数（定子和转子绕组电阻、电抗、磁极对数等）保持不变的情况下，其特性称为固有机械特性。若电动机在运行过程中其电源电压或频率发生变化，或定子回路串入电阻/电抗，或电动机本身的某些参数（如定子绕组的磁极对数、转子回路电阻/电抗）等发生变化，将引起电动机的机械特性随之发生变化，由此所得到的机械特性称为人工机械特性。

如图 7-11 所示的机械特性为三相交流异步电动机的固有机械特性。从固有机械特性看，有几个关键点：①启动点（$n=0$、$s=1$、$T=T_{\text{st}}$），②最大转矩点（又称临界点，$T=T_{\max}$、$s=s_{\text{m}}$），③额定工作点（$n=n_{\text{N}}$、$s=s_{\text{N}}$、$T=T_{\text{N}}$），④理想空载点（$n=n_0$、$s=0$、$T=0$）。

#### 1）额定转矩

三相交流异步电动机在额定负载下工作时的电磁转矩称为额定转矩。额定工作点在三相交流异步电动机的固有机械特性曲线上。在额定工作点，异步电动机的功率为额定功率 $P_{\text{N}}$，转差率为额定转差率 $s_{\text{N}}$，转速为额定转速 $n_{\text{N}}$，输出转矩为额定转矩 $T_{\text{N}}$。额定转矩可以由异步电动机的额定参数求得。若忽略电动机空载损耗转矩，则额定转矩等于机械负载转矩。

$$T_{\text{N}} = 9550 \frac{P_{\text{N}}(\text{kW})}{n_{\text{N}}} \quad \text{或} \quad T_{\text{N}} = 9.55 \frac{P_{\text{N}}(\text{W})}{n_{\text{N}}} \tag{7-6}$$

转矩的国际单位为牛顿·米（N·m）。

#### 2）启动转矩

三相交流异步电动机刚启动（$n=0$，$s=1$）时的转矩称为启动转矩。将 $s=1$ 代入式（7-5），得

$$T_{\text{st}} = K \frac{R_2 U_1^2}{R_2^2 + X_{20}^2} \tag{7-7}$$

由式（7-7）可知，三相交流异步电动机启动转矩 $T_{\text{st}}$ 与电源电压 $U_1$ 的平方成正比。

启动转矩倍数 $\lambda_{st}$ 是指启动转矩与额定转矩之比，即

$$\lambda_{st} = \frac{T_{st}}{T_N} \tag{7-8}$$

启动转矩倍数 $\lambda_{st}$ 是衡量三相交流异步电动机启动性能的一个重要指标。根据国家标准的规定，普通三相交流异步电动机的启动转矩倍数为 $\lambda_{st} = 1.0 \sim 2.0$。

**3）最大转矩**

最大转矩点的转差率称为临界转差率，用 $s_m$ 表示。通过式（7-5）对转差率 $s$ 求导，并令导数 $\frac{dT}{ds} = 0$，可求出对应的转差率 $s_m = \frac{R_2}{X_{20}}$，再代入式（7-5），可得到转矩的极大值。最大转矩为

$$T_{max} = K\frac{U_1^2}{2X_{20}} \tag{7-9}$$

由式（7-9）可知，与启动转矩一样，三相交流异步电动机最大转矩 $T_{max}$ 与电源电压 $U_1$ 的平方成正比。而由 $s_m = \frac{R_2}{X_{20}}$ 可知，三相交流异步电动机的临界转差率 $s_m$ 与电源电压无关。

过载能力 $\lambda$ 是指最大转矩与额定转矩之比，即

$$\lambda = K\frac{T_{max}}{T_N} \tag{7-10}$$

过载能力表示的是三相交流异步电动机能承担过载转矩而不致停转的能力，它是电动机性能指标之一。一般要求三相交流异步电动机的 $\lambda = 1.6 \sim 2.2$，起重、冶金专用异步电动机的 $\lambda = 2.2 \sim 2.8$。过载能力能够保证在电压突降或负载突增时电动机的转速变化不大，待外因消失后又能恢复正常运行。需要说明的是，电动机有过载能力并不是说电动机可以长期工作在最大转矩附近处。

**4）理想空载点**

三相交流异步电动机的理想空载点的特征是：$n = n_0$、$s = 0$、$T = 0$。其中，$n_0$ 是定子旋转磁场的同步转速。理想空载点也在三相交流异步电动机的固有机械特性曲线上。

从图 7-11 所示的固有机械特性曲线看，由理想空载点到额定工作点的部分曲线是异步电动机正常运行的部分。当异步电动机定子三相绕组接通额定的三相交流电后，转子绕组与定子旋转磁场相互作用产生启动转矩 $T_{st}$。异步电动机带动机械负载从启动点 $n = 0$ 处开始启动，并逐步加速。达到最大转矩点后，虽然仍会继续加速，但随着转速的进一步增加，异步电动机产生的电磁转矩开始逐渐减小，直到运行在 $n_0 - n_N$ 线段的范围内，当与负载转矩相等时，转矩达到平衡，异步电动机带动负载在正常运行部分曲线段的范围内稳定运行。

**［例 7-4］** 已知一台异步电动机的额定转速为 1470r/min，额定功率为 35kW，$T_{st}/T_N$ 和 $T_{max}/T_N$ 分别为 2.0 和 2.2，试求电动机的额定转矩、启动转矩、最大转矩，并大致绘出这台电动机的机械特性曲线。

**解：** 由于电动机额定转速 $n_N = 1470$r/min，略低于 1500r/min，故对应的同步转速应为 $n_0 = 1500$r/min。

额定转差率为

$$s_N = \frac{n_0 - n_N}{n_0} = \frac{1500 - 1470}{1500} = 0.02$$

$$T_N = 9550 \frac{P_N}{n_N} = 9550 \times \frac{35}{1470} \approx 227.4 \ (\text{N} \cdot \text{m})$$

$$T_{st} = 2.0 T_N = 2.0 \times 227.4 = 454.8 \ (\text{N} \cdot \text{m})$$

$$T_{max} = 2.2 T_N = 2.2 \times 227.4 \approx 500.3 \ (\text{N} \cdot \text{m})$$

所以这台电动机的机械特性曲线大致如图 7-12 所示。

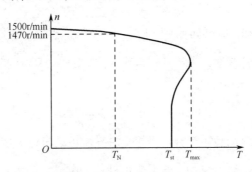

图 7-12   例 7-4 机械特性曲线

[例 7-5] 某三相交流异步电动机的额定数据如下： $P_N = 2.8\text{kW}$ ， $n_N = 1470\text{r/min}$ ， $\triangle/Y$ 连接， 220V/380V， 10.9A/6.3A， $\cos\varphi_N = 0.84$ ， $f = 50\text{Hz}$ ，试求：

（1）额定负载时的效率；

（2）额定转矩；

（3）额定转差率。

**解**：（1）额定负载下的输入功率为

$$P_1 = \sqrt{3} U_1 I_1 \cos\varphi_N = \sqrt{3} \times 380 \times 6.3 \times 0.84 \approx 3483 \ (\text{W})$$

$$\eta_N = \frac{P_N}{P_1} \times 100\% = \frac{2800}{3483} \times 100\% \approx 80.4\%$$

（2） $T_N = 9550 \frac{P_N}{n_N} = 9550 \times \frac{2.8}{1470} \approx 18.2 \ (\text{N} \cdot \text{m})$

（3）由额定转速可知

$$n_0 = 1500\text{r/min}$$

则

$$s_N = \frac{n_0 - n_N}{n_0} = \frac{1500 - 1470}{1500} = 0.02$$

[例 7-6] 某四极三相交流异步电动机的额定功率为 30kW，额定电压为 380V，采用 $\triangle$ 接法，频率为 50Hz。在额定负载下运行时，其转差率为 0.02，效率为 90%，线电流为 57.5A，试求：

（1）额定转速 $n_N$；

（2）额定转矩 $T_N$；

（3）电动机的功率因数。

**解**：（1）由于电动机是四极电动机， $p = 2$ ，所以

$$n_0 = \frac{60f}{p} = \frac{60 \times 50}{2} = 1500 \ (\text{r/min})$$

根据 $s_N = \dfrac{n_0 - n_N}{n_0}$ 得额定转速为

$$n_N = (1 - s_N)n_0 = (1 - 0.02) \times 1500 = 1470 \text{（r/min）}$$

（2）额定转矩为

$$T_N = 9550 \frac{P_N}{n_N} = 9550 \times \frac{30}{1470} \approx 194.9 \text{（N·m）}$$

（3）电动机从电网得到功率 $P_1 = \sqrt{3} U_1 I_1 \cos\varphi_N$，电动机输出功率 $P_2 = \eta P_1$，所以

$$P_N = P_2 = \eta \sqrt{3} U_1 I_1 \cos\varphi_N$$

$$\cos\varphi_N = \frac{P_N}{\sqrt{3} U_1 I_1 \eta} = \frac{30 \times 10^3}{\sqrt{3} \times 380 \times 57.5 \times 0.9} \approx 0.88$$

**随堂练习**

1. Y180L-4 型电动机的额定功率为 22kW，额定转速为 1470r/min，频率为 50Hz，最大电磁转矩为 314.6N·m。试求电动机的过载能力 $\lambda$。

2. 一台三相交流异步电动机的额定功率为 4kW，额定电压为 220V/380V，△/Y 连接，额定转速为 1450r/min，额定功率因数为 0.85，额定效率为 0.86，试求：

（1）额定运行时的输入功率；
（2）定子绕组星形连接和三角形连接时的额定电流；
（3）额定转矩。

**【任务解决】**

在生活和生产活动中人们广泛使用三相交流异步电动机。三相交流异步电动机通过定子与转子的磁耦合产生转矩，把电能转换成机械能，从而带动电梯上下运行。

# 任务二　三相交流异步电动机的使用

**【学习目标】**

（1）了解三相交流异步电动机的启动、调速、制动原理；
（2）掌握三相交流异步电动机的启动、调速、制动方法；
（3）了解三相交流异步电动机的使用方法。

**【任务导入】**

三相交流异步电动机能很好地为我们的生产和生活服务，那么其在使用过程中有哪些注意事项呢？

**【知识链接】**

## 一、三相交流异步电动机的启动

电动机的启动是指电动机通电后转速从零开始逐渐加速到正常转速的过程。电力拖动系统对电动机的启动要求是要有足够大的启动转矩和比较小的启动电流，这样可以减小启动时供电线路的电压降，缩短启动时间，提高生产效率。

三相笼型异步电动机的启动方式有两种,分别是额定电压下的直接启动和降低启动电压下的降压启动,它们各有优点,应结合具体情况正确选用。

**1. 三相笼型异步电动机的直接启动**

直接启动又称全压启动,是指将电动机的三相定子绕组直接接到额定电压的电网上来启动电动机。直接启动的条件如下所述。

(1)容量在 7.5kW 以下的三相交流异步电动机一般均可采用直接启动。

(2)用户由专用的变压器供电时,当电动机容量小于变压器容量的 20%时,允许直接启动。对于不经常启动的电动机,该值可放宽到 30%。

(3)可以用经验公式来粗估电动机是否可以直接启动。当电路启动电流与额定电流之比符合下列公式时,可以直接启动。

$$\frac{I_{st}}{I_N} \leq \frac{3}{4} + \frac{P_S}{4 \times P_N}$$

其中,$P_S$ 为供电变压器容量,$P_N$ 为电动机功率。

最简单的直接启动控制电路可用三相刀开关和熔断器将三相笼型异步电动机直接接入交流电网。直接启动的特点是:方法简单,启动转矩相对较大,但启动电流一般为额定电流的4～7 倍,启动电流较大,对电网的冲击也较大。为了改善启动性能,尤其是当电源容量相对较小时,三相笼形异步电动机常采用降低电源电压的方法进行启动。

**2. 三相笼型异步电动机的降压启动**

降压启动是指启动时降低加在电动机定子绕组上的电压,启动结束后加额定电压正常运行的启动方式。降压启动的目的是减小启动电流对电网的不良影响,但由于电动机的转矩与

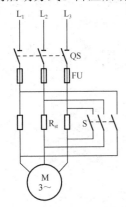

图 7-13　串电阻器(电抗器)
降压启动

电压的平方成正比,在降压启动的同时也降低了启动转矩,所以这种启动方法只适用于空载或轻载启动的三相笼型异步电动机。

降压启动的方法主要有:定子绕组串电阻器或电抗器启动,Y—△降压启动,自耦变压器降压启动,延边三角形降压启动等。

1)串电阻器(电抗器)降压启动

如图 7-13 所示,电动机启动时在定子绕组中串电阻器进行降压,启动结束后再将电阻器短路,进行全压运行。由于串电阻器启动时,电阻器上能量损耗较大,为了减小能量损耗,有时用电抗器代替电阻器。

这种降压启动方式具有启动平稳、工作可靠、设备电路简单、启动时功率因数高等优点,但电阻器的功率损耗大、温升高,所以一般不宜用于频繁启动。

2)Y-△降压启动

Y-△降压启动只适用于正常运转时是三角形接法的电动机。启动时,先把定子三相绕组作星形连接,待电动机转速升高到一定值后再改为三角形连接。

若电动机三相绕组作星形连接,电路线电压为 $U_1$,如图 7-14(a)所示,则每相绕组得到的相电压为

$$U_{\mathrm{YP}} = \frac{1}{\sqrt{3}}U_1$$

假定每相绕组的阻抗大小为 Z，则星形连接时每相绕组的相电流为

$$I_{\mathrm{YP}} = \frac{U_{\mathrm{YP}}}{Z} = \frac{1}{\sqrt{3}}\frac{U_1}{Z}$$

星形连接时电动机的线电流为

$$I_{\mathrm{Yl}} = I_{\mathrm{YP}} = \frac{1}{\sqrt{3}}\frac{U_1}{Z} \qquad\qquad (7\text{-}11)$$

若电动机三相绕组作三角形连接，电路线电压为 $U_1$，如图 7-14（b）所示，则每相绕组得到的相电压为

$$U_{\triangle\mathrm{P}} = U_1$$

三角形连接时每相绕组的相电流为

$$I_{\triangle\mathrm{P}} = \frac{U_{\triangle\mathrm{P}}}{Z} = \frac{U_1}{Z}$$

三角形连接时电动机的线电流为

$$I_{\triangle\mathrm{l}} = \sqrt{3}I_{\triangle\mathrm{P}} = \sqrt{3}\frac{U_1}{Z} \qquad\qquad (7\text{-}12)$$

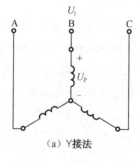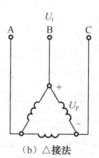

图 7-14　Y接法与△接法比较

比较式（7-11）和式（7-12）可知，当外加的电压一定时，电动机三相绕组星形连接和三角形连接所获得的电流是不同的，且绕组星形连接时的工作电流是三角形连接时工作电流的 1/3，即

$$I_{\mathrm{Yl}} = \frac{1}{3}I_{\triangle\mathrm{l}} \qquad\qquad (7\text{-}13)$$

由于电动机启动时的电流可达正常运行时电流的 4～7 倍，所以，启动时电动机采用星形连接与启动时采用三角形连接相比，星形连接方法可明显减小启动电流。

由式（7-7）可知，电动机的启动转矩与电压的平方成正比。由于电动机采用星形连接时的相电压只有采用三角形连接时相电压的 $1/\sqrt{3}$，所以在采用星形连接启动时，启动转矩只有三角形连接启动时的 1/3，即

$$T_{\mathrm{Yst}} = \frac{1}{3}T_{\triangle\mathrm{st}} \qquad\qquad (7\text{-}14)$$

由式（7-14）可知，星形连接启动时启动转矩明显小于三角形连接启动时的启动转矩，所以 Y-△ 启动方法只适用于电动机可以轻载启动的场合。

Y-△降压启动的工作原理如图 7-15 所示。先合上电源开关 $QS_1$，然后将 $QS_2$ 从中间位置投向"启动"位置，这时定子三相绕组作 Y 形连接，线电流仅为直接启动时的 1/3，但启动转矩也只有△连接的 1/3。待转速接近额定转速时，再将 $QS_2$ 合向"运行"位置，把定子三相绕组改成△连接，转入正常工作状态。

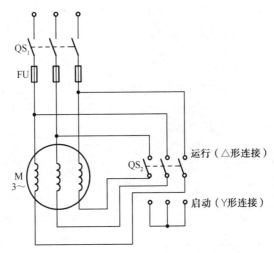

图 7-15　Y-△降压启动的工作原理

[**例 7-7**]　一台三相笼型异步电动机采用△连接，额定功率 $P_N = 60kW$，额定电压 $U_N = 380V$，额定电流 $I_N = 136A$，额定转速 $n_N = 2890r/min$，启动电流倍数 $k_{st} = 6.5$，启动转矩倍数 $\lambda_{st} = 1.15$，若供电变压器限制其启动电流不超过 500A，负载要求其启动转矩不小于 50N·m，请校核该电动机是否可以直接启动，是否可以Y-△启动。

**解：**（1）直接启动。

$$T_N = 9550 \times \frac{P_N}{n_N} = 9550 \times \frac{60}{2890} \approx 198 （N \cdot m）$$

$$T_{\triangle st} = \lambda_{st} T_N = 1.15 \times 198 \approx 228 （N \cdot m）$$

$$I_{\triangle st} = k_{st} I_N = 6.5 \times 136 = 884 （A） \quad （>500A）$$

所以不能直接启动。

（2）Y-△启动。

$$I_{Yst} = \frac{1}{3} I_{\triangle st} \approx 294.7 （A） \quad （<500A）$$

$$T_{Yst} = \frac{1}{3} T_{\triangle st} = 76 （N \cdot m） \quad （>50N \cdot m \times 1.1）$$

所以可以Y-△启动。

　3）自耦变压器（补偿器）降压启动

自耦变压器（补偿器）降压启动利用自耦变压器来降低加在定子三相绕组上的电压，如图 7-16 所示。

启动时，先合上开关 $QS_1$，再将补偿器 $QS_2$ 控制手柄投向"启动"位置，这时经过自耦变压器降压后的交流电压加到电动机三相定子绕组上，电动机开始降压启动。当电动机转速接近额定转速时，把手柄投向"运行"位置，使自耦变压器脱离电源，电动机直接接入电源正常运转。为了适应不同要求，通常自耦变压器的抽头有 73%、64%、55%或 80%、60%、40%等规格。

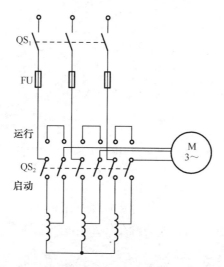

图 7-16 自耦变压器（补偿器）降压启动原理图

这种启动方式的优点是可以按允许的启动电流和所需的启动转矩来选择自耦变压器的不同抽头，以实现降压启动，而且不论电动机定子绕组是星形连接还是三角形连接都可以使用该方法。其缺点是设备体积大，投资较大。

### 3. 绕线型异步电动机转子串电阻启动

如图 7-17 所示，绕线型异步电动机转子串电阻启动方法是：启动时转子串变阻器，随着转子转速的升高，变阻器的阻值不断减小，直到将变阻器的电阻全部撤除，绕线型异步电动机启动完毕。在整个启动过程中电动机启动转矩较大，这种启动方式适用于重载启动，主要用于桥式起重机、卷扬机、龙门吊车等电动机的启动。

转子串电阻启动机械特性曲线如图 7-18。由最大转矩对应的转差率 $s_m = \dfrac{R_2}{X_{20}}$ 可知，在绕线型异步电动机的转子电路中串入不同的附加电阻时，$s_m$ 不同，但 $T_{max}$ 相等，因而得到一组人为机械特性曲线。开始启动时，$KM_1 \sim KM_3$ 全部断开，电动机转子电阻全部串入，转子电阻大，电动机特性软，电动机运行在特性曲线 4 上，电动机启动转矩大，容易启动；

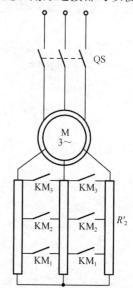

图 7-17 转子串电阻启动原理图

当电动机转速上升到 A 点时，$KM_1$ 闭合，转子回路电阻减小，电动机运行在特性曲线 3 上，电动机启动转矩大，继续启动；同样，当电动机转速上升到 B 点时，$KM_2$ 闭合，转子回路电阻进一步减小，电动机运行在特性曲线 2 上，电动机启动转矩大，继续启动；当电动机转速上升到 C 点时，$KM_3$ 闭合，转子回路外加电阻全部撤除，电动机运行在特性曲线 1（电动机固有特性曲线）上，当电动机转速上升到 N 点时，电动机转矩与负载转矩平衡，启动结束。

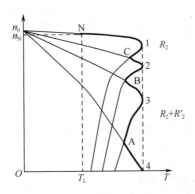

图 7-18  转子串电阻启动机械特性曲线

**随堂练习**

1. 三相交流异步电动机有哪些启动方式？各有什么特点？
2. 什么是电动机的直接启动？电动机在什么情况下允许直接启动？直接启动的优缺点是什么？
3. 在电源电压不变的情况下，如果将三角形接法的电动机误接成星形，或者将星形接法的电动机误接成三角形，其后果如何？

## 二、三相交流异步电动机的调速

所谓调速，即用人为的方法来改变异步电动机的转速，以满足生产过程的需要。根据异步电动机的转差率公式得

$$n = (1-s)n_0 = (1-s)\frac{60f}{p} \tag{7-15}$$

由此可知，异步电动机的调速有 3 种方法。

（1）改变定子绕组的磁极对数 $p$，即变极调速。

（2）改变供电电源的频率 $f$，即变频调速。

（3）改变电动机的转差率 $s$，即转子串电阻调速。

### 1. 变极调速

采用改变定子绕组极数的方法来调速的异步电动机称为多速异步电动机。对于一些特制电动机，改变电动机定子绕组的接线方式，可以改变旋转磁场的磁极对数。因为磁极是成对变化的，所以这种调速是有级的，不能连续调节。

多速异步电动机的工作原理如图 7-19 所示。若将 A 相绕组两个线圈按图 7-19（a）所示串联，就会产生四极磁场（$p=2$）；若按图 7-19（b）所示将两个线圈并联，即产生二极磁场（$p=1$）。

三相变极多速异步电动机有双速、三速、四速等多种，变极调速的优点是所需设备简单，其缺点是电动机绕组引出头较多，调速级数少。

### 2. 改变转差率调速

改变转差率调速即转子回路串电阻调速。与转子串电阻启动相似，当在绕线型异步电动机

的转子电路中串入不同的附加电阻时,将得到一组人为机械特性曲线。当负载转矩一定时,可获得不同的转速,如图 7-20 中对应的转速 $n_4$、$n_3$、$n_2$、$n_1$。所以,改变转子所串电阻的大小可以改变转差率,从而达到调速的目的。

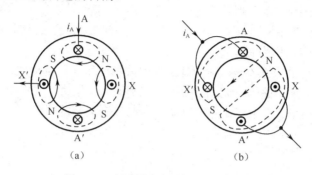

图 7-19 多速异步电动机的工作原理

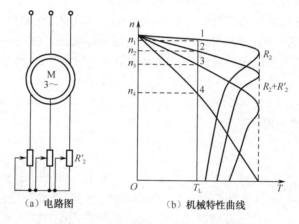

（a）电路图 （b）机械特性曲线

图 7-20 转子串电阻调速

转子串电阻调速方法使电动机机械特性变软,稳定性变差,电阻耗能变大;但平滑性好,设备简单,操作方便,因此在起重运输机械上得到了较为广泛的应用。

### 3. 变频调速

由式（7-15）可知,当异步电动机的磁极对数 $p$ 不变时,电动机的转速 $n$ 与电源频率 $f$ 成正比,如果能连续地改变电源的频率,就可以连续平滑地调节异步电动机的转速,这就是变频调速的原理。

变频调速是调速性能最好的一种调速方法,其主要特点为:可实现无级平滑调速,调速范围大,机械特性硬度在调速时不变。目前,各种变频器已经广泛应用于需要进行调速的交流电力拖动控制系统中。有关变频器的工作原理与使用不在此展开,有兴趣的读者可以参考有关书籍。

随堂练习

三相交流异步电动机的调速方法有哪些?各有什么优缺点?

### 三、三相交流异步电动机的制动

电动机在断开电源后,由于惯性会继续转动一段时间后才停转。为了缩短辅助工时,提高生产率,保证安全,有些生产机械要求电动机能准确、迅速地停车,这就需要用强制的方法迫使电动机迅速停止运转,称为制动。

根据制动转矩产生的方法不同,制动可分为机械制动和电气制动两类。机械制动通常靠摩擦方法产生制动转矩,如电磁抱闸制动。所谓电气制动,就是使电动机产生一个与转动方向相反的电磁转矩,快速停车。三相交流异步电动机的电气制动有能耗制动、反接制动和再生制动3种方式。

#### 1. 能耗制动

能耗制动是指在断开电动机三相电源的同时接通直流电源,使定子绕组产生一个静止的磁场(不论极性如何),这时继续依靠惯性转动的转子导体便切割磁场而产生感应电动势和电流,其方向可用右手定则判断。转子导体电流又与磁场相互作用而产生与旋转方向相反的电磁转矩,起到制动作用使电动机迅速停止运转。能耗制动原理如图 7-21 所示。

这种制动方法利用转子转动时的惯性切割恒定磁场的磁通而产生制动转矩,把转子的动能消耗在转子回路的电阻上,所以称为能耗制动。这种制动方法具有准确、平稳、耗能小的优点,但需要使用直流电源。

#### 2. 反接制动

电动机在断电停转后因机械惯性仍继续旋转,此时如果和控制电动机反转一样改变三相电源的相序,电动机的旋转磁场随即反向,产生的电磁转矩与电动机的旋转方向相反,该制动转矩使电动机很快停下来,这就是反接制动。反接制动原理如图 7-22 所示。

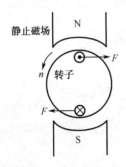

图 7-21　能耗制动原理

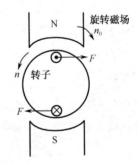

图 7-22　反接制动原理

采用反接制动方式,当转速接近零时,应立即断开电源,否则电动机将反转,该功能通常是由速度继电器来实现的。由于反接制动时旋转磁场与转子的相对转速很大,制动电流也很大,所以通常在制动时要在定子或转子电路中串接电阻,以限制制动电流。这种制动方法具有简单、快速的优点,但准确性较差,耗能大,易损坏机械零件。

#### 3. 再生制动(发电回馈制动)

当异步电动机在电动状态下运行时,由于某种原因,使电动机的转速 $n$ 超过了旋转磁场的

同步转速 $n_0$（此时 $s<0$），则转子导体切割旋转磁场的方向与电动机运行状态相反，从而使转子电流及所产生的电磁转矩改变方向，成为与转子转向相反的制动转矩，电动机即在制动状态下运行，这种制动称为再生制动。再生制动原理如图 7-23 所示。

## 四、三相交流异步电动机的铭牌和技术数据

如图 7-24 所示是三相交流异步电动机的铭牌，上面标有电动机的型号、电压、电流等额定参数和工作方式等。

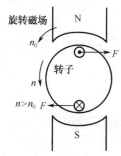

| 型号：Y132M-4 | 功率：7.5kW | 防护等级：IP44 |
|---|---|---|
| 电压：380V | 电流：15.4A | 功率因数：0.84 |
| 接法：△ | 转速：1440r/min | 绝缘等级：B |
| 频率：50Hz | 重量： | 工作方式：连续 |
| 年 月 编号 | ××电动机厂 | |

图 7-23 再生制动原理 　　　　　图 7-24 三相交流异步电动机的铭牌

### 1．三相交流异步电动机的型号

三相交流异步电动机的型号主要由产品代号、机座中心高代号、机座长短代号、铁芯长短代号和磁极极数代号等构成。Y 表示一般用途的异步电动机，YR 表示绕线型异步电动机。例如，型号为 Y132M-4 的电动机，表示是一般用途的异步电动机，机座中心高为 132mm，机座长度为中等，磁极极数为 4 极。

```
Y  132  M — 4
            └─── 磁极极数
        └────── 机座长短代号，S代表短，M代表中，L代表长
    └────────── 机座中心高代号，单位mm
 └───────────── 产品代号
```

### 2．额定功率 （$P_N$）

额定功率表示电动机在额定电压、额定频率和额定负载下转轴上输出的机械功率，单位用 kW 表示。当负载处于额定功率 $P_N$ 的 75%～100% 时，电动机的效率和功率因数较高。如果电动机实际输出功率 $P$ 远小于额定功率 $P_N$，则电动机的效率和功率因数均较低，这时电动机处于"大马拉小车"状态，是不合理的运行方式。相反，若电动机实际输出功率 $P$ 远大于额定功率 $P_N$，电动机处于过载运行状态，相当于"小马拉大车"，此时将导致电动机因温升过高而被烧毁。对于三相交流异步电动机，其额定功率为

$$P_N = \sqrt{3}U_N I_N \cos\varphi_N \eta_N \times 10^{-3}$$

其中，$\eta_N$ 为电动机的额定效率，$\cos\varphi_N$ 为电动机的额定功率因数，一般额定功率 $P_N$ 的单位为 kW。

### 3．额定频率 （$f_N$）

额定频率是指电动机正常工作所要求的电源频率。我国的工频为 50Hz。频率的大小对电动机的性能有很大的影响，通常情况下，国外的电动机不能直接使用国内 50Hz 的电源。

### 4. 额定电压（$U_N$）

额定电压是指电动机正常工作时三相定子绕组上所加的线电压，国内电源电压有 10kV、6kV、3kV、660V、380V、220V 等。一般中、小型三相交流异步电动机的额定电压为 380V，要求电源电压波动范围不可超过额定电压的±5%。例如，当电动机额定电压为 380V 时，电源电压波动范围应在 361～399V 之间。电源电压过低，会使电动机启动困难（因启动转矩与电压的二次方成正比），甚至不能启动；电源电压过高，会使电动机过热，甚至烧毁电动机。

### 5. 额定电流（$I_N$）

额定电流是指当电动机在额定状态下运行时定子绕组的线电流。电动机运行时定子线电流不可超过电动机铭牌上标出的额定电流。若电动机电流过大，则说明电动机过载了，电动机过载将导致电动机温升超限，此时要及时处理，并分析过载原因。

### 6. 额定转速（$n_N$）

电动机在额定电压、额定频率和额定负载状态下转轴上的转速称为额定转速，单位为转/分（r/min）。电动机过载时的转速比 $n_N$ 低，空载时的转速比 $n_N$ 高。

### 7. 绝缘等级

电动机的绝缘等级取决于所用绝缘材料的耐热等级，按绝缘材料的耐热程度不同有 A、E、B、F、H 5 种常见的规格。当规定环境温度为 40℃时，各绝缘等级与极限工作温度参见表 7-1。

表 7-1　各绝缘等级与极限工作温度

| 绝缘等级 | A | E | B | F | H |
|---|---|---|---|---|---|
| 极限工作温度/℃ | 105 | 120 | 130 | 155 | 180 |

### 8. 绕组接线方式

普通三相交流异步电动机的三相定子绕组每相有 2 个端头，三相共有 6 个端头，电动机内部三相定子绕组与接线板的连接如图 7-25 所示。电动机的接线方法有两种，即星形连接与三角形连接，连接方法如图 7-26 所示。必须注意的是，同一台电动机使用不同的连接方法时，其使用的电压也不同。例如，铭牌上电动机接法是 Y/△连接，额定电压为 380/220V，意味着 Y 连接时，额定电压必须是 380V，△连接时，额定电压必须是 220V。有些电动机的定子绕组每相中间有抽头，这样每三相共有 9 个端头，可以实现三角形、星形、延边三角形和双速等多种运行方式。具体如何连接，一定要按铭牌指示操作，否则电动机不能正常运行，甚至会被烧毁。

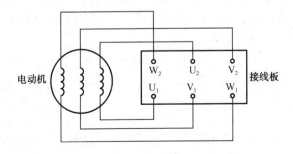

图 7-25　三相定子绕组与接线板的连接

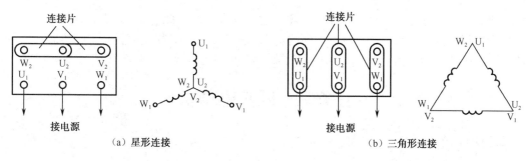

图 7-26 电动机的接线方法

### 9. 其他技术数据

三相交流异步电动机除了铭牌上标记的常用额定数据，在产品目录或电工手册中，通常还列出了一些其他技术数据。

1）功率因数

三相交流异步电动机额定运行时的功率因数 $\cos\varphi = 0.7 \sim 0.9$，但空载和轻载运行时功率因数较低，所以要防止电动机长期空载和轻载运行。

2）额定效率（$\eta_N$）

电动机在额定工作状态下轴上输出功率 $P_2$ 与电源输入功率 $P_1$ 的比值，称为电动机的额定效率 $\eta_N$，用百分数表示，即

$$\eta_N = \frac{P_2}{P_1} \times 100\%$$

3）标准编号

标准编号是指电动机按此标准生产，其技术数据能达到这个标准的要求。

4）电动机定额或工作制

电动机定额是指由制造厂按照国家标准规定的条件，在电动机铭牌上标记的全部电气量、机械量的数值，以及运行的持续时间和顺序。常用的定额分为连续定额、短时定额和断续定额。全部按定额运行的方式称为额定运行。

5）IP 防护等级

IP 防护等级由两个数字组成，第 1 个数字表示电动机离尘、防止外物侵入的等级，第 2 个数字表示电动机防湿气、防水侵入的密闭程度，数字越大表示其防护等级越高。

6）出厂编号

为了区别不同规格的电动机，以及为了方便记录各台电动机的情况，制造厂为每台电动机都进行了编号，称为出厂编号。

**随堂练习**

某些三相交流异步电动机有 380/220V 两种额定电压，定子绕组可以接成星形或者三角形，试问何时采用星形接法？何时采用三角形接法？

### 【任务解决】

在实际生产和生活中，应根据不同的使用场合及不同的使用要求选用合适的电动机，并应

用合适的启动和制动方法。对一些要求较高转速的场合，还需要选择合适的调速方法。电动机的三相绕组有不同的连接方法，对应不同的工作电压。在使用三相交流异步电动机时还需注意电动机的额度负载等因素，从而确保电动机安全、可靠地运行。

# 任务三　同步电动机

## 【学习目标】

（1）了解同步电动机的结构与工作原理；
（2）了解同步电动机的启动与分类。

## 【任务导入】

既然有异步电动机，对应的就应该有同步电动机。同步电动机与异步电动机有何相同点与不同点呢？

## 【知识链接】

同步电动机和异步电动机同属于交流电动机，和异步电动机不同的是它的转子旋转速度与定子绕组所产生的旋转磁场的速度是一样的，所以称为同步电动机。同步电动机转子转速 $n$ 与磁极对数 $p$、电源频率 $f$ 之间满足 $n=60f/p$。转速 $n$ 取决于电源频率 $f$，与负载无关，故当电源频率一定时，转速不变。同步电动机具有运行稳定性高和过载能力大等特点。

### 一、同步电动机的工作原理

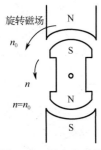

图 7-27　同步电动机工作原理

同步电动机的工作原理与异步电动机相比，既有相同之处又有重要区别。它们都由三相交流电源产生旋转磁场，也都采用三相对称交流绕组，但同步电动机的转子由直流电源励磁或用永久磁铁产生固定磁极，如图 7-27 所示。

图中，定子和转子都只有一对磁极，当定子磁极以 $n_0$ 的速度旋转时，根据同性相斥、异性相吸的原则，不管定子磁极与转子磁极的初始相对位置如何，在旋转过程中转子的 S 极和 N 极很快被定子的 N 极和 S 极分别吸住，它们之间产生相应的磁拉力，只要这个磁拉力足够大，定子磁极将拉着转子磁极以恒定的同步转速 $n_0$ 一起旋转。

### 二、同步电动机的转子结构

同步电动机的转子有两种结构形式，一种是有明显磁极的，称为凸极式，也称显极式，如图 7-28（a）所示；另一种是无明显磁极的，转子为一个圆柱体，称为隐极式，如图 7-28（b）所示。同步电动机一般都做成凸极式。

同步电动机转子的励磁绕组有两个出线端，分别接到两个集流环上，通过与集流环相接触的静止电刷向外引出。励磁用的直流电流一般由整流电源供给，也可以用一台与同步电动机同轴或非同轴的直流发电机供给。如果同步电动机用永久磁铁作转子来代替直流励磁的磁极，则称为三相永磁同步电动机，也称直流无刷电动机。由于三相永磁同步电动机的转子无须用直流电流励磁，所以结构更简单，性能更好。

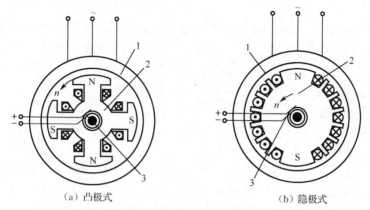

1—定子；2—转子；3—集流环

图 7-28　同步电动机的转子结构

### 三、同步电动机的启动

同步电动机不能自行启动，需要辅助启动，常用的启动方法有异步启动法和辅助电动机启动法。

① 异步启动法。在同步电动机主磁极极靴上装设笼型启动绕组。启动时，先使励磁绕组通过电阻短接，而后将定子绕组接入电网。依靠启动绕组的异步电磁转矩使同步电动机升速到接近同步转速，再将励磁电流通入励磁绕组，建立主极磁场，即可依靠同步电磁转矩将同步电动机转子牵入同步转速。

② 辅助电动机启动法。通常选用与同步电动机极数相同的感应电动机（容量约为同步电动机的 10%～15%）作为辅助电动机，拖动同步电动机到接近同步转速，再将电源切换至同步电动机定子，使励磁电流通入励磁绕组，将同步电动机牵入同步转速。

同步电动机主要用作发电机，常用于多机同步传动系统、精密调速稳速系统和大型机械设备，如轧钢机、压缩机、鼓风机、球磨机等。

### ■【任务解决】

同步电动机和异步电动机同属于交流电动机，均由三相交流电源产生旋转磁场。和异步电动机不同的是，同步电动机的转子由直流电源励磁或用永久磁铁产生固定磁极，所以启动后转子在定子磁场的作用下，转速与定子产生的旋转磁场的转速相同。另外，同步电动机和异步电动机相比，启动方法不同，同步电动机需要辅助启动。

# 任务四　单相交流电动机

### ■【学习目标】

（1）了解单相交流电动机的结构与工作原理；

（2）了解单相交流电动机的机械特性。

## ■【任务导入】

我们日常使用的照明电路等采用的是一根火线加一根零线的单相供电方式，那么像学校普遍采用的吊扇又是怎样工作的呢？如发现吊扇不易启动或运行速度明显变慢，应如何处理？

## ■【知识链接】

单相交流电动机适用于单相电源的场合，其效率、功率因数和过载能力都比较低，因此容量一般在 1kW 以下。

单相交流电动机只有一个绕组，当单相正弦电流通过定子绕组时，电动机会产生一个交变磁场，这个磁场的强弱和方向随时间作正弦规律变化，但在空间方位上是固定的，所以又称这个磁场是交变脉动磁场。该磁场极性和强度交替变化，但不能产生旋转磁场，因此单相交流电动机必须另加设计使它产生旋转磁场。常用的单相交流电动机有电容式和罩极式两种类型。

## 一、电容式单相交流电动机

电容式单相交流电动机在定子绕组上设有主绕组 W 和副绕组（启动绕组）V，并在启动绕组中串联大容量启动电容器。启动绕组串联电容器后与工作绕组并联接入电源，如图 7-29 所示。在同一单相电源作用下，选择适当的电容器容量，可使工作绕组的电流和启动绕组的电流相位差近乎为 90°。如图 7-30 所示，当具有 90°相位差的两个电流通过空间位置相差 90°的两相绕组时，产生的合成磁场为旋转磁场。笼型转子在这个旋转磁场的作用下产生电磁转矩而旋转。电容式单相交流电动机结构简单，启动速度快，转速稳定，由于其运行绕组分正、反相绕制设定，所以只要将启动绕组或工作绕组所接电源的两个端子对调，即可方便地实现电动机的正、反方向运转。

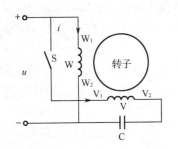

图 7-29　电容式单相交流电动机工作原理

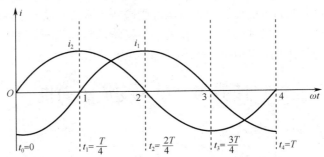

图 7-30　相位差为 90° 的两个电流产生的旋转磁场

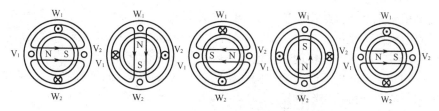

图 7-30　相位差为 90°的两个电流产生的旋转磁场（续）

　　电容式单相交流电动机可分为电容分相启动电动机和永久分相电容电动机两类。如果在启动绕组电路中串入一个离心开关，当电动机启动运转后，依靠离心力的作用使开关断开，启动绕组断电，电动机仍能继续运转，则这种电动机称为电容分相启动电动机。如果不串入离心开关，电动机启动后启动绕组仍通电运行，则这种电动机称为永久分相电容电动机。由于永久分相电容电动机的启动转矩较小，因此适用于电风扇、洗衣机等要求启动转矩小的电气设备。

## 二、罩极式单相交流电动机

　　罩极式单相交流电动机根据定子外形结构的不同,可分为凸极式罩极电动机和隐极式罩极电动机。

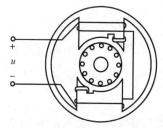

　　凸极式罩极电动机只有一个主绕组，定子绕组套装在各个磁极上，并在每个磁极表面开一个凹槽，将磁极分成大小两部分，在较小磁极上套一个短路铜环，如图 7-31 所示。

　　当磁极绕组通入单相交流电后，铁芯中便产生交变磁通，铜环中产生感应电流。由楞次定律可知，感应电流产生的磁场将阻碍原来磁场的变化，使罩极下穿过的磁通滞后于未罩铜环部分穿过的磁通，如同磁通总是从未罩部分向罩极移动，好像磁场在旋转，从而获得启动转矩。罩极式单相交流电动机产生的旋转磁场如图 7-32 所示。

图 7-31　罩极式单相交流电动机

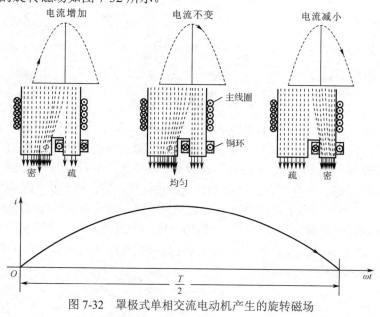

图 7-32　罩极式单相交流电动机产生的旋转磁场

罩极式单相交流电动机结构简单，由于制作成本低，运行噪声较小，对电气设备干扰小，所以被广泛应用于自动化仪表的电风扇、小型鼓风机和电扇等中。罩极式单相交流电动机还可以很方便地转换成二极或四极转速，以适应不同电气设备的使用要求。

罩极式单相交流电动机不能改变转向（磁场总是从未罩部分向罩极移动），它的启动转矩较电容式单相交流电动机的启动转矩小。

## 三、单相交流电动机的调速

单相交流电动机的调速方法有 3 种，分别是变极调速、降压调速和抽头调速。

### 1. 变极调速

通过改变电动机的绕组极数，进而改变其同步转速进行调速的方法称为变极调速。在单相交流电动机中，变极调速有倍极调速和非倍极调速之分。一般说来，倍极调速电动机的定子上只有一套绕组，用改变绕组端部连接方法获得不同的极对数以达到调整旋转磁场转速的目的。在极数比较大的变极调速中，定子槽中安放两套不同极数的独立绕组，实际上相当于两台不同极数的单速电动机的组合，其工作原理和性能与一般单相交流电动机一样。

### 2. 降压调速

降压调速的方法有很多，如串联电抗器、电容、自耦变压器和可控硅等。

### 3. 抽头调速

抽头调速可分为 L 型抽头调速和 T 型抽头调速。L 型抽头调速又可分为主绕组抽头 L 型调速和副绕组抽头 L 型调速。抽头调速的原理如图 7-33 所示。

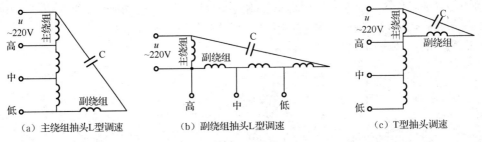

(a) 主绕组抽头L型调速　　　(b) 副绕组抽头L型调速　　　(c) T型抽头调速

图 7-33　抽头调速的原理

如图 7-33（a）所示，当采用主绕组抽头 L 型调速时，调速绕组与主绕组同槽，嵌在主绕组的上层。调速绕组与主绕组串联接于电源。当串入的调速绕组最多时，主绕组和副绕组的合成磁场（即定子磁场）强度最大，电动机转速最高。当调速绕组有一部分与主绕组串联，而另一部分与副绕组串联时，主绕组和副绕组的合成磁场强度下降，电动机的转速也下降。

如图 7-33（b）所示，当采用副绕组抽头 L 型调速时，调速电路组成与原理与主绕组抽头 L 型调速电路相同，只是调速绕组与副绕组同槽，嵌在副绕组上层，调速绕组与副绕组串联。

如图 7-33（c）所示，T 型抽头调速电路的调速绕组与副绕组同槽，嵌在副绕组的上层，调速绕组与主绕组和副绕组串联。

每种调速方式都有其优缺点，选用哪种调速方法除了要考虑调速结果，还要考虑经济性，一般 L 型调速方式较为经济。

### ■【任务解决】

对于学校普遍采用的吊扇，其使用的电动机是电容式单相交流电动机。若发现吊扇不易启动或运行速度明显较正常运行速度慢，则多半是电容容量变小、性能变差造成的，解决的办法是更换电容。

# 任务五　直流电动机

### ■【学习目标】

（1）了解直流电动机的工作原理；
（2）了解直流电动机的结构；
（3）了解直流电动机的励磁方式。

### ■【任务导入】

你或许在电视或网络中看到过有关钢铁企业轧制钢锭的视频：一大块烧得火红的钢锭被推入轧机，瞬间被压扁，如图 7-34 所示，而轧辊的滚动速度丝毫不受影响。实际上，在钢锭轧制的过程中，轧辊的开口度很大，可高达 2700mm，轧下装置的调整速度快达 300mm/s。如此强大的动力能不能由前面所介绍的交流电动机提供呢？答案是否定的，而担当此任的是本节要介绍的直流电动机。

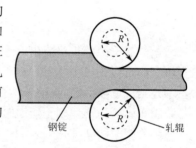

图 7-34　钢锭轧制示意图

### ■【知识链接】

交流电动机具有结构简单，制造、使用和维护方便，运行可靠，质量小及成本低等优点，但也存在调速性能较差的缺点，对要求较宽平滑调速范围的交通运输机械、轧机、大型机床、印染及造纸机械等，采用直流电动机较为经济方便，尤其对于一些使用直流电源的场合，使用直流电动机更为适合。

由直流电源供电，拖动机械负载旋转，输出机械能的电动机称为直流电动机。普通直流电动机结构复杂，成本高，且电刷和换向器易磨损，因此维护比较麻烦。但直流电动机具有优良的性能，具体如下所述。

（1）调速性能好。直流电动机可以在重负载条件下，实现均匀、平滑的无级调速，而且调速范围较宽。

（2）启动力矩大。直流电动机有较强的过载能力，能承受频繁的冲击负载，可以满足生产过程自动化控制系统的各种特殊要求。

（3）直流电动机具有使用方便可靠、对电源干扰小等优点。

由于直流电动机具有良好的启动和调速性能，故常用于对启动和调速有较高要求的场合。

## 一、直流电动机的工作原理

如图 7-35 所示为直流电动机工作原理图。在两个空间位置固定的磁极 N 极和 S 极之间，由两根导体 ab 和 cd 连成一个线圈，将线圈的首、末端分别连到两个弧形换向片上，换向片上安装有电刷 A 和 B（固定不动）。当电枢（这里指线圈）转动时，电刷 A 只与转到 N 极的换向片相接触，而电刷 B 只与转到 S 极的换向片相接触。

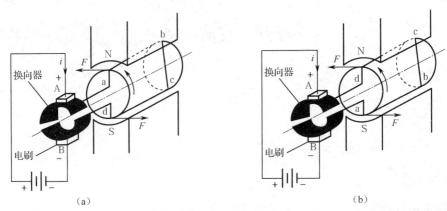

(a)          (b)

图 7-35 直流电动机工作原理图

电流从电源的正极流出，经电刷 A 和换向片进入绕组 abcd，再经另一换向片和电刷 B 流到电源的负极。在图 7-35（a）中，电流的流向在 ab 段为从 a 到 b，在 cd 段为从 c 到 d。根据左手定则，可以确定 ab 段导体在磁场中的受力方向是向左，cd 段导体的受力方向是向右，于是绕组在磁场力的作用下作逆时针旋转。

随着绕组的转动，导体 ab 与 cd 的位置发生变化，ab 段向下转入 S 极，cd 段向上转入 N 极，如图 7-35（b）所示。此时上面的导体是 dc，下面的导体是 ba，电流从电源的正极流出，经电刷 A 和换向片进入导体 dc，电流方向为从 d 到 c，然后再从 b 到 a，经另一换向片和电刷 B 回到电源负极。由于换向片的作用，虽然导体 ab 和 cd 的位置相互转换，但是导体中电流的方向跟着转换，从而保证电枢绕组按原来的方向连续运转。

## 二、直流电动机的结构

直流电动机和交流电动机一样，都有可旋转部分和静止部分。可旋转部分称为转子，静止部分称为定子，在定子和转子之间存在着气隙。直流电动机的结构如图 7-36 所示，其转子结构如图 7-37 所示。

### 1．定子

定子由磁极、机座、换向极、电刷装置、端盖等组成。定子是整个电动机的支撑，能够产生磁场和构成磁路。

磁极的作用是产生恒定、有一定空间分布形状的气隙磁通密度。磁极由主铁芯和放置在铁芯上的励磁绕组构成。当给励磁绕组通入直流电时，各磁极均产生一定极性的磁场，相邻两磁极的 N 极和 S 极是交替出现的。

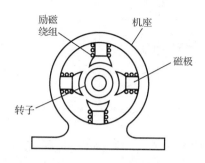

图 7-36　直流电动机的结构

图 7-37　直流电动机的转子结构

换向极又称附加极，换向极安装在相邻两磁极之间，用螺钉固定在机座上，用于改善直流电动机的换向。一般来说，当电动机容量超过 1kW 时，应安装换向极。

电刷装置的作用是通过电刷和旋转的换向器表面的滑动接触,把转动的电枢绕组与外电路连接起来。

## 2．转子

转子是电动机的转动部分，其作用是产生感应电动势和电磁转矩，从而实现能量转换。转子由电枢铁芯、换向器、电枢绕组、转轴和风扇组成。

电枢铁芯的作用是通过磁通（电动机磁路的一部分）和嵌放电枢绕组。电枢铁芯用 0.35mm 或 0.5mm 厚的硅钢片叠成，硅钢片的两面均涂有绝缘漆。

电枢绕组由圆铜线或矩形截面铜导线绕制而成，安放在电枢铁芯槽内，当转子旋转时，在电枢绕组中将产生感应电动势；当电枢绕组中通过电流时，其与磁场作用产生电磁转矩，使转子朝一定的方向旋转。

换向器又称整流子，它将电刷上的直流电流转换成电枢绕组内的沟通电流，使电磁转矩的方向稳定不变。换向器由换向片组合而成，是直流电动机的关键部件。

## 三、直流电动机的励磁方式

直流电动机的性能与励磁方式有着密切关系，根据励磁方式不同，可以分为他励式、并励式、串励式和复励式直流电动机。

### 1．他励式

他励式直流电动机的励磁绕组与电枢绕组无连接关系,励磁绕组和电枢绕组分别由两个不同的直流电源供电。

他励式直流电动机的工作原理如图 7-38 所示。在励磁线圈内由励磁电源产生励磁电流 $I_f$，从而建立磁通 $\Phi$。电枢电路接通电源 $U$ 后，转子中产生工作电流 $I_a$，转子在磁场作用下产生电磁转矩 $T$，以转速 $n$ 旋转，并在转子中产生反电动势 $E$。

### 2．并励式

并励式直流电动机的励磁绕组与电枢绕组并联，共用同一电源。从性能上讲，并励式直流电动机与他励式直流电动机性能相同，并无本质区别，两者可以通用。并励式直流电动机的工作原理如图 7-39 所示。

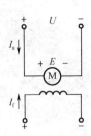

图 7-38　他励式直流电动机工作原理

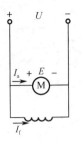

图 7-39　并励式直流电动机工作原理

### 3．串励式

串励式直流电动机的励磁绕组与电枢绕组串联后接于直流电源上。这种直流电动机的励磁电流就是电枢电流，即 $I=I_a=I_f$。串励式直流电动机的工作原理如图 7-40 所示。串励式直流电动机具有很大的启动转矩，但其机械特性很软，且空载时有极高的转速，故不允许空载或轻载运行。串励式直流电动机常用于要求很大启动转矩且转速允许有较大变化的负载。

### 4．复励式

复励式直流电动机有并励和串励两个励磁绕组，一个与电枢绕组串联，另一个与电枢绕组并联，如图 7-41 所示。若串励绕组产生的磁通势与并励绕组产生的磁通势方向相同，则称为积复励；若两个磁通势方向相反，则称为差复励。

复励式电动机既可以像串励式电动机那样用于负载转矩变化较大、需要机械特性比较软的设备中，又可以像并励电动机那样在空载和轻载下运行。

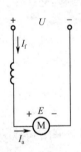

图 7-40　串励式直流电动机工作原理

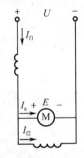

图 7-41　复励式直流电动机工作原理

## 四、永磁式无刷直流电动机

永磁式无刷直流电动机是一种采用外部控制器实现电子换向的小功率直流电动机，也称无换向器直流电动机、无整流子直流电动机。它采用半导体逆变器取代一般直流电动机中的机械换向器，构成没有换向器的直流电动机。这种电动机结构简单、运行可靠、没有火花、电磁噪声低，广泛应用于现代生产设备、仪器仪表、计算机外围设备和高级家用电器中。

永磁式无刷直流电动机将普通直流电动机的定子与转子进行了互换。其转子为永久磁铁，用于产生气隙磁通；定子为电枢，由多相绕组组成。在结构上，它与永磁式同步电动机类似，由同步电动机和驱动器组成，是一种典型的机电一体化产品。同步电动机的定子绕组多采用三相对称星形接法，而转子上粘有已充磁的永磁体，为了检测电动机转子的极性，在电动机内装

有位置传感器。驱动器由功率电子器件和集成电路等构成，
其功能是：接收电动机的启动、停止、制动信号，以控制电
动机的启动、停止和制动；接收位置传感器信号和正反转信
号，用来控制逆变器各功率管的通断，产生连续转矩；接收
速度指令和速度反馈信号，用来控制和调整转速。

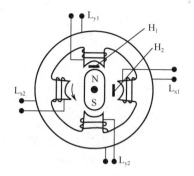

如图 7-42 所示为永磁式无刷直流电动机的工作原理图。
其中，$H_1$、$H_2$ 为霍尔片，用于检测转子位置；$L_{X1}$、$L_{X2}$、$L_{y1}$、
$L_{y2}$ 为定子线圈，用于产生旋转的定子磁场。

图 7-42　永磁式无刷直流电动机的工作原理图

**【任务解决】**

由于直流电动机在负载变化时转速变化较小，且其机械
特性较硬，所以在钢锭轧制中使用的电动机均为直流电动机。

# 小　结

三相交流异步电动机是使用最广泛的一种交流电动机。它由定子和转子两个基本部分构
成，定子的主要作用是产生旋转的磁场，转子的主要作用是感应电动势、感生电流、产生电磁
转矩。三相交流异步电动机根据转子绕组构成形式的不同，可分为笼型和绕线型两种。

对电动机启动的要求是：①启动时间短，②启动转矩大，③启动电流小。从这些要求看，
普通笼型异步电动机的启动性能较差。

常用的降压启动方法有：Y-△降压启动、自耦变压器降压启动、定子绕组串电阻器或电
抗器启动等。Y-△降压启动只适用于额定运行时采用△连接的笼型异步电动机轻载或空载启
动。绕线型异步电动机可采用转子串电阻启动的方法，这种方法不仅可以限制电流，而且可以
增大启动转矩。

三相交流异步电动机的调速方法有变极调速、改变转差率调速和变频调速 3 种。变极调速
属于有级调速。变频调速是调速性能最好的一种调速方法，属于无级调速。

三相交流异步电动机的制动方式有 3 种：能耗制动、反接制动和再生制动（发电回馈制动）。

直流电动机是将直流电能转换为机械能的电动机。因其具有良好的调速性能而在电力拖动
系统中得到广泛应用。直流电动机按励磁方式分为他励式、并励式、串励式和复励式直流电动
机。直流电动机调速性能好，在一定的负载条件下，可以根据需要人为地改变电动机的转速；
可以在重负载条件下实现均匀、平滑的无级调速，而且调速范围较宽。此外，直流电动机启动
力矩大，可以均匀而经济地实现转速调节。因此，凡是在重负载下启动或要求均匀调节转速的
机械，如大型可逆轧钢机、卷扬机、电力机车、电车等，都采用直流电动机。

# 思考题与习题

7-1　三相交流异步电动机的旋转磁场是怎样产生的？如果三相电源的一根相线断开，则
　　　三相交流异步电动机产生的磁场会怎样变化？

7-2 什么是三相交流异步电动机的 Y-△降压启动？它与直接启动相比，启动转矩和启动
　　电流有何变化？

7-3 为了使三相交流异步电动机快速停止运转，可采用哪几种制动方法？

7-4 三相交流异步电动机有哪几种调速方法？各有何特点？

7-5 有一台六极三相绕线型异步电动机，在 $f$=50Hz 的电源上带动额定负载运行，其转差
　　率为 0.02，求定子磁场的转速和转子转速。

7-6 有 Y112M-2 型和 Y160M1-8 型异步电动机各一台，额定功率都是 4kW，但额定转速
　　前者为 2890r/min，后者为 720r/min。试比较它们的额定转矩，并说明电动机的极数、
　　转速及转矩三者之间的大小关系。

7-7 一台三相交流异步电动机的额定数据为 $P_N$=7.5kW，$f_N$=50Hz，$n_N$=1440r/min，$\lambda_{st}$=2.2，
　　试求：
　　（1）电动机的额定转矩；
　　（2）电动机的启动转矩；
　　（3）电动机的最大转矩；
　　（4）绘制出电动机的固有机械特性曲线。

7-8 一台电动机的铭牌数据如题 7-8 图所示。

| 三相异步电动机 | | | |
|---|---|---|---|
| 型号 | Y112-4 | 功率 | 4.0kW |
| 电压 | 380V | 电流 | 8.8A |
| 转速 | 1440r/min | 接法 | △ |

题 7-8 图

已知其满载时的功率因数为 0.8，试求：
　　（1）电动机的极数；
　　（2）电动机满载运行时的输入电功率；
　　（3）额定转差率；
　　（4）额定效率；
　　（5）额定转矩。

7-9 已知 Y225-4 型三相交流异步电动机的技术数据如下：380V、50Hz、△接法、定子
　　输入功率 $P_{1N}$=48.75kW、定子电流 $I_{1N}$=84.2A、转差率 $s_N$=0.013，轴上输出转矩
　　$T_N$=290.4N·m，试求：
　　（1）电动机的转速 $n_2$；
　　（2）轴上输出的机械功率 $P_{2N}$；
　　（3）功率因数 $\cos\varphi_N$；
　　（4）效率 $\eta_N$。

7-10 已知 Y225M-2 型三相交流异步电动机的技术数据如下：$P_N$=45kW，$f$=50Hz，
　　$n_N$=2970r/min，$\eta_N$=91.5%，启动转矩倍数 $\lambda_{st}$=2.0，过载能力 $\lambda$=2.2，求该电动机的
　　额定转差率、额定转矩、启动转矩、最大转矩和额定输入电功率。

7-11 已知 Y132S-4 型三相交流异步电动机的额定技术数据如下：

| 功率 | 转速 | 电压 | 效率 | 功率因数 | $I_{st}/I_N$ | $T_{st}/T_N$ | $T_{max}/T_N$ |
|------|------|------|------|----------|--------------|--------------|---------------|
| 5.5kW | 1440r/min | 380V | 85.5% | 0.84 | 7 | 2.0 | 2.2 |

电源频率为 50Hz。试求额定状态下的转差率 $s_N$、电流 $I_N$ 和转矩 $T_N$，以及启动电流 $T_{st}$、启动转矩 $T_{st}$、最大转矩 $T_{max}$。

7-12 四极三相交流异步电动机的额定功率为 30kW，额定电压为 380V，△接法，频率为 50Hz。在额定负载下运行时，其转差率为 0.02，效率为 90%，电流为 57.5A，$T_{st}/T_N=1.2$，$I_{st}/I_N=7$，试求：

（1）用 Y-△降压启动时的启动电流和启动转矩；

（2）当负载转矩为额定转矩的 60%和 25%时，电动机能否启动？

7-13 已知 Y225M-4 型三相交流异步电动机的额定数据如下：

| 功率 | 转速 | 电压 | 电流 | 效率 | $\cos\varphi_N$ | $I_{st}/I_N$ | $T_{st}/T_N$ | $T_{max}/T_N$ |
|------|------|------|------|------|-----------------|--------------|--------------|---------------|
| 45kW | 1480r/min | 380V | 84.2A | 92.3% | 0.88 | 7.0 | 1.9 | 2.2 |

（1）求额定转矩 $T_N$、启动转矩 $T_{st}$ 和最大转矩 $T_{max}$；

（2）若负载转矩为 500N·m，在 $U$ 为 $U_N$ 和 $0.9U_N$ 两种情况下电动机能否启动？

（3）若采用自耦降压启动，当采用 64%的抽头时，电动机的启动转矩为多少？

7-14 已知有一台他励式直流电动机，如果励磁电流和被拖动的负载转矩都不变，仅提高电枢端电压，试问电枢电流、转速如何变化？

# 项目八　控制电机

目前，控制电机已经成为现代工业自动化领域必不可少的重要执行元件，其应用范围从照相机、摄像机等与生活密切相关的家电产品，到打印机、复印机、传真机等办公自动化设备；从机床加工过程的自动控制到汽车、舰船、飞机、雷达的自动操作及机器人的运动控制，都需要用到控制电机。由于控制电机均为电动机，为保证前后文的一致，本项目中提到的"电机"均为"电动机"。

从工作原理来看，控制电机和普通电机并没有本质上的差别，但普通电机输出功率大，侧重于启动、运行和制动方面的性能指标，而控制电机输出功率小，侧重于控制精度和响应速度。

## 任务一　步进电机

### ■【学习目标】

（1）了解步进电机的工作原理；
（2）了解步进电机的使用。

### ■【任务导入】

很多设备都需要使用步进电机作为驱动装置，如印刷机、激光裁剪机、数控机床等。使用步进电机时需要考虑哪些因素呢？

### ■【知识链接】

图 8-1　步进电机的外形

步进电机的外形如图 8-1 所示，它是一种将电脉冲信号转换为角位移或线位移的开环控制电机，常用作数字控制系统中的执行元件。步进电机由专用电源供给电脉冲，每输入一个电脉冲信号，转子就前进一步，因此叫作步进电机。步进电机由步进电机本体和供给电脉冲的驱动电源构成，驱动电源一般由变频信号源、脉冲分配器和脉冲放大器 3 部分组成。

步进电机具有结构简单、维护方便、精度高、启动灵敏、停车准确等优点，因此被广泛使用。在非超载的情况下，步进驱动器每接收到一个脉冲信号，它就驱动步进电机按设定的方向转动一个固定的角度，它的旋转是以固定的角度一步一步运行的。可以通过控制脉冲个数来控制角位移量，从而达到准确定位的目的；也可以通过控制脉冲频率来控制电机转动的速度和加速度，从而达到调速的目的。

步进电机的种类很多，每个种类又有不同的结构形式。按运行原理和结构形式来分，步进电机主要有反应式、永磁式和混合式 3 种类型。虽然它们产生电磁转矩的原理不同，但其动作过程基本上是相同的。反应式步进电机结构简单，应用较广泛，下面主要介绍反应式步进电机。

## 一、反应式步进电机的工作原理

反应式步进电机的转子上没有绕组，它依靠变化的磁阻生成磁阻转矩。

如图 8-2 所示是反应式步进电机的结构示意图，它的定子具有均匀分布的六个磁极，磁极上绕有绕组。两个相对的磁极组成一组。

下面介绍反应式步进电机单三拍、双三拍及六拍通电方式的基本原理。

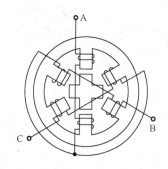

图 8-2 反应式步进电机的结构示意图

### 1. 三相单三拍通电方式

设 A 相首先通电（B、C 两相不通电），此时产生 A-A′ 轴线方向的磁通，并通过转子形成闭合回路。这时 A 极和 A′极就成为电磁铁的 N 极和 S 极。在磁场的作用下，转子力图转到磁阻最小的位置，也就是转到转子的齿1、齿3 与 A 极、A′极对齐的位置，如图 8-3（a）所示。接着 B 相通电（A、C 两相不通电），这时 B 极和 B′极就成为电磁铁的 N 极和 S 极。由于 A 相通电时，转子的齿2、齿4 离 B 极、B′极最近，而在磁场的作用下，转子又力图转到磁阻最小的位置，故转子的齿2、齿4 将转到对齐 B 极、B′极的位置，如图 8-3（b）所示，这时转子便顺时针转过30°。接着 C 相通电（A、B 两相不通电），它的齿1、齿3 和 C 极、C′极对齐，使转子再转过30°，如图 8-3（c）所示。不难理解，当脉冲信号一个一个发来时，如果按 A→B→C→A→…的顺序通电，则转子便作顺时针转动，每来一拍转子转过30°，即步距角为30°。如果按 A→C→B→A→…的顺序通电，则转子作逆时针转动。这种通电方式称为三相单三拍通电方式。

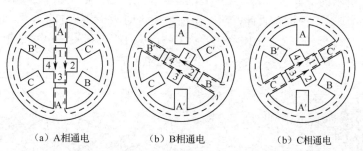

（a）A相通电　　　　　（b）B相通电　　　　　（b）C相通电

图 8-3 三相单三拍通电方式下转子的位置

三相单三拍通电方式中的"三相"指三相步进电机，"单"指每次只有一相绕组通电；绕组每改变一次通电方式称为一拍，"三拍"指三次轮流通电为一个循环，第四拍将重复第一拍的通电情况。

### 2. 三相双三拍通电方式

在三相双三拍通电方式下，绕组的通电方式为 AB→BC→CA→AB→…或 AB→CA→BC →AB→…。每拍同时有两相绕组通电，三拍为一个循环。当 A、B 两相绕组同时通电时，转子齿的位置应同时考虑两对定子极的作用，只有 A 相极和 B 相极对转子齿所产生的磁拉力相平衡时，才是转子的平衡位置，如图 8-4（a）所示。若下一拍为 B、C 两相同时通电，则转子按逆时针方向转过 30°到达新的平衡位置，如图 8-4（b）所示。可见，双三拍运行时的步距角仍是 30°。但采用三相双三拍通电方式时，每一拍总有一相绕组持续通电，如由 A、B 两相通电变为 B、C 两相通电时，B 相保持持续通电状态，C 相磁拉力力图使转子逆时针转动，而 B 相磁拉力却起阻止转子继续向前转动的作用，即起到一定的电磁阻尼作用，所以步进电机工作比较平稳。而在三相单三拍通电方式下，由于没有这种电磁阻尼作用，所以转子到达新的平衡位置时容易产生振荡，稳定性不如三相双三拍通电方式。

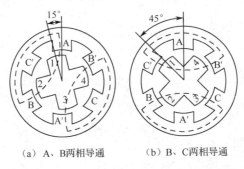

（a）A、B两相导通　　　　　（b）B、C两相导通

图 8-4　三相双三拍通电方式下转子的位置

### 3．三相六拍通电方式

设 A 相首先通电，转子的齿 1 和齿 3 与定子 A 极、A′极对齐，如图 8-5（a）所示；在 A 相继续通电的情况下接通 B 相，这时定子 B 极、B′极对转子的齿 2、齿 4 产生磁拉力，使转子顺时针转动，但是 A 极、A′极继续拉住齿 1、齿 3，因此，转子转到两个磁拉力平衡时停止，此时转子的位置如图 8-5（b）所示，即转子从图 8-5（a）所示位置顺时针转过了 15°；接着 A 相断电，B 相继续通电，此时转子齿 2、齿 4 和定子 B 极、B′极对齐，如图 8-5（c）所示，转子从图 8-5(b)所示的位置又转过了 15°。以此类推，如果按 A→AB→B→BC→C→CA→A…的顺序轮流通电，则转子便按顺时针方向一步一步地转动，每步转过的角度（步距角）为 15°。电流换接 6 次，磁场旋转一周。如果按 A→AC→C→CB→B→BA→A…的顺序通电，则转子按逆时针方向转动。这种通电方式称为三相六拍通电方式。

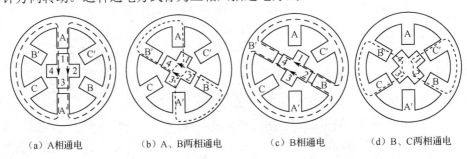

（a）A相通电　　　（b）A、B两相通电　　　（c）B相通电　　　（d）B、C两相通电

图 8-5　三相六拍通电方式下转子的位置

## 二、步进电机的参数

### 1．步距角与转速

步进电机每拍转过的角度称为步距角。步距角的大小与转子的齿数 $Z_r$ 有关，并且与磁场

旋转一周运行的拍数 $m$ 有关。

转子的齿数不是任意选择的。在同一相的几个磁极下，定子齿、转子齿应同时对齐或错开相同的角度，只有这样，才能使几个齿上产生的磁阻转矩直接相加，产生足够的转矩。由于定子圆周上属于同一相的磁极总是成对出现的，所以转子的齿数应是偶数。另外，在相同的磁极下，定子和转子的相对位置应错开 $1/m$ 个齿距，这样才能在通电状态连续改变的情况下连续不断地转动，否则步进电机将不能正常运行。基于此，要求两相邻磁极轴线之间转子的齿数为整数加或减 $1/m$，即

$$\frac{Z_r}{2pm} = K \pm \frac{1}{m} \tag{8-1}$$

式中，$K$ 为非零正整数，$Z_r$ 为转子的齿数，$m$ 为磁场旋转一周运行的拍数，$p$ 为一相绕组通电时在圆周上形成的磁极数的一半。步进电机的齿间距，即齿距角为

$$\theta_t = \frac{360°}{Z_r} \tag{8-2}$$

例如，转子有 4 个齿，齿距角为 360°/4=90°。当采用三相单三拍通电方式时，转子走三步前进一个齿距角，步进电机的步距角为 30°；当采用三相六拍通电方式时，转子走六步前进一个齿距角，步进电机的步距角为 15°。因此，步距角 $\theta$ 可用下式计算：

$$\theta = \frac{360°}{Z_r m} \tag{8-3}$$

由于每输入一个脉冲，转子转过 $\frac{1}{Z_r m}$ 转，所以，当脉冲电源的频率为 $f$ 时，步进电机的转速 $n$ 为

$$n = \frac{60f}{Z_r m} \tag{8-4}$$

可见，反应式步进电机的转速取决于脉冲频率、转子齿数和拍数，与电压和负载等因素无关。在转子齿数一定时，转速与输入脉冲频率成正比，与拍数成反比。

反应式步进电机的步距角太大，难以满足实际生产中小位移量的要求。为了减小步距角，实际应用中常将转子和定子磁极都加工成多齿结构，如图 8-6 所示。

**2. 启动频率和连续运行频率**

步进电机的工作频率一般包括启动频率、制动频率和连续运行频率。对同样的负载转矩来说，正、反向的启动频率和制动频率是一样的，所以技术数据中一般只给出启动频率和连续运行频率。

步进电机启动频率是指在一定负载转矩下能够不失步启动的最高脉冲频率。其大小与驱动电路和负载大小有关。步距角越小，负载越小，则启动频率越高。

步进电机连续运行频率是指步进电机启动后，当控制脉冲连续上升时，能不失步运行的最高频率。负载越小，连续运行频率越高。在带动相同负载时，步进电机的连续运行频率比启动频率高得多。

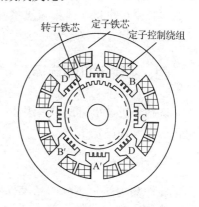

图 8-6　转子和定子磁极的多齿结构

3. 步进电机的驱动电源

步进电机需配置一个专用的电源供电，电源的作用是让电机的控制绕组按照特定的顺序通电，即在输入的电脉冲控制下动作，这个专用电源称为驱动电源。步进电机及其驱动电源是一个互相联系的整体，步进电机的运行性能是步进电机和驱动电源两者配合所形成的综合效果。

## 三、步进电机的优缺点

### 1. 优点

（1）步进电机旋转的角度正比于脉冲数。

（2）步进电机停转时具有最大的转矩。

（3）由于每步的精度为3%～5%，而且不会将一步的误差累积到下一步，因而步进电机具有较好的位置精度和运动的重复性。

（4）优秀的启停和反转响应。

（5）由于没有电刷，可靠性较高，因此步进电机的寿命仅取决于轴承的寿命。

（6）步进电机的响应仅由数字输入脉冲决定，因而可以采用开环控制，这使得步进电机的结构可以比较简单，从而降低成本。

（7）将负载直接连接到步进电机的转轴上，可以实现极低速的同步旋转。

（8）由于速度正比于脉冲频率，因而步进电机有比较宽的转速范围。

### 2. 缺点

（1）如果控制不当，则步进电机容易产生共振。

（2）步进电机难以运转到较高的转速。

（3）步进电机难以获得较大的转矩。

（4）步进电机在体积和质量方面没有优势，能源利用率低。

（5）当步进电机超过可承受的负载时，会破坏同步，在高速工作时会产生振动和噪声。

## 四、步进电机的选择

选择步进电机时通常考虑步距角、静力矩及电流3个要素。一旦这3个要素确定了，步进电机的型号便确定了。

### 1. 步距角

步距角取决于负载的精度要求。将负载的最小分辨率（当量）换算到电机轴上，计算出每个当量电机轴应转动多大角度（包括减速），步距角应等于或小于此角度。市场上步进电机的步距角一般有 0.36°/0.72°（五相电机）、0.9°/1.8°（二相、四相电机）、1.5°/3°（三相电机）等。

### 2. 静力矩

步进电机的动力矩很难一下子确定，往往需要先确定其静力矩。选择静力矩的依据是步进电机的工作负载,而工作负载可分为惯性负载和摩擦负载两种。单一的惯性负载和单一的摩擦负载是不存在的。步进电机直接启动时,两种负载均要考虑,加速启动时主要考虑惯性负载,恒速运行时主要考虑摩擦负载。一般情况下,静力矩应为摩擦负载的 2～3 倍,静力矩一旦选定,步进电机的机座及长度便能确定下来。

### 3. 电流

当静力矩相等时,由于电流参数不同,步进电机的运行特性差别很大,可依据矩频特性曲线来确定步进电机的电流。

## 五、使用步进电机的注意事项

(1)步进电机应用于低速场合,转速不超过 1000r/min,可通过减速装置使其在此范围内工作,此时步进电机工作效率高,噪声低。

(2)步进电机最好不使用整步状态,因为步状态下振动较大。

(3)由于历史原因,只有标称电压为 12V 的步进电机使用 12V 电压,其他步进电机的标称电压不是驱动电压,可根据驱动器选择驱动电压。

(4)转动惯量大的负载应选择大机座的步进电机。

(5)对于高速或大惯量负载,步进电机一般不在工作速度启动,而采用逐渐升频提速的方式,这样做不仅可以保证电机不失步,而且可以减少噪声,提高停转时的定位精度。

(6)步进电机不应在振动区工作,如若必须在振动区工作,可通过改变电压、电流或加一些阻尼的方式解决。

(7)选择步进电机时,应遵循先选电机后选驱动的原则。

### ■【任务解决】

使用步进电机时要考虑的因素很多,包括驱动电源的相数、通电方式、启动频率、连续运行频率、如何最大限度地抑制步进电机的振动、电压和电流是否满足步进电机的需要等,但总的来说,步进电机的使用还是比较简单的。

# 任务二　伺服电机

### ■【学习目标】

(1)了解伺服电机的工作原理;

(2)了解伺服电机的使用。

### ■【任务导入】

伺服电机被广泛应用于喷绘设备、刻字机、医疗设备、工业机器人中。伺服电机为什么会受到各行各业的青睐呢?

## ■【知识链接】

图 8-7  伺服电机的外形

伺服电机又称执行电机，其外形如图 8-7 所示。伺服电机是自动控制系统中具有特殊用途的电动机，它能够把输入的电压信号转换成轴上的角位移和角速度等机械信号，从而进行速度控制、位置控制，其控制精度非常高，且反应快速。伺服电机的最大特点是可控性，当有控制信号时，伺服电机就会转动，而且转速的大小正比于控制信号的大小。当除去控制信号时，伺服电机立即停止转动。如果改变控制信号的极性，则伺服电机的转向也随之改变。

伺服电机分为直流伺服电机和交流伺服电机两大类。

## 一、直流伺服电机

直流伺服电机的工作原理、基本结构及内部电磁关系与一般用途的普通他励式直流电动机一样，所不同的是直流伺服电机的电枢电流很小，并且转子做得细长，气隙较小。直流伺服电机通常应用于功率较大的自动控制系统中，输出功率一般为 1~600W，有时可达数千瓦，其电压分为 6V、9V、12V、24V、27V、48V、110V 和 220V。

### 1. 直流伺服电机的分类

直流伺服电机按励磁方式不同，分为永磁式和电磁式两种基本结构类型。电磁式又分为他励式、并励式、串励式和复励式 4 种，永磁式可看作他励式。电磁式直流伺服电机的磁场由励磁绕组产生，它的结构和工作原理与他励式直流电动机没有本质不同。永磁式直流伺服电机的磁场由永久磁铁产生，可减小电机体积和能量损耗。

根据有无电刷，直流伺服电机可分为有刷和无刷两种类型。有刷直流伺服电机成本低，结构简单，启动转矩大，调速范围宽，控制容易，维护方便，但会产生电磁干扰，对环境有要求。因此，它可以用于对成本敏感的普通工业和民用场合。无刷直流伺服电机体积小、质量轻、响应快、速度高、惯性小、转动平滑、力矩稳定，容易实现智能化，其电子换相方式灵活，可以实现方波换相或正弦波换相，工作效率很高，运行温度低，电磁辐射小，寿命长，可用于各种环境。

### 2. 直流伺服电机的控制方式

直流伺服电机有改变电枢电压的电枢控制和改变磁通的磁场控制两种控制方式。通常采用电枢控制方式以达到控制转速的目的，即当励磁电压 $U_f$ 一定时，使建立的磁通量 $\Phi$ 是定值，控制加在电枢上的电压 $U_c$，其接线如图 8-8 所示。

当直流伺服电机所带负载的转矩（电磁转矩）为常数时，稳态转速随电压变化的关系曲线称为直流伺服电机的控制特性（调节特性）曲线。即直流伺服电机在一定负载转矩下，如果升高电枢电压，则电机的转速升高；反之，如果降低电枢电压，则转速就下降；当 $U_c=0$ 时，伺服电机立即停转。如果希望电机反转，则可以改变电枢电压的极性。直流伺服电机的控制特性曲线如图 8-9 所示。在不同负载下，控制特性曲线为一组平行线，转速 $n$ 与电压 $U_c$ 呈线性关系，但控制特性曲线的斜率与 $U_c$ 无关。

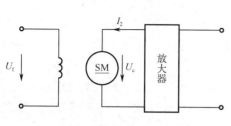

图 8-8 直流伺服电机的接线

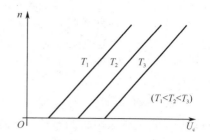

图 8-9 直流伺服电机的控制特性曲线

### 3. 直流伺服电机的优点

直流伺服电机具有很多优点。

（1）精度高。直流伺服电机可以实现对位置、速度和力矩的闭环控制，可以克服步进电机失步的问题。

（2）高速性能好。一般情况下，直流伺服电机的额定转速能达到 2000～3000rpm。

（3）抗过载能力强。直流伺服电机能承受较大负载，对有瞬间负载波动和要求快速启动的场合特别适用。

（4）低速运行平稳。直流伺服电机在低速运行时不会产生类似于步进电机的步进运行现象。

（5）响应快。直流伺服电机加减速的动态响应时间短，一般在几十毫秒以内。

（6）发热和噪声明显降低。

直流伺服电机与交流伺服电机相比，它的调速性能好，体积小，质量轻，启动转矩大，输出功率大。但它的结构复杂，在超低速运行时死区矛盾突出。

## 二、交流伺服电机

传统的交流伺服电机工作特性一般，但新型的永磁式交流伺服电机发展迅速，尤其是从方波控制发展到正弦波控制后，系统性能更好，它的调速范围较宽，尤其在低速时性能优越。在交流伺服电机中，除了要求电机不能"自转"，还要求改变加在控制绕组上的电压的大小和相位能够改变电机的转速大小和旋转方向。

### 1. 交流伺服电机的工作原理

交流伺服电机定子的构造基本上与电容式单相交流电动机相似，其工作原理如图 8-10 所示。在定子上装有两个在空间相差 90°的绕组，即励磁绕组和控制绕组。运行时，在励磁绕组上始终加上一定的交流励磁电压 $U_f$，而在控制绕组上则加上大小和相位随时间变化的控制电压 $U_c$。

根据旋转磁动势理论，励磁绕组和控制绕组共同作用产生的是一个旋转磁场，旋转磁场的旋转方向由相位超前的绕组转向相位滞后的绕组。改变控制绕组中控制电压的相位，可以改变两相绕组的超前滞后关系，从而改变旋转磁场的旋转方向，交流伺服电机的旋转方向也会发生变化。改变控制电压的大小和相位，可以改变旋转磁场的磁通，从而改变电机的电磁转矩，交流伺服电机转速也会发生变化。

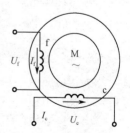

图 8-10 交流伺服电机的工作原理

227

交流伺服电机的转速控制方式有幅值控制、相位控制和幅相控制 3 种。

（1）幅值控制。通过改变控制电压 $U_c$ 的幅值来控制交流伺服电机的转速，而 $U_c$ 的相位始终保持不变，使控制电流 $I_c$ 与励磁电流 $I_f$ 保持 90° 的相位关系。如 $U_c=0$，则转速为 0，交流伺服电机停转。

（2）相位控制。通过改变控制电压 $U_c$ 的相位来改变控制电流 $I_c$ 与励磁电流 $I_f$ 之间的相位角，从而控制交流伺服电机的转速。在这种控制方式下，控制电压 $U_c$ 的大小保持不变。当两相电流 $I_c$ 与 $I_f$ 之间的相位角为 0° 时，转速为 0，电机停转。

（3）幅相控制。通过同时改变控制电压 $U_c$ 的幅值及 $I_c$ 与 $I_f$ 之间的相位角来控制交流伺服电机的转速。具体方法是在励磁绕组回路中串入一个移相电容 C 以后，再接到稳压电源 $U_1$ 上，这时励磁绕组上的电压 $U_f=U_1-U_{ef}$。控制绕组上加与 $U_1$ 相同的控制电压 $U_c$，那么当改变控制电压 $U_c$ 的幅值来控制交流伺服电机转速时，由于转子绕组与励磁绕组之间的耦合作用，励磁绕组的电流 $I_f$ 也随着转速的变化而发生变化，而使励磁绕组两端的电压 $U_f$ 及电容 C 上的电压 $U_{ef}$ 也随之变化。这样一来，改变 $U_c$ 幅值可以改变 $U_c$、$U_f$ 的幅值，以及它们之间的相位角和相应的电流。

在 3 种控制方式中，虽然幅相控制的机械特性和调节特性最差，但由于这种方式所采用的控制设备比较简单，不用采用移相装置，故应用最为广泛。

如果励磁绕组与控制绕组磁动势幅值相等，励磁电流与控制电流的相位差为 90°，则这种状态称为对称状态。这时在气隙中产生的合成磁场为一旋转磁场，其转速称为同步转速。旋转磁场与转子导体相对切割，在转子中产生感应电流。转子电流与旋转磁场相互作用产生转矩，使转子旋转。如果改变加在控制绕组上的电流的大小或相位差，就破坏了对称状态，使旋转磁场减弱，交流伺服电机的转速下降。交流伺服电机的工作状态越不对称，总电磁转矩就越小，当除去控制绕组上的信号电压以后，交流伺服电机立即停止转动。这是交流伺服电机在运行上与普通异步电动机的区别。

为了使交流伺服电机具有较宽的调速范围、线性的机械特性，且无"自转"现象，能够快速响应，它应具有转子电阻大和转动惯量小这两个特点。

目前应用较多的转子结构有两种形式：一种是采用高电阻率的导电材料做成高电阻率导条的鼠笼式转子，为了减小转子的转动惯量，转子做得细长；另一种是采用铝合金制成的空心杯形转子，空心杯形转子由导电的非磁性材料（如铝）做成薄壁筒形，放在内、外定子之间。杯子底部固定于转轴上，杯臂薄而轻，因而转动惯量小，反应迅速，而且运转平稳。

交流伺服电机的输出功率一般为 $0.1\sim100W$。当电源频率为 50Hz 时，电压有 36V、110V、220V、380V 几种；当电源频率为 400Hz 时，电压有 20V、26V、36V、115V 等多种。

### 2. 交流伺服电机与步进电机的性能比较

为了适应数字控制的发展趋势，运动控制系统中大多采用步进电机或全数字式交流伺服电机作为执行电机。虽然两者在控制方式上相似，但在使用性能和应用场合上存在着较大的差异。

（1）控制精度不同。两相混合式步进电机的步距角一般为 1.8°、0.9°，五相混合式步进电机的步距角一般为 0.72°、0.36°，也有一些高性能的步进电机通过细分后步距角更小，步距角最小可达 0.036°。

交流伺服电机的控制精度取决于电机轴后端的旋转编码器。对于某些带 17 位编码器的交流伺服电机而言，驱动器每接收 131072 个脉冲，交流伺服电机转一圈，即其脉冲当量为

360°/131072≈0.0027466°，是步距角为 1.8°的步进电机脉冲当量的 1/655。

（2）低频特性不同。步进电机在低速时易出现低频振动现象，振动频率与负载情况和驱动器性能有关，一般认为振动频率为步进电机空载起跳频率的一半。这种由步进电机的工作原理所决定的低频振动现象对于机器的正常运转非常不利。当步进电机低速工作时，一般应采用阻尼技术来克服低频振动现象，如在步进电机上加阻尼器或在驱动器上采用细分技术等。

交流伺服电机运转非常平稳，即使在低速时也不会出现振动现象。交流伺服电机具有共振抑制功能，并且系统内部具有频率解析机能，可检测出机械的共振点，便于进行系统调整。

（3）矩频特性不同。步进电机的输出力矩随转速升高而下降，且在较高转速时会急剧下降，所以其最高工作转速一般为 300～600rpm。交流伺服电机为恒力矩输出，在额定转速内都能输出额定转矩，超过额定转速时则恒功率输出。

（4）过载能力不同。步进电机一般不具有过载能力。在选型时往往需要选取较大转矩的电机，而机器在正常工作期间又不需要那么大的转矩，因而会导致力矩浪费。交流伺服电机具有较强的过载能力。有些交流伺服电机具有速度过载和转矩过载能力，其最大转矩为额定转矩的 2～3 倍，可用于克服惯性负载在启动瞬间的惯性力矩。

（5）运行性能不同。步进电机的控制为开环控制，启动频率过高或负载过大均易导致丢步或堵转的问题，停止时转速过高易出现过冲现象，所以为了保证其控制精度，必须处理好升速、降速问题。交流伺服驱动系统为闭环控制系统，驱动器可直接对交流伺服电机编码器的反馈信号进行采样，在内部构成位置环和速度环，一般不会出现步进电机的丢步或过冲问题，控制性能更为可靠。

（6）速度响应性能不同。步进电机从静止加速到工作转速（一般为每分钟几百转）需要 200～400ms。交流伺服电机的加速性能较好，从静止加速到额定转速（一般为每分钟几千转）一般仅需几毫秒，可用于要求快速启停的控制场合。

综上所述，交流伺服电机的性能在许多方面都优于步进电机，但在一些要求不高的场合也经常用步进电机来做执行电机。所以，在控制系统的设计过程中，要综合考虑控制要求、成本等多方面的因素，选用适当的控制电机。

### 【任务解决】

伺服电机具有转动惯量小、启动电压低、空载电流小等优点，其最高转速高达 100000rpm，无刷伺服电机不存在电刷磨损情况。此外，伺服电机还具有寿命长、噪声低、无电磁干扰等特点，故伺服电机在实际应用中备受青睐。

## 小　结

步进电机是一种将电脉冲信号转换为角位移或线位移的开环控制电机，常用作数字控制系统中的执行元件。步进电机由专用电源供给电脉冲，每输入一个电脉冲信号，转子就前进一步。步进电机具有结构简单、维护方便、精度高、启动灵敏、停车准确等优点。可以通过控制脉冲个数来控制角位移量，从而达到准确定位的目的；也可以通过控制脉冲频率来控制电机转动的速度和加速度，从而达到调速的目的。步进电机的种类很多，其中反应式步进电机结构简单，应用最为广泛。

反应式步进电机步距角 $\theta$ 的计算公式为 $\theta = \dfrac{360°}{Z_r m}$。步进电机的转速 $n$ 为 $n = \dfrac{60 f}{Z_r m}$。

伺服电机在自动控制系统中常用作执行元件，其转子转速受输入信号控制，并能快速反应，具有机电时间常数小、线性度高、速度和位置控制精度高等优点，可以把所接收的电信号转换成电机轴上的角位移或角速度输出。伺服电机分为直流伺服电机和交流伺服电机两大类。

## 思考题与习题

8-1 反应式步进电机的步距角与哪些因素有关？为什么技术指标中通常有两个步距角？

8-2 如果一台步进电机的负载转动惯量增大，试问它的启动频率有何变化？

8-3 为什么步进电机的连续运行频率比启动频率要高得多？

8-4 说明影响步进电机启动频率的主要因素。

8-5 步进电机在哪些情况下会发生丢步现象？

8-6 当直流伺服电机电枢电压、励磁电压不变时，如将负载转矩减小，试问此时直流伺服电机的电枢电流、电磁转矩、转速将怎样变化？并说明由原来的稳态到达新的稳态的物理过程。

8-7 直流伺服电机在不带负载时，其调节特性有无死区？调节特性死区的大小与哪些因素有关？

8-8 若直流伺服电机的励磁电压下降，则对其机械特性和调节特性会产生怎样的影响？

# 项目九　继电器—接触器控制电路

## 任务一　认识常用低压电器

### 【学习目标】

（1）了解常用低压电器的结构；

（2）熟悉常用低压电器的工作原理和用途。

### 【任务导入】

电动机在运行时，需要把电动机的三相绕组与电源相连接。这里，我们要认识电动机与电源接通时常用的元器件。

### 【知识链接】

### 一、低压电器及其分类

按工作电压等级不同，电器分高压电器和低压电器。用于频率为 50Hz，电压在 1200V 以下的交流电路中的电器称为低压电器，如接触器、继电器等。用于频率为 50Hz，电压在 1200V 及以上的交流电路中的电器称为高压电器，如高压断路器、高压隔离开关、高压熔断器等。

低压电器可按照不同方法进行分类，下面是几种常用的低压电器分类方法。

1. 按在电气线路中所处的地位、作用及所控制的对象分类

（1）低压配电电器。主要用于低压配电系统中，对这类电器的要求是当系统发生故障时必须能够准确动作、可靠工作。常见的低压配电电器包括刀开关、断路器和熔断器等。

（2）低压控制电器。主要用于电气传动系统中，对这类电器的要求是有相应的转换能力，操作频率高，电气寿命和机械寿命长，工作可靠。常见的低压控制电器包括接触器、继电器、主令电器等。

2. 按动作原理分类

（1）手动电器。如果电气设备的动作直接依靠手动或依靠机械力进行操作，则该电器归入手动电器范畴，如闸刀开关、控制按钮、凸轮控制器等主令电器。

（2）自动电器。如果电气设备的动作借助于电磁力或某个物理量的变化，可以自动进行操作，则该电器归入自动电器范畴，如接触器、继电器、电磁阀等。

3. 按用途分类

（1）主令电器。用于在自动控制系统中发送动作指令的电器，如按钮、行程开关、万能转换开关、凸轮控制器等。

（2）控制电器。用于各种控制电路和控制系统的电器，如接触器、继电器、电动机启动器等。

（3）保护电器。用于保护电路及用电设备，使之实现安全运行的电器，如熔断器、热继电器、各种保护继电器、避雷器等。

（4）执行电器。用于完成某种动作或实现传动功能的电器，如电磁铁、电磁离合器等。

（5）配电电器。用于电能输送和分配的电器，如隔离开关、刀开关、自动空气开关等。

### 4. 按工作原理分类

（1）电磁式电器。依据电磁感应原理工作的电器，如接触器、各种类型的电磁式继电器等。

（2）非电量控制电器。依靠外力或某种非电物理量的变化而动作的电器，如刀开关、行程开关、按钮、速度继电器、温度继电器等。

## 二、常用低压电器

### 1. 按钮

按钮是一种手动的主令电器。一般情况下，按钮用于控制回路中，可远距离发出手动指令或信号去控制接触器、继电器等电器，再由接触器、继电器等去控制电动机等设备的工作。

按钮一般由按钮帽、复位弹簧、动触点、静触点、外壳及支柱连杆等组成。按钮的外形和结构如图9-1所示。在图9-1（b）中，按钮在自然状态时，动触片在弹簧力的作用下向上，把上方的一对静触点短接，此时下方的一对静触点断开。当按下按钮帽时，弹簧被压缩，动触片向下移动，上方的一对静触点断开，下方的一对静触点被动触片接通。由于上方的一对静触点在自然状态时是闭合的，所以称为常闭触点，而下方的一对静触点在自然状态时是断开的，所以称为常开触点。又由于常闭触点在按钮被按下时变成断开，所以常闭触点也称动断触点；同理，由于常开触点在按钮被按下时变成闭合，所以常开触点也称动合触点。按钮的电路符号如图9-2所示。

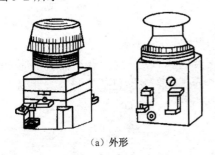

动触点　　静触点
动触片

（a）外形　　（b）结构

图9-1　按钮的外形和结构

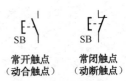

SB　　SB

常开触点　　常闭触点
（动合触点）（动断触点）

图9-2　按钮的电路符号

按钮的主要技术指标有规格、结构形式、触点对数和按钮的颜色等。一般的规格为：交流额定电压为500V，允许持续电流为5A。按钮的颜色有红、黄、绿、蓝、黑、白和灰色等几种，供不同场合选用。选色原则：依按钮被操作（按压）后所引起的功能，或指示灯被接通（发光）所反映的信息来选色。一般红色常用作停止按钮，而绿色常用作启动按钮。常用的按钮有LA2、LA10、LA18、LA19、LA20等系列。

### 2. 交流接触器

如图 9-3 所示为 CJ20 系列交流接触器的结构，其电路符号如图 9-4 所示。交流接触器主要由电磁系统、触点系统、灭弧装置等部分组成。

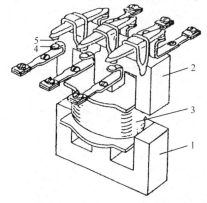

1—静铁芯；2—动铁芯；3—电磁线圈；

4—主触点（静）；5—主触点（动）

图 9-3　CJ20 系列交流接触器的结构

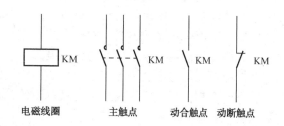

电磁线圈　　　主触点　　　动合触点　动断触点

图 9-4　交流接触器的电路符号

**1）电磁系统**

电磁系统主要用于产生电磁吸力，它由电磁线圈（吸力线圈）、动铁芯（衔铁）和静铁芯等组成，如图 9-5 所示。在铁芯上装有短路铜环，其作用是减小交流接触器吸合时产生的振动和噪声，故又称减振环。

**2）触点系统**

触点分为主触点和辅助触点。主触点由 3 对动合触点组成，用于通断电流较大的主电路；辅助触点一般有动合和动断各两对触点，用于通断电流较小的控制电路，常在控制电路中起电气自锁或互锁的作用。

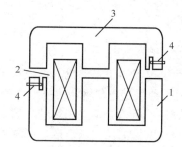

1—静铁芯；2—电磁线圈；3—动铁芯；4—短路铜环

图 9-5　电磁系统

**3）灭弧装置**

当开关电器的触点分合时，触点间的距离很小，即使触点间电压很低，电场强度也很大，在触点表面由于强电场发射和热电子发射产生的自由电子逐渐加速运动，随着自由电子的数量不断增加，导致介质被击穿，引起弧光放电。电弧的高温可能烧坏触点和触点周围的其他部件，对充油设备还可能引起火灾甚至爆炸。在开关电器中，触点间只要有电弧存在，电路就没有断开，电流仍然存在，电弧的存在延长了开关电器断开故障电路的时间，加重了电力系统短路故障的危害。

容量在 10A 以上的交流接触器都有灭弧装置，灭弧装置用于熄灭主触点在通、断电路时所产生的电弧，保护触点不被电弧烧坏。按照灭弧方式不同，灭弧装置可分为空气式灭弧装置和真空式灭弧装置；按照动作方式不同，灭弧装置可分为电磁式灭弧装置、气动式灭弧装置和电磁气动式灭弧装置。

交流接触器的工作原理是：当电磁线圈得电以后，产生的磁场将铁芯磁化，动铁芯克服反作用弹簧的弹力向着静铁芯方向拖动触点系统运动，使动合触点闭合、动断触点断开。一旦电源电压消失或显著降低，将导致电磁线圈没有激磁或激磁不足，动铁芯在反作用弹簧的弹力作用下被释放，使动合触点与动断触点恢复到线圈未通电时的状态。

交流接触器作为通断负载电源的设备，其选用应满足被控设备的要求，除了额定工作电压与被控设备的额定工作电压相同，被控设备的负载功率、控制方式、操作频率、工作寿命、安装方式及经济性等也是选择交流接触器的依据。

### 3. 中间继电器

中间继电器与交流接触器的结构、工作原理大致相同。当电磁线圈得电时，动铁芯被吸合，触点动作，即动合触点闭合，动断触点断开；当电磁线圈断电后，动铁芯被释放，触点复位。中间继电器和交流接触器的主要区别在于：交流接触器的主触点可以通过大电流，而中间继电器的体积和触点容量均较小，只能通过小电流。

中间继电器在电路中主要起信号的传递和转换作用。中间继电器可以实现多路控制，并可以将小功率的控制信号转换为大容量的触点动作，以驱动电气执行元件工作。有时也可用中间继电器控制小容量电动机的启停。

中间继电器的电路符号如图 9-6 所示。

图 9-6　中间继电器的电路符号

### 4. 热继电器

热继电器用于电动机的过载保护。电动机若遇到频繁启停操作，或在运转过程中负载过重或缺相，会引起电动机定子绕组中的负载电流长时间超过额定工作电流，电动机在这种情况下极易烧毁，所以必须采用热继电器对电动机进行过载保护。

热继电器的结构示意图如图 9-7 所示，其电路符号如图 9-8 所示。

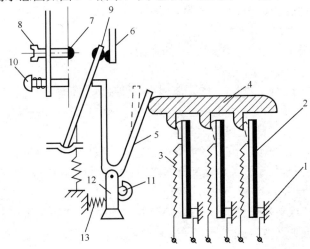

1—推杆；2—主双金属片；3—热元件；4—导板；5—补偿双金属片；6—静触点（动断）；7—静触点（动合）；
8—复位调节螺钉；9—动触点；10—复位按钮；11—调节旋钮；12—支撑件；13—弹簧

图 9-7　热继电器的结构示意图

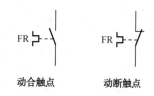

图 9-8　热继电器的电路符号

从结构上看，热继电器的热元件由两极（或三极）双金属片及缠绕在外面的电阻丝组成。双金属片由热膨胀系数不同的金属片压合而成。在使用过程中，电阻丝的温度直接反映电动机的定子回路电流。

当电动机过载时，流过热继电器热元件的电流增大，热元件产生的热量使金属片弯曲，经过一定时间后，弯曲位移增大，导致脱扣，使动断触点断开，动合触点闭合。热继电器触点动作切断电路后，电流为零，此时热元件不再发热，双金属片冷却到一定温度时恢复原状，于是动合触点和动断触点复位。另外，也可通过调节螺钉使触点在动作后不自动复位，要使触点复位必须按下复位按钮，不能自动复位对检修时确定故障范围十分有利。

### 5．熔断器

熔断器俗称保险丝，在低压电路及电动机控制电路中主要起短路保护作用，是短路保护的理想元件。它的优点是体积小、动作迅速、简单经济。它串联在电路中，当通过熔断器的电流是额定电流值时，熔体允许电流长时间通过而不熔断。当电路或电气设备发生短路或过载时，通过熔断器的电流超过规定值一定时间后，因其自身产生的热量使熔体熔化而自动分断电路，从而使电路或电气设备脱离电源，起到保护作用。熔体的熔断时间随着电流的增大而缩短，具有反时限特性。常用的熔断器有瓷插式熔断器、螺旋式熔断器和封闭式熔断器。熔断器的电路符号如图 9-9 所示。

图 9-9　熔断器的电路符号

#### 1）瓷插式熔断器

如图 9-10（a）所示是 RC1A 系列瓷插式熔断器的外形与结构。它是一种最常见的结构简单的熔断器，价格低廉，熔丝更换方便。一般在交流 50Hz、额定电压 380V、额定电流 200A 以下的低压电路末端或分支电路中，用于电气设备的短路保护及一定程度上的过载保护。

#### 2）螺旋式熔断器

RL1 系列螺旋式熔断器的外形和结构如图 9-10（b）所示。熔体内装有熔丝和石英砂（石英砂用于熄灭电弧），同时还有熔体熔断的信号指示装置，熔体熔断后，带色标的指示头弹出，便于工作人员及时发现并更换。

#### 3）封闭式熔断器

RT0 系列有填料封闭式熔断器是一种具有很强的分断能力的熔断器，广泛用于短路电流很大的电力网络或低压配电装置中，其结构和熔管外形如图 9-11 所示。

RT0 系列有填料封闭式熔断器限流能力较好，能使短路电流在第一半波峰值以前分断电路，断流能力强，使用安全；分断规定的短路电流时，无声光现象，并有醒目的熔断标记；附有活动的绝缘手柄，可在带电情况下更换熔体。但其制造工艺复杂。

#### 4）熔断器的主要参数

（1）额定电压。指熔断器长期工作时和分断后能够承受的电压，一般等于或大于电气设备的额定电压。

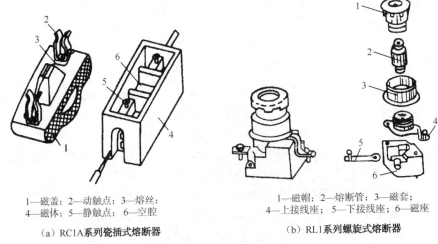

1—磁盖；2—动触点；3—熔丝；
4—磁体；5—静触点；6—空腔

1—磁帽；2—熔断管；3—磁套；
4—上接线座；5—下接线座；6—磁座

（a）RC1A系列瓷插式熔断器　　　　　　　　（b）RL1系列螺旋式熔断器

图9-10　熔断器的外形与结构

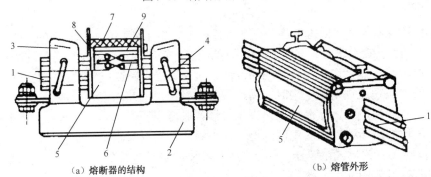

（a）熔断器的结构　　　　　　　　　　（b）熔管外形

1—刀形夹头；2—底座；3—夹座；4—开口弹簧；5—熔管；6—熔体；7—石英砂填料；8—熔断指示器；9—指示器熔丝

图9-11　RT0系列有填料封闭式熔断器

（2）额定电流。指熔断器长期工作时，设备各部件温升不超过规定值时所能承受的电流。

（3）极限分断能力。指熔断器在规定的额定电压和功率因数（或时间常数）的条件下，能分断的最大电流值。在电路中出现的最大电流值一般为短路电流值。

5）更换熔断器的注意事项

（1）熔断器的额定电压要适应电路电压等级，其额定电流要大于或等于熔体额定电流。

（2）熔断器的熔体必须按要求使用相匹配的熔体，不允许随意更改熔体规格或用其他导体代替熔体。

（3）熔体熔断时，要认真分析熔体熔断的原因，不要在未确定熔体熔断原因的情况下拆换熔体试送电。

6．开关

1）刀开关

刀开关也称闸刀开关，其结构如图9-12所示，电路符号如图9-13所示。刀开关广泛应用于低压电路中，用于不频繁地接通或分断容量不太大的低压供电电路，有时也作为隔离开关使用。根据工作原理、使用条件和结构形式的不同，刀开关分为普通刀开关、刀形转换开关、开启式负荷开关（胶盖瓷底刀开关）、封闭式负荷开关（铁壳开关）、熔断器式刀开关和组合开关等。各种类型的刀开关还可按其额定电流、刀的极数及操作方式来进一步区分。通常，除了特殊的大电流刀开关采用电动操作方式，其余刀开关一般都采用手动操作方式。

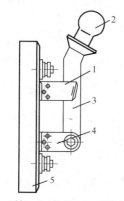

1—静插座；2—手柄；3—触刀；4—铰链支座；5—绝缘底板

图 9-12　刀开关的结构　　　　　　　　　　图 9-13　刀开关的电路符号

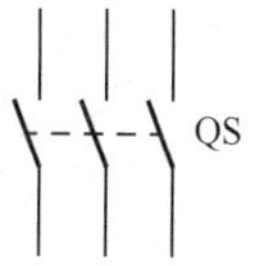

在刀开关中，有一类熔断器式刀开关使用较为广泛。熔断器式刀开关是熔断器和刀开关的组合电器。在电路正常供电的情况下，接通和切断电源由刀开关来执行。当电路或用电设备过载或短路时，熔断器式刀开关的熔体熔断，及时切断故障电流。额定电流在 600A 及以下的熔断器式刀开关均带有安全挡板，并装有灭弧室。

HR3 系列熔断器式刀开关的电路符号如图 9-14 所示。HR3 系列熔断器式刀开关适用于额定交流 380V/50Hz 或直流 440V，额定电流在 660A 以下的工业企业配电网络，作为电缆、导线及用电设备的过载和短路保护之用。在正常情况下，可用于不频繁地手动接通和分断额定电流及小于额定电流的电路。

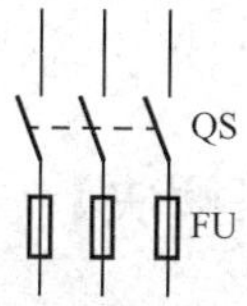

图 9-14　HR3 系列熔断器式刀开关的电路符号

2）自动空气开关

自动空气开关又称自动开关、空气开关或空气断路器，它相当于刀闸开关、熔断器、热继电器和欠压继电器的组合体。自动空气开关不仅可以在正常工作时不频繁地接通或断开电路，而且能够在电路和电动机发生过载、短路、欠压的情况下进行可靠的保护，是一种常用的自动切断故障电路的低压保护电器。

如图 9-15 所示为各种自动空气开关的外形，如图 9-16 所示为自动空气开关的电路符号。

图 9-15　自动空气开关的外形

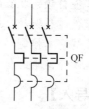

图 9-16　自动空气开关的电路符号

如图 9-17 所示为自动空气开关的结构示意图。开关的主触点是靠操作机构手动或电动合闸的，并且自由脱扣机构将主触点锁在合闸位置上。如果电路发生故障，自由脱扣机构在有关脱扣器的推动下动作，使钩子脱开，于是主触点在弹簧作用下迅速分断。过电流脱扣器的线圈和热脱扣器的热元件与主电路串联，欠压/失压脱扣器的线圈与主电路并联。当电路发生短路或严重过载时，过电流脱扣器的衔铁被吸合，使自由脱扣机构动作。当电路过载时，热脱扣器的热元件产生的热量增加，使双金属片向上弯曲，推动自由脱扣机构动作。当电路失压时，欠压/失压脱扣器的衔铁释放，也使自由脱扣机构动作。

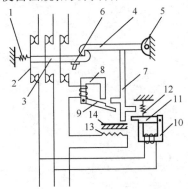

1—分闸弹簧；2—主触点；3—锁扣；4—搭扣；5—转轴；6—手动合闸机构；7—连杆；

8—过电流脱扣器；9、11—衔铁；10—欠压/失压脱扣器；12—弹簧；13—电阻丝；14—双金属片

图9-17　自动空气开关的结构示意图

**随堂练习**

1．在电动机主电路中，熔断器和热继电器各起什么作用？

2．自动空气开关具有哪些保护功能？

**【任务解决】**

在电动机控制系统中，按钮是最常用的启停控制器件；交流接触器是直接接通和断开电动机工作电流的器件；而熔断器与热继电器则是保护器件。

# 任务二　电动机的常用控制电路

**【学习目标】**

（1）掌握自锁、联锁的作用和方法；

（2）掌握过载保护、短路保护和失压保护的作用和方法；

（3）了解基本控制环节的组成、作用和工作过程；

（4）能读懂简单的控制电路原理图，并能设计简单的控制电路。

**【任务导入】**

在电动机控制电路中，按钮、交流接触器、热继电器等低压电器是如何连接、配合，从而控制电动机启动、停止的呢？

### 【知识链接】

由于各种生产机械的工作性质和加工工艺不同，因而它们对电动机的控制要求也不同。要使电动机按照生产机械的要求正常安全地运转，必须配备一定的电器，组成一定的控制电路，才能达到目的。在生产实践中，一台生产机械的控制电路可以比较简单，也可能相当复杂，但任何复杂的控制电路总是由一些基本控制电路组成的。

在电动机运行过程中，常用到继电器—接触器控制电路。继电器—接触器控制电路由两部分组成——主电路和控制电路。主电路内接有电动机、一些使电动机直接通电的开关、接触器触点及热继电器线圈等，控制电路由接触器、按钮、熔断器和热继电器触点等组成，可完成电动机的启动、停止、反转等控制。

电动机的基本控制电路有以下几种：点动控制电路、连续运行控制电路、正反转控制电路、位置控制电路、顺序控制电路、多地控制电路、降压启动控制电路、调速控制电路和制动控制电路等。

## 一、电动机的单向运行控制

### 1. 点动控制电路

如图 9-18 所示为三相电动机的点动控制电气原理图，左侧的电动机回路是主电路，右侧是控制电路。需要说明的是，本项目中所有单独画出的交流控制电路，其电源线都是从主电路的熔断器后面引出的，且控制回路的两根电源线可以在主电路的三根线中任取。

正转点动工作时，合上三相电源开关 QS，接通电源，由于主电路中交流接触器的主触点未闭合，电路不通，故电动机不能转动。

启动时，按下启动按钮 SB，交流接触器 KM 线圈两端得到 380V 交流电压，线圈产生的磁场使交流接触器衔铁吸合，KM 主触点闭合，电动机与三相电源接通，电动机正转启动。

停止时，松开启动按钮 SB，交流接触器 KM 线圈失电，KM 主触点断开，电动机停止转动。

控制电路常用如图 9-19 所示的横向画法。

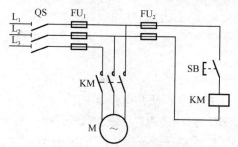

图 9-18　三相电动机的点动控制电气原理图

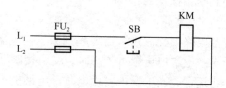

图 9-19　横向画法的控制电路

### 2. 具有过载保护的接触器自锁正转控制电路

对需要长时间工作的电动机，使用点动控制电路显然不合适，必须采用自锁控制电路。如图 9-20 所示为三相电动机的正转自锁控制电气原理图。

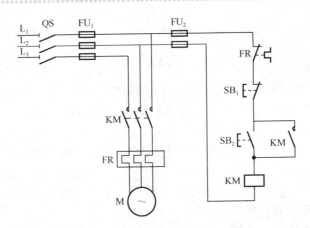

图 9-20 三相电动机的正转自锁控制电气原理图

需要电动机连续工作时，合上三相电源开关 QS，接通电源。

启动时，按下启动按钮 $SB_2$，位于控制电路中的交流接触器 KM 线圈得电，KM 主触点闭合，电动机与电源接通，电动机正转；同时，与按钮 $SB_2$ 并联的 KM 辅助触点闭合（自锁），保证 KM 线圈得电。

停止时，按下停止按钮 $SB_1$，交流接触器 KM 线圈失电，KM 主触点断开，电动机停转；同时，与按钮 $SB_2$ 并联的 KM 辅助触点断开（解锁）。

由于交流接触器辅助动合触点的闭合，松开按钮 $SB_2$ 后，KM 线圈仍然接通电源，因此将与按钮 $SB_2$ 并联的辅助动合触点 KM 称为自锁触点。

正转自锁控制电路具有以下 3 种保护功能。

1）短路保护

电路中 $FU_1$、$FU_2$ 起短路保护作用。一旦电路发生短路，熔丝立即熔断，电动机立即停止运行。

2）过载保护

电路中热继电器起过载保护作用。若电路发生过载，主电路中的电流会超过电动机额定电流，使串接在主电路中的发热元件过热，将热继电器的动断触点断开，导致控制电路中交流接触器 KM 线圈失电，主触点断开，电动机立即停止运行。当电动机缺相运行时，其他两相的电流会升高，由于热继电器的 3 个发热元件分别串接在主电路的各相线上，因此热继电器还可起到断相保护的作用。

3）失压保护

电路中交流接触器还起到失压（零压）保护作用。电动机在正常运行状态下，当电源突然断电或电源电压严重下降时，交流接触器 KM 线圈失电，自动切断主电路和自锁回路，电动机停止运行。当电源恢复供电时，电动机不能自行启动，必须重新按下启动按钮 $SB_2$ 才能重新运行。如果不采用交流接触器控制而直接用刀开关进行手动控制，那么在突然断电且未及时拉断刀开关的情况下，当电源恢复供电时，电动机将自行启动，可能造成人身伤害和设备损坏。

## 3. 点动加自锁控制电路

点动加自锁控制电路如图 9-21 所示，其中 $SB_2$ 是自锁运行按钮，$SB_3$ 是点动运行按钮。

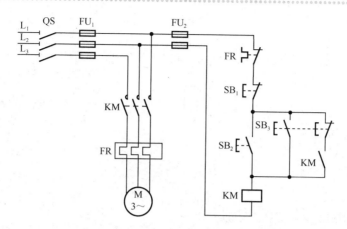

图 9-21 点动加自锁控制电路（1）

连续运行时，按下启动按钮 $SB_2$，交流接触器 KM 线圈得电，KM 动合主触点闭合，电动机运行，同时，与 $SB_3$ 动断触点串联的交流接触器 KM 辅助动合触点闭合，形成自锁回路。需要电动机停止时按下 $SB_1$ 按钮即可。

点动运行时，按下启动按钮 $SB_3$，交流接触器 KM 线圈得电，KM 动合触点闭合，电动机运行。$SB_3$ 动断触点断开，使 $SB_3$ 动断触点与 KM 辅助动合触点回路不能形成自锁，实现点动操作。

如图 9-22 所示为点动加自锁控制电路的另外两种形式。在图 9-22（a）所示电路中，若转换开关 SA 断开，则只能点动；若转换开关 SA 闭合，则自锁电路接通，电动机能够连续运行。如图 9-22（b）所示是采用中间继电器实现点动的控制电路。用点动启动按钮 $SB_3$ 控制中间继电器 KA，用 KA 的动合触点控制交流接触器 KM 线圈，再控制电动机实现点动。当需要电动机连续运行时，按下按钮 $SB_2$，交流接触器 KM 线圈得电并自锁，当需要电动机停止时按下按钮 $SB_1$ 即可。

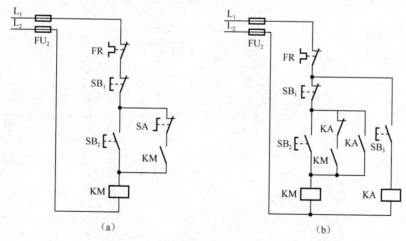

图 9-22 点动加自锁控制电路（2）

**随堂练习**

如图 9-23 所示电路，哪些能实现点动控制？哪些不能？为什么？

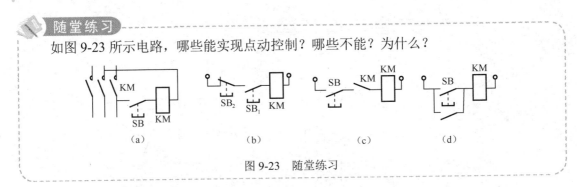

图 9-23　随堂练习

## 二、电动机的正反转运行控制

在生产加工过程中，往往要求电动机能够实现可逆运行。例如，小车的前进与后退，起重机的上升和下降等，这些均要求电动机能实现正反转运行。

当改变电动机定子绕组的三相电源相序，即把接入电动机的三相电源进线中的任意两相对调时，电动机就可以反转。下面介绍两种常用的正反转控制电路。

### 1. 接触器联锁正反转控制电路

通常情况下，电动机正反转控制电路如图 9-24 所示。图 9-24（a）是电动机正反转的主电路，主电路含有两对交流接触器的主触点；图 9-24（b）是电动机正反转控制电路。

该电路中，电动机从正转改变为反转必须按一次停止按钮和一次启动按钮，实现"正—停—反"控制，其工作过程如下。

（1）正转时，按下正转启动按钮 $SB_2$，交流接触器 $KM_1$ 线圈得电，$KM_1$ 主触点闭合，电动机正转；同时，与按钮 $SB_2$ 并联的 $KM_1$ 辅助动合触点闭合，形成自锁，保证 $KM_1$ 线圈得电；而与交流接触器 $KM_2$ 线圈串联的 $KM_1$ 辅助动断触点断开，使 $KM_2$ 线圈不能得电（互锁）。

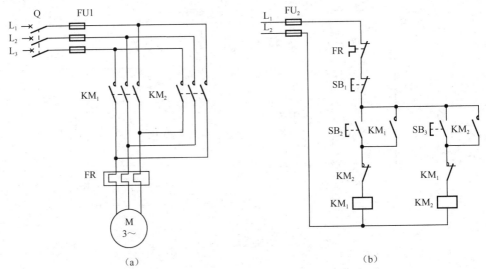

图 9-24　接触器联锁正反转控制电路（"正—停—反"控制）

（2）反转时，按下反转启动按钮 $SB_3$，交流接触器 $KM_2$ 线圈得电，$KM_2$ 主触点闭合，电动机反转；同时，与按钮 $SB_3$ 并联的 $KM_2$ 辅助动合触点闭合，形成自锁，保证 $KM_2$ 线圈得电；而与交流接触器 $KM_1$ 线圈串联的 $KM_2$ 辅助动断触点断开，使 $KM_1$ 线圈不能得电（互锁）。

（3）停止时，按下停止按钮 $SB_1$，交流接触器 $KM_1$（或 $KM_2$）线圈失电，$KM_1$（或 $KM_2$）主触点断开，电动机停转。与此同时，交流接触器辅助触点复位（解锁）。

为避免误操作导致主触点 $KM_1$ 与 $KM_2$ 同时闭合而造成电源短路的情况，该电路将两个交流接触器的辅助动断触点 $KM_1$ 和 $KM_2$ 分别串接在对方的控制电路中，形成相互制约的控制，这种方法称为电气互锁。起互锁作用的辅助动断触点称为互锁触点。

### 2. 按钮、接触器双重联锁正反转控制电路

"正—停—反"控制电路解决了因按错按钮而造成电路相间短路的问题，但电动机从正转变为反转仍然得先按一次停止按钮后再按一次启动按钮，这样很浪费时间。为了克服接触器联锁正反转控制电路的不足，在接触器联锁的基础上增加按钮联锁，构成按钮、接触器双重联锁正反转控制电路。该电路兼有两种联锁控制电路的优点，操作方便，工作安全可靠。

对于要求运行时进行频繁正反转切换的电动机，可采用如图 9-25 所示的控制电路，实现"正—反—停"控制。图中的正反转启动按钮 $SB_2$、$SB_3$ 采用复合按钮，即把两个按钮中的动断触点分别串接到对方的控制电路中，在操作时两个触点同时动作，利用按钮动合、动断触点机械连接，以实现互锁，这种互锁称为按钮机械互锁。当电动机正转时，不需要先停机，只要直接按反转按钮 $SB_3$，电动机即可实现反转。

（1）反转时，按下正转启动按钮 $SB_2$，$SB_2$ 动断触点断开，$KM_2$ 线圈失电，电动机停止反转，$KM_2$ 辅助动断触点闭合，为 $KM_1$ 线圈得电提供可能。由于已按下 $SB_2$，$KM_1$ 线圈得电，$KM_1$ 主触点闭合，电动机正转；同时，与 $SB_2$ 并联的 $KM_1$ 辅助动合触点闭合，形成自锁。

（2）正转时，按下反转启动按钮 $SB_3$，$SB_3$ 动断触点断开，$KM_1$ 线圈失电，电动机停止正转，$KM_1$ 辅助动断触点闭合，为 $KM_2$ 线圈得电提供可能。由于已按下 $SB_3$，$KM_2$ 线圈得电，$KM_2$ 主触点闭合，电动机反转；同时，与 $SB_3$ 并联的 $KM_2$ 辅助动合触点闭合，形成自锁。

（3）停止时，按下停止按钮 $SB_1$，交流接触器 $KM_1$（或 $KM_2$）线圈失电，$KM_1$（或 $KM_2$）主触点断开，电动机停转。与此同时，交流接触器辅助触点复位（解锁）。

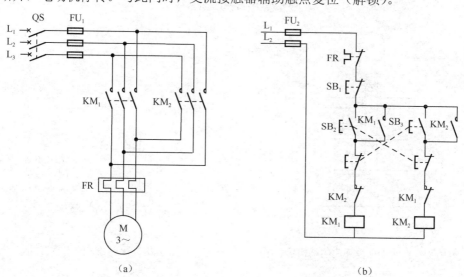

（a）　　　　　　　　　　　　　（b）

图 9-25　按钮、接触器双重联锁正反转控制电路（"正—反—停"控制）

在控制电路中，还可以采用具有机械互锁功能的双联接触器，其机械结构保证在任何操作情况下只可能有一个接触器吸合，从而进一步提高正反转互锁的可靠性。

 **随堂练习**

试说明接触器联锁正反转控制电路的工作原理。

## 三、行程控制电路

### 1. 行程开关

行程开关又称位置开关或限位开关，它通过机械部分的动作，将机械信号转换为电信号，是常用于程序控制、定位控制、限位控制、改变运动方向的主令电器。

行程开关的工作原理与按钮基本相同，所不同的是它以机械运动部件的碰触实现触点的动作。从结构上看，行程开关可以分为传动装置、触点系统和外壳3部分。传动装置的形式一般有直动式（按钮式）、滚轮式（旋转式）两种。滚轮式又分单滚轮式和双滚轮式，单滚轮式行程开关在被机械运动部件碰撞之后，能自动复位，双滚轮式行程开关则不能自动复位。

行程开关的外形如图9-26所示。如图9-27所示为直动式行程开关的结构示意图。如图9-28所示为行程开关的电路符号。

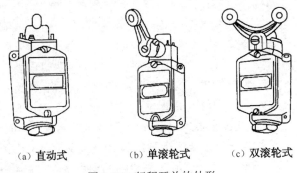

（a）直动式　　　（b）单滚轮式　　　（c）双滚轮式

图9-26　行程开关的外形

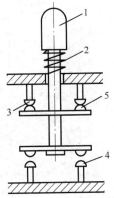

1—推杆；2—恢复弹簧；3—常闭触点；4—常开触点；5—动触点

图9-27　直动式行程开关的结构示意图

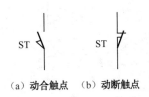

（a）动合触点　　（b）动断触点

图9-28　行程开关的电路符号

## 2. 行程开关正反转自动控制电路

在生产实践中，有些生产机械的工作台需要自动往复运动，如龙门刨床、导轨磨床等。自动往复控制利用行程开关按机床运动部件的位置或机件的位置变化来进行控制，通常称为行程控制。常见的工作台行程示意图如图 9-29 所示，其控制电路如图 9-30 所示。

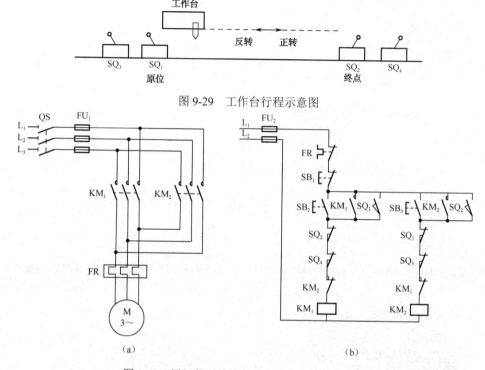

图 9-29 工作台行程示意图

图 9-30 用行程开关控制工作台行程的控制电路

行程开关 $SQ_1$、$SQ_2$ 分别装在机床床身上，撞块固定在工作台上，工作台由电动机 M 驱动。随着工作台的移动，撞块会撞击装在床身上的行程开关 $SQ_1$、$SQ_2$，使其触点动作，改变控制电路的通断状态，实现电动机正反转，带动工作台自动往复运动。$SQ_3$、$SQ_4$ 为超行程限位开关，在工作台往复运动中起保护作用。工作台在原位时，撞块将原位行程开关 $SQ_1$ 压下，串接在反转控制电路中的动断触点 $SQ_1$ 断开，此时电动机不能反转。按下正转启动按钮 $SB_2$，$KM_1$ 得电且自锁，电动机正转，工作台前进，此时行程开关 $SQ_1$ 复位，串接在反转控制电路中的 $SQ_1$ 动断触点被释放闭合。当工作台前进到达终点时，撞块压下行程开关 $SQ_2$，串接在正转控制电路中的 $SQ_2$ 动断触点被压下断开，使线圈 $KM_1$ 失电，电动机停转。与此同时，将反转控制电路中的 $SQ_2$ 动合触点压合，电动机立即反转，带动工作台后退，此时行程开关 $SQ_2$ 复位，串接在正转控制电路中的 $SQ_2$ 动断触点被释放闭合。工作台退到原位后，撞块压下行程开关 $SQ_1$，串接在反转控制电路中的 $SQ_1$ 动断触点断开，电动机停止反转。同时，$SQ_1$ 的动合触点闭合，$KM_1$ 得电且自锁，电动机正转，工作台前进。如此循环，进入工作台往返运动中。按下 $SB_1$，电动机停转。

如果行程开关 $SQ_1$、$SQ_2$ 发生故障，工作台将会继续前进或后退，撞块压下超行程保护开关 $SQ_3$、$SQ_4$，切断吸引线圈通路，使电动机停转，工作台停下来，避免发生人身或设备事故。这种超行程保护开关在车间机床上经常被采用。

随堂练习

行程开关与按钮有何相同之处与不同之处？

## 四、时间继电器控制电路

### 1. 时间继电器

时间继电器也称延时继电器，是一种用来实现触点延时接通或断开的控制电器。时间继电器种类繁多，但目前常用的时间继电器主要有空气阻尼式、电动式、晶体管式及直流电磁式等几大类。

时间继电器按延时方式可分为通电延时型和断电延时型两种类型。如图 9-31 所示为时间继电器的电路符号。

（a）线圈　　　（b）瞬时动合触点　　　（c）瞬时动断触点

（d）通电延时闭合动合触点　（e）通电延时断开动断触点　（f）断电延时断开动合触点　（g）断电延时闭合动断触点

图 9-31　时间继电器的电路符号

如图 9-32 所示为 JS7-A 型空气阻尼式时间继电器的结构示意图。

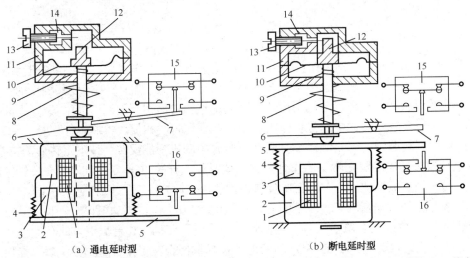

（a）通电延时型　　　　　　　　　　（b）断电延时型

1—线圈；2—铁芯；3—衔铁；4—复位弹簧；5—推板；6—活塞杆；7—杠杆；8—塔形弹簧；9—弱弹簧；10—橡皮膜；
11—空气室壁；12—活塞；13—调节螺杆；14—进气孔；15、16—微动开关

图 9-32　JS7-A 型空气阻尼式时间继电器的结构示意图

JS7-1A、JS7-2A 为通电延时型时间继电器，JS7-3A、JS7-4A 为断电延时型时间继电器。JS7-1A、JS7-3A 不带瞬时触点，JS7-2A、JS7-4A 带瞬时触点。断电延时型和通电延时型时间继电器可以互改，将电磁机构翻转 180°安装后，通电延时型时间继电器可以改成断电延时型

时间继电器；同样，断电延时型时间继电器也可改成通电延时型时间继电器。

1）通电延时型空气阻尼式时间继电器

以 JS7-2A 为例，该时间继电器有两对瞬时触点，即一对为瞬时动合触点，另一对为瞬时动断触点。另有两对延时触点，其中一对为通电延时动合触点，另一对为通电延时动断触点。

时间继电器线圈一旦通电，两对瞬时触点立即动作，即瞬时动合触点立即变为闭合，而瞬时动断触点立即变为断开。同时，时间继电器开始计时，计时时间一到，延时动合触点由断开状态变为闭合，而延时动断触点由闭合状态变为断开。线圈一旦断电，所有触点均立即恢复初始状态。

2）断电延时型空气阻尼式时间继电器

以 JS7-4A 为例，该时间继电器有两对瞬时触点，即一对为瞬时动合触点，另一对为瞬时动断触点。另有两对延时触点，其中一对为断电延时闭合动断触点，另一对为断电延时断开动合触点。时间继电器线圈一旦通电，所有触点立即动作，即瞬时动合触点立即变为闭合，而瞬时动断触点立即变为断开，同时，断电延时闭合动断触点立即变为断开，而断电延时断开动合触点立即变为闭合。时间继电器线圈若一直处于通电状态，则上述状态将一直保持。

时间继电器线圈一旦断电，瞬时触点立即复原，同时时间继电器开始计时，计时时间一到，断电延时闭合动断触点由断开变为闭合，而断电延时断开动合触点由闭合变为断开，即延时触点在线圈断电后延时一定时间才恢复初始状态。

2. 时间继电器控制 Y-△降压启动控制电路

在项目七已经介绍过，异步电动机直接启动时，启动电流较大，可达额定电流的 6～7 倍。在电源变压器容量不够大而电动机功率较大的情况下，不允许直接启动，较大容量的电动机需要采用降压启动方式。Y-△降压启动一般采用以时间控制为原则的控制电路，控制电路中的时间控制由通电延时型时间继电器来完成，用时间继电器切换能可靠地完成由启动到运行的转换过程。如图 9-33 所示为时间控制三相异步电动机Y-△降压启动控制电路。其动作过程如下所述。

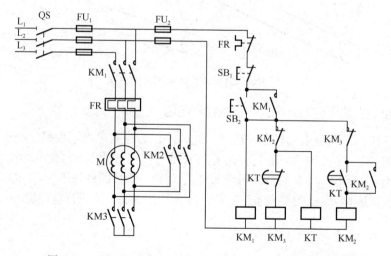

图 9-33　时间控制三相异步电动机Y-△降压启动控制电路

（1）合上三相电源开关 QS，接通三相交流电源。

（2）启动时，按下启动按钮 SB$_2$，接触器 KM$_1$、KM$_3$ 和时间继电器 KT 线圈同时得电，并且交流接触器 KM$_1$ 自锁，电动机 M 星形连接降压启动。而时间继电器 KT 线圈得电后开始计时。设定时间到，一方面，KT 延时动断触点断开，接触器 KM$_3$ 失电，电动机星形连接启动结束；KM$_3$ 动断触点恢复闭合，使接触器 KM$_2$ 线圈得电成为可能。另一方面，KT 延时动合触点闭合，接触器 KM$_2$ 得电，电动机三角形连接正常运行。

（3）停止时，按下停止按钮 SB$_1$，交流接触器 KM$_1$、KM$_2$ 线圈失电，电动机断电停转。

Y-△降压启动的局限性包括以下两点。

（1）Y-△降压启动仅适用于正常运行时定子绕组为三角形连接的电动机。

（2）由于Y-△降压启动时，启动转矩仅为额定启动转矩的 1/3，所以Y-△降压启动方案仅适用于可空载或轻载启动的电动机。

**随堂练习**

试叙述 JS7-A 型时间继电器的工作原理。

## 五、顺序控制电路

在生产实践中经常需要一台设备由两台或两台以上的电动机作为动力，这些电动机的启动或停止在时间上相互之间有一种约束关系，这种对控制电路提出顺序工作要求的电路称为顺序控制电路，也称条件控制电路。

如图 9-34 所示是输送皮带机的工作示意图。为了把物料从 A 地送至 C 地，用了 1# 和 2# 两根输送带。且为保证物料不在中间连接处 B 地堆积，启动时要求先启动 1# 输送带，在 1# 输送带运转的情况下才允许启动 2# 输送带，停止时先停止 2# 输送带，再停止 1# 输送带，或同时停止。

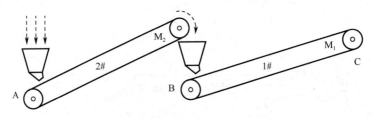

图 9-34　输送皮带机的工作示意图

### 1. 两台电动机顺序启动、同时停止的控制电路

如图 9-35 所示是两台电动机顺序启动、同时停止的控制电路。根据生产工艺的要求，按下启动按钮 SB$_2$ 使电动机 M$_1$ 启动，待 M$_1$ 运行正常后按下按钮 SB$_3$，使电动机 M$_2$ 启动运行。如果电动机 M$_1$ 不启动，即 M$_1$ 的自锁触点 KM$_1$ 不闭合，那么即使按下 SB$_3$，KM$_2$ 也无法得电。所以，M$_1$ 的运行是 M$_2$ 运行的约束条件。按下停止按钮 SB$_1$，使两台电动机 M$_1$、M$_2$ 同时停止工作。

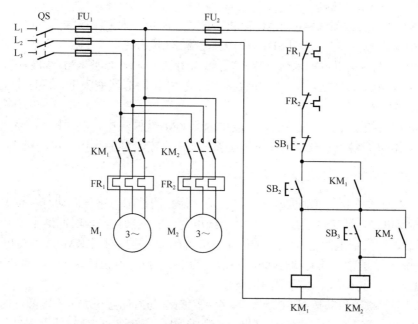

图 9-35　两台电动机顺序启动、同时停止的控制电路

**2. 两台电动机顺序启动、顺序停止的控制电路**

如图 9-36 所示是两台电动机顺序启动、顺序停止的控制电路。该电路启动时，必须先启动 1#输送带，然后方可启动 2#输送带；停止时，必须先停止 2#输送带，再停止 1#输送带。具体工作原理如下所述。

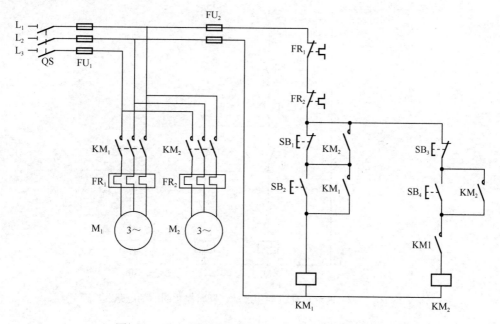

图 9-36　两台电动机顺序启动、顺序停止的控制电路

（1）启动时，按下电动机 $M_1$ 的启动按钮 $SB_2$，交流接触器 $KM_1$ 线圈得电，$KM_1$ 主触点闭合，电动机 $M_1$ 运行。与 $SB_2$ 并联的 $KM_1$ 辅助动合触点闭合（自锁），使 $KM_1$ 线圈保持得电，

同时交流接触器 $KM_2$ 线圈回路的 $KM_1$ 辅助动合触点闭合，为交流接触器 $KM_2$ 线圈得电做好准备。再按电动机 $M_2$ 的启动按钮 $SB_4$，交流接触器 $KM_2$ 线圈得电，$KM_2$ 主触点闭合，电动机 $M_2$ 运行。同时，与 $SB_4$ 并联的 $KM_2$ 辅助动合触点闭合（自锁），使 $KM_2$ 线圈保持得电。而与 $SB_1$ 并联的 $KM_2$ 辅助动合触点闭合，导致按 $SB_1$ 无法使 $KM_1$ 线圈失电，保证电动机 $M_2$ 未停止时不能停止电动机 $M_1$。

（2）停止时，按下停止按钮 $SB_3$，交流接触器 $KM_2$ 线圈失电，电动机 $M_2$ 停止。同时，与 $SB_1$ 并联的 $KM_2$ 动合触点断开。再按下停止按钮 $SB_1$，$KM_1$ 线圈失电，电动机 $M_1$ 停止。

3．两台电动机顺序启动、同时停止的控制电路

如图 9-37 所示是两台电动机顺序启动、同时停止的控制电路。启动时，按下按钮 $SB_2$，则 $KM_1$ 线圈得电，1#输送带运行，同时时间继电器 KT 线圈得电，时间继电器开始计时，到达设定时间后，时间继电器延时闭合的动合触点闭合，交流接触器 $KM_2$ 线圈得电，$KM_2$ 主触点闭合，启动 2#输送带，辅助动合触点自锁。停止时，按下停止按钮 $SB_1$，两台电动机 $M_1$、$M_2$ 同时停止工作。其具体工作过程如下所述。

（1）启动时，按下启动按钮 $SB_2$，交流接触器 $KM_1$ 与时间继电器 KT 线圈同时得电，$KM_1$ 主触点闭合，电动机 $M_1$ 运行。$KM_1$ 辅助动合触点闭合（自锁），$KM_1$ 线圈保持得电。而 KT 线圈得电后开始计时，到达设定时间后，KT 延时动合触点闭合，$KM_2$ 线圈得电，$KM_2$ 主触点闭合，电动机 $M_2$ 运行。同时，$KM_2$ 辅助动合触点闭合（自锁），$KM_2$ 线圈保持得电，$KM_2$ 辅助动断触点断开，使时间继电器 KT 线圈失电。

（2）停止时，按下停止按钮 $SB_1$，$KM_1$、$KM_2$ 线圈同时失电，电动机 $M_1$、$M_2$ 停止工作。

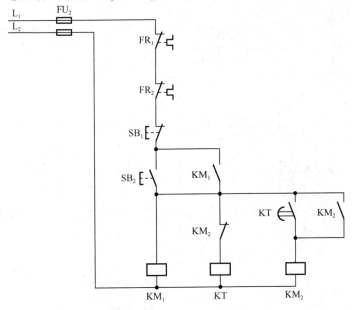

图 9-37　两台电动机顺序启动、同时停止的控制电路

## 六、多点启动、停止控制电路

多点控制是指在两个或两个以上地点对同一设备实现相同的控制，多用于规模较大的设

备，以方便操作。此类电路应具有多组按钮，且多组按钮的连接原则为：动合按钮均相互并联，组成"或"逻辑关系；动断按钮均相互串联，组成"与"逻辑关系。如图 9-38 所示为可以两地控制的控制电路，遵循以上原则还可实现三点及更多点的控制。

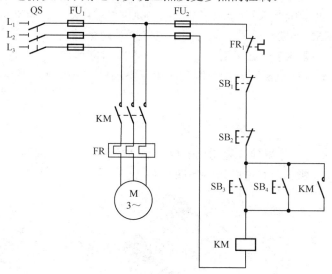

图 9-38 可以两地控制的控制电路

 **随堂练习**

试设计在三个地点都可以对同一电动机实现启动和停止控制的控制电路。

## 七、制动控制电路

### 1. 能耗制动电路

电动机能耗制动是把在运动过程中储存在转子中的机械能转换为电能，然后又消耗在转子电阻上的一种制动方法。

如图 9-39 所示为按时间原则控制的笼型异步电动机能耗制动控制电路。

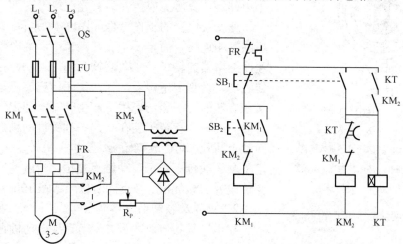

图 9-39 按时间原则控制的笼型异步电动机能耗制动控制电路

（1）启动时，按下启动按钮 $SB_2$，交流接触器 $KM_1$ 线圈得电，$KM_1$ 主触点闭合，电动机 M 运行。$KM_1$ 辅助动合触点闭合（自锁），$KM_1$ 线圈保持得电。

（2）停止时，按下停止按钮 $SB_1$，$KM_1$ 线圈失电，主触点断开，电动机脱离三相电源。交流接触器 $KM_2$ 与时间继电器 KT 线圈同时得电，$KM_2$ 主触点闭合，电动机接通直流电源，进入能耗制动阶段；$KM_2$ 辅助动合触点与时间继电器瞬时动合触点闭合（自锁），$KM_2$ 线圈保持得电。同时，时间继电器 KT 开始计时，设定时间一到，时间继电器的延时断开动断触点断开，$KM_2$ 线圈失电，$KM_2$ 主触点断开，能耗制动结束，电动机停止工作。

### 2．电源反接制动

#### 1）速度继电器

速度继电器主要用于笼型异步电动机的反接制动控制，也称反接制动继电器。速度继电器的外形如图 9-40（a）所示，其电路符号如图 9-40（b）所示。

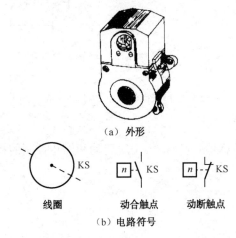

图 9-40　速度继电器的外形及电路符号

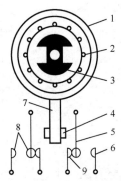

1—圆环；2—笼型绕组；3—永久磁铁；
4—顶铁；5—动点；6—静触点；7—摆杆；
8—动合触点；9—动断触点

图 9-41　速度继电器的工作原理图

速度继电器主要由转子、定子和触点 3 部分组成。转子是一个圆柱形永久磁铁，定子是一个笼型空心圆环。定子由硅钢片叠压而成，并装有笼型绕组。

速度继电器的工作原理如图 9-41 所示。其转轴与电动机的轴相连接，而定子空套在转子上。当电动机转动时，速度继电器的转子（永久磁铁）随之转动，在空间产生旋转磁场，切割定子绕组，而在定子中感应出电流。此电流又在旋转的转子磁场作用下产生转矩，使定子随转子转动方向而旋转，和定子装在一起的摆锤推动触点动作，使动断触点断开，动合触点闭合。当电动机转速低于某一值时，定子产生的转矩减小，动触点复位。一般速度继电器的动作转速为 120r/min，触点的复位转速在 100r/min 以下。

#### 2）电源反接制动电路

在电源反接制动电路中，当异步电动机在电动状态下运行时，若将其定子绕组两相对调连接，改变异步电动机定子绕组中的三相电源相序，则定子旋转磁场立即反转，使转子切割磁感线的方向、感应电流的方向及电磁转矩的方向都随之反向，但转子由于机械惯性还来不及改变转向，故与电磁转矩方向相反，电磁转矩成了阻碍电动机旋转的制动转矩，电动机进入反接制动状态，在反向电磁转矩与负载转矩的共同作用下，电动机转速很快降低，直至 $n=0$。这时应切除电源，使电动机停车，反接制动结束，否则电动机将反向启动。通俗地讲，电源反接制动就是用"开倒车"的方法使正在运转的电动机迅速刹车。

为了能在反接制动过程中当电动机转速接近零时及时切断反相序的电源，以防电动机反向启动，常采用速度继电器，其控制电路如图 9-42 所示。

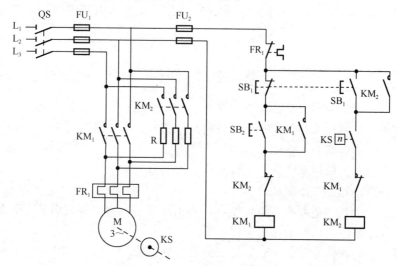

图 9-42　单向反接制动控制电路

（1）启动时，按下启动按钮 $SB_2$，交流接触器 $KM_1$ 线圈得电，主触点 $KM_1$ 闭合，电动机正转，速度继电器 KS 动合触点闭合。$KM_1$ 辅助动合触点闭合（自锁）。

（2）停止时，按下停止按钮 $SB_1$，$SB_1$ 动断触点断开，交流接触器 $KM_1$ 线圈失电，$KM_1$ 主触点断开，电动机脱离三相电源。同时，$KM_2$ 线圈回路的 $KM_1$ 辅助动断触点复位闭合。而 $SB_1$ 动合触点闭合，$KM_2$ 线圈得电，电动机进入反接制动状态，电动机快速制动。当电动机速度接近 $n=0$ 时，KS 动断触点断开，$KM_2$ 线圈失电，$KM_2$ 主触点断开，反接制动结束，电动机停止转动。

 随堂练习

试叙述单向反接制动控制电路的工作原理。

## ■【任务解决】

一般情况下，电动机启动时，按下启动按钮，交流接触器线圈得电，接通主电路，电动机运转，而其辅助触点实现电路的自锁或互锁功能。电动机停止时，按下停止按钮，主触点断开，电动机停止。电路中的熔断器、热继电器可以实现短路保护与过载保护的功能。

# 小　结

本项目介绍了常用的低压电器及继电器—接触器控制电路的基本环节。

电气控制电路由主电路与控制电路两部分构成。电动机运行中点动、连续运转、正反转等控制电路的功能，通常采用各种主令电器、各种控制电器及控制触点按一定逻辑关系进行不同组合来实现。常用的制动方式有能耗制动和电源反接制动，前者是通入直流电流产生制动转矩，采用时间继电器进行控制的，后者是在主电路中串入限流电阻，采用速度继电器进行控制的。

# 思考题与习题

9-1　按钮的作用是什么？行程开关的作用是什么？

9-2　简述交流接触器的工作原理。

9-3　中间继电器的作用是什么？它和交流接触器有何区别？

9-4　简述热继电器的工作原理。

9-5　既然在电动机主电路中装有熔断器，为何还要装热继电器？而装有热继电器是否可以不装熔断器？两者的作用有什么不同？

9-6　自锁环节的构件有哪些？它们分别具有什么功能？

9-7　什么是互锁环节？它起什么作用？

9-8　题 9-8 图所示的电动机连续运行启停控制电路有何错误？应如何改正？

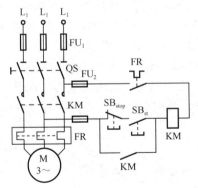

题 9-8 图

9-9　试画出三台电动机顺序启动、顺序停止的控制电路。

9-10　试画出异步电动机既能正转连续运行，又能正反转点动运行的控制电路。

9-11　题 9-11 图所示为两台三相异步电动机的控制电路，试说明此电路有何控制功能。

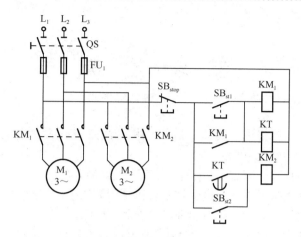

题 9-11 图

# 参 考 文 献

[1] 苏家健，顾阳. 维修电工实训（初、中级）[M]. 陕西：西安电子科技大学出版社，2010.
[2] 王慧玲. 电路基础（第2版）[M]. 北京：高等教育出版社，2007.
[3] 陆国和，顾永杰等. 电路与电工技术（第2版）[M]. 北京：高等教育出版社，2005.
[4] 陆国和，顾阳等. 电工实验与实训（第2版）[M]. 北京：高等教育出版社，2005.
[5] 石生. 电路基本分析（第3版）[M]. 北京：高等教育出版社，2008.
[6] 刘法治. 维修电工实训技术[M]. 北京：清华大学出版社，2006.
[7] 殷建国等. 工厂电气控制技术[M]. 北京：经济管理出版社，2006.
[8] 宋银宾. 电机拖动基础[M]. 北京：冶金工业出版社，1984.
[9] 冉文. 电机与电气控制[M]. 西安：西安电子科技大学出版社，2006.
[10] 刘耀元等. 电工与电子技术实验[M]. 北京：北京工业大学出版社，2006.
[11] 毕卫红. 电路基础[M]. 北京：机械工业出版社，2001.
[12] 成晓燕. 电路基础[M]. 哈尔滨：哈尔滨工程大学出版社，2008.
[13] 邱关源. 电路[M]. 北京：高等教育出版社，2003.
[14] 秦曾煌. 电工学（第六版）（上册）[M]. 北京：高等教育出版社，2010.